高等学校食品质量与安全专业通用教材

食品安全性评价

徐海滨　徐丽萍　主编

中国林业出版社

内 容 简 介

本书全面系统地介绍了食品安全性评价的基础理论、评价的技术和最新进展,全书共12章,汇集了国内外相关研究资料。其内容全面,重点突出,注重理论与实践相结合。

本书可作为食品质量与安全专业、预防医学专业、食品科学与工程专业和其他相关专业的教材,也可供医学微生物学、传染病学、流行病学、寄生虫病学和公共卫生学领域的生产、科研和管理工作者等参阅。

图书在版编目（CIP）数据

食品安全性评价/徐海滨,徐丽萍主编.—北京:中国林业出版社,2008.11（2020.7 重印）
高等学校食品质量与安全专业通用教材
ISBN 978-7-5038-4985-5

Ⅰ.食… Ⅱ.徐①…②徐… Ⅲ.食品卫生-评价-高等学校-教材 Ⅳ.R155.5

中国版本图书馆 CIP 数据核字（2008）第 130538 号

中国林业出版社·教育分社

策划、责任编辑：高红岩
电话：83143554　　　　　传真：83143516

出版发行	中国林业出版社（100009　北京市西城区德内大街刘海胡同7号） E-mail: jiaocaipublic@163.com　电话:（010）83143500 网　址: http://lycb.forestry.gnv.cn
经　销	新华书店
印　刷	中农印务有限公司
版　次	2008年11月第1版
印　次	2020年7月第4次印刷
开　本	850mm×1168mm　1/16
印　张	16.25
字　数	346千字
定　价	40.00元

未经许可，不得以任何方式复制或抄袭本书之部分或全部内容。

版权所有　侵权必究

高等学校食品质量与安全专业教材编写指导委员会

顾　问：陈君石（中国工程院院士，中国疾病预防控制中心营养与食品安全所研究员）
主　任：罗云波（中国农业大学食品科学与营养工程学院院长，教授）
委　员：（按拼音排序）
　　　　　陈绍军（福建农林大学副校长，教授）
　　　　　韩北忠（中国农业大学食品科学与营养工程学院副院长，教授）
　　　　　郝利平（山西农业大学食品科学学院院长，教授）
　　　　　何国庆（浙江大学生物系统工程与食品科学学院副院长，教授）
　　　　　何计国（中国农业大学食品科学与营养工程学院，副教授）
　　　　　霍军生（中国疾病预防控制中心营养与食品安全所，教授）
　　　　　江连洲（东北农业大学食品学院院长，教授）
　　　　　李百祥（哈尔滨医科大学公共卫生学院副院长，教授）
　　　　　李洪军（西南大学食品科学学院院长，教授）
　　　　　李　蓉（中国疾病预防控制中心营养与食品安全所，教授）
　　　　　刘景圣（吉林农业大学食品科学与工程学院院长，教授）
　　　　　刘先德（国家认证认可监督管理局注册管理部，副主任）
　　　　　孟宪军（沈阳农业大学食品学院院长，教授）
　　　　　石彦国（哈尔滨商业大学食品工程学院院长，教授）
　　　　　王　玉（兰州大学公共卫生学院院长，教授）
　　　　　夏延斌（湖南农业大学食品科技学院院长，教授）
　　　　　徐海滨（中国疾病预防控制中心营养与食品安全所，教授）
　　　　　徐景和（国家食品药品监督管理局，副主任）

《食品安全性评价》编写人员

主　编　徐海滨　徐丽萍
副主编　赵　文
编　者　(按拼音排序)
　　　　车会莲(中国农业大学食品科学与营养工程学院)
　　　　霍乃蕊(山西农业大学食品科学与工程学院)
　　　　景　浩(中国农业大学食品科学与营养工程学院)
　　　　邵佩兰(宁夏大学农学院)
　　　　徐海滨(中国疾病预防控制中心营养与食品安全所)
　　　　徐丽萍(哈尔滨商业大学食品工程学院)
　　　　赵　文(河北农业大学食品科技学院)
　　　　朱迎春(山西农业大学食品科学与工程学院)
主　审　李　宁(中国疾病预防控制中心营养与食品安全所)

序

食品质量与安全关系到人民健康和国计民生、关系到国家和社会的繁荣与稳定，同时也关系到农业和食品工业的发展，因而受到全社会的关注。如何保障食品质量与安全是一个涉及科学、技术、法规、政策等方面的综合性问题，也是包括我国在内的世界各国共同需要面对和解决的问题。

随着全球经济一体化的发展，各国间的贸易往来日益增加，食品质量与安全问题已没有国界，世界上某一地区的食品质量与安全问题很可能会涉及其他国家，国际社会还普遍将食品质量与安全和国家间商品贸易制衡相关联。食品质量与安全已经成为影响我国农业和食品工业竞争力的关键因素，影响我国农业和农村经济产品结构和产业结构的战略性调整，影响我国与世界各国间的食品贸易的发展。

有鉴于此，世界卫生组织和联合国粮食与农业组织以及世界各国近年来均加强了食品安全工作，包括机构设置、强化或调整政策法规、监督管理和科技投入。2000年在日内瓦召开的第53届世界卫生大会首次通过了有关加强食品安全的决议，将食品安全列为世界卫生组织的工作重点和最优先解决的领域。近年来，各国政府纷纷采取措施，建立和完善食品安全管理体系和法律、法规。

我国的总体食品质量与安全状况良好，特别是1995年《中华人民共和国食品卫生法》实施以来，出台了一系列法规和标准，也建立了一批专业执法队伍，特别是近年来政府对食品安全的高度重视，至使总体食品合格率不断上升。然而，由于我国农业生产的高度分散和大量中小型食品生产加工企业的存在，加上随着市场经济的发展和食物链中新的危害不断出现，我国存在着不少亟待解决的不安全因素以及潜在的食源性危害。

在应对我国面临的食品质量与安全挑战中，关键的一环是能力建设，也就是专业人才的培养。近年来，不少高等院校都设立了食品质量与安全专业或食品安全专业，并度过了开始的困难时期。食品质量与安全专业是一个涉及食品、医学、卫生、营养、生产加工、政策监管等多方面的交叉学科，要在创业的基础上进一步发展和提高教学水平，需要对食品质量与安全专业的师资建设、课程设置和人才培养模式等方面不断探索，而其中编辑出版一套较高水平的食品质量与安全专业教材，对促进学科发展、改善教学效果、提高教学质量是很关键的。为此，中国林业出版社从2005年就组织了食品质量与安全专业教材的编辑出版工作。这套教材分为基础知识、检验技术、质量管理和法规与监管4个方面，共包括17本专业教材，内容涵盖了食品质量与安全专业要求的各个方面。

本套教材的作者都是从事食品质量与安全领域工作多年的专家和学者。他们根据应用性、先进性和创造性的编写要求，结合该专业的学科特点及教学要求并融入了积累的教学和工作经验，编写完成了这套兼具科学性和实用性的教材。在此，我一方面要对各位付出辛勤劳动的编者表示敬意，也要对中国林业出版社表示祝贺。我衷心希望这套教材的出版能为我国食品质量与安全教育水平的提高产生积极的作用。

中国工程院院士
中国疾病预防控制中心研究员

2008年2月26日于北京

前言

健康的人生是人类毕生追求的目标之一，饮食安全是保证机体健康的基本条件。近年来，食品安全问题受到了全世界的广泛关注。不安全食品不仅影响人体的健康和幸福的生活，甚至能影响子孙后代。随着食品贸易的全球化，保障国民的饮食安全，减少不安全食品引发的疾病和食物中毒，十分需要对人们进行食品安全性方面的教育，使之掌握食品安全性方面的有关知识；更需要提高本专业科技人员的建立在危险性评估基础上的食品安全性评价基本理论和技术水平。

为适应高等农林院校食品质量与安全专业教学需要，本书较全面介绍了食品安全性评价方面的有关基础知识和科学原理，包括食品毒理学的基础理论、危险性分析的基本内容，主要介绍了作为国家有关法律、法规和技术标准管理的食品种类，如食品添加剂、新资源食品、辐照食品、食品包装材料、转基因食品和保健食品的安全性评价。

本书的编者都是多年从事食品安全性研究、评价和教学工作的专家、教授，他们对本书编写给予了极大的热情。他们的学识、经验和严谨认真的科学态度将使本书的读者受益。全书共分12章，其中第1章由徐海滨编写，第2章、第3章由景浩编写，第4章由徐丽萍编写，第5章、第7章由赵文编写，第6章、第11章由邵佩兰编写，第8章、第9章由车会莲编写，第10章、第12章由霍乃蕊编写。李宁研究员对全书进行了十分细致的审阅并提出了宝贵的建议和意见。高红岩编辑组织并参加了本书的编辑工作。

在本书的编写过程中，中国疾病预防控制中心营养与食品安全所、中国农业大学食品科学与营养工程学院和中国林业出版社给予了大力的支持。在此，向支持和参加本书编写工作的单位和专家表示衷心的感谢。

食品安全性评价的理论和技术发展十分迅猛，数据资料丰富，虽然编者力求本书全面地反映风险评估和食品安全性评价的理论，以及技术发展的核心和重点内容，并关注需进行食品安全性评价的主要食品种类，但由于国家的法规和技术标准处在不断的发展变化之中，以及限于编者水平，难免本书存在诸多不足之处，恳请读者给予批评指正，以便在本书再版时进行更正和补充。

编 者
2008年3月

目录

序
前　言

第1章　绪　论 (1)
1.1　食品安全和食品安全性评价 (3)
  1.1.1　食品安全 (3)
  1.1.2　食品安全性评价 (4)
1.2　食品安全性毒理学评价主要内容 (5)
1.3　影响食品安全性的主要因素 (7)
  1.3.1　生物性污染 (7)
  1.3.2　化学性污染 (10)
  1.3.3　物理性污染 (14)
思考题 (14)

第2章　食品毒理学安全性评价基础知识 (16)
2.1　毒理学的基本概念 (18)
  2.1.1　毒物、毒性作用及其分类 (18)
  2.1.2　危害性、危险性与安全性 (22)
  2.1.3　毒物的毒作用谱 (22)
  2.1.4　损害作用与非损害作用 (22)
  2.1.5　靶器官 (23)
  2.1.6　生物学标志物 (24)
2.2　常用的毒性指标 (25)
  2.2.1　致死剂量 (25)
  2.2.2　阈剂量 (26)
  2.2.3　最大无作用剂量 (26)
  2.2.4　最小有作用剂量 (26)
  2.2.5　未观察到有害作用剂量 (27)

- 2.3 剂量-效应关系和剂量-反应关系 ……………………………………………… (27)
  - 2.3.1 效应和反应 ……………………………………………………………… (27)
  - 2.3.2 剂量-效应关系、剂量-反应关系 ………………………………………… (27)
  - 2.3.3. 剂量-反应曲线 …………………………………………………………… (29)
- 2.4 影响化学物质毒效应的因素 …………………………………………………… (30)
  - 2.4.1 化学物质的结构与理化性质 ……………………………………………… (30)
  - 2.4.2 生物体因素对毒作用的影响 ……………………………………………… (32)
  - 2.4.3 环境因素对毒作用的影响 ………………………………………………… (35)
  - 2.4.4 化学物质的联合作用 ……………………………………………………… (36)
- 2.5 毒作用机制 ………………………………………………………………………… (37)
  - 2.5.1 增毒和终毒物的形成 ……………………………………………………… (37)
  - 2.5.2 终毒物和靶分子的反应 …………………………………………………… (39)
  - 2.5.3 细胞功能障碍和毒性 ……………………………………………………… (40)
- 2.6 化学物质在体内的生物转运和转化 …………………………………………… (41)
  - 2.6.1 吸收 ………………………………………………………………………… (41)
  - 2.6.2 分布与蓄积 ………………………………………………………………… (45)
  - 2.6.3 排泄 ………………………………………………………………………… (47)
  - 2.6.4 生物转化 …………………………………………………………………… (48)
  - 2.6.5 生物转化的毒理学意义 …………………………………………………… (52)
- 思考题 …………………………………………………………………………………… (53)

第3章 动物试验基础知识 …………………………………………………………… (55)
- 3.1 实验动物 …………………………………………………………………………… (56)
  - 3.1.1 实验动物的生物学和生理学特征 ………………………………………… (56)
  - 3.1.2 实验动物的选择 …………………………………………………………… (61)
- 3.2 动物试验基本知识 ……………………………………………………………… (65)
  - 3.2.1 动物试验的条件准备 ……………………………………………………… (65)
  - 3.2.2 预备试验与试验设计 ……………………………………………………… (65)
  - 3.2.3 实验动物的购入和动物试验室的准备 …………………………………… (66)
  - 3.2.4 动物试验的基本技术 ……………………………………………………… (68)
- 3.3 动物伦理和动物福利 …………………………………………………………… (77)
  - 3.3.1 动物伦理 …………………………………………………………………… (78)
  - 3.3.2 动物福利 …………………………………………………………………… (79)
  - 3.3.3 "3R"理论及其在食品安全性评价中的应用 ……………………………… (80)
- 思考题 …………………………………………………………………………………… (84)

第4章 生物性污染与食品安全 ……………………………………………………… (85)
- 4.1 毒理学试验的设计 ……………………………………………………………… (86)

4.1.1　体内毒理学试验设计 (87)
　　4.1.2　体外毒理学试验设计 (88)
　4.2　常用的毒性试验 (88)
　　4.2.1　急性毒性试验 (88)
　　4.2.2　亚慢性和慢性毒性试验 (92)
　　4.2.3　遗传毒理学试验 (94)
　　4.2.4　致癌试验 (99)
　　4.2.5　发育毒性与致畸作用 (101)
　　4.2.6　神经行为毒性试验 (103)
　　4.2.7　免疫毒性试验 (105)
　思考题 (109)

第5章　危险性评估 (110)
　5.1　概　述 (111)
　5.2　危险性评估 (112)
　　5.2.1　危害鉴定 (112)
　　5.2.2　危害特征的描述 (114)
　　5.2.3　暴露评估 (117)
　　5.2.4　危险性特征的描述 (117)
　　5.2.5　危险性评估中的不确定性因素 (119)
　5.3　食品中化学性污染因素的危险性评估 (121)
　　5.3.1　危害鉴定 (121)
　　5.3.2　危害特征的描述 (122)
　　5.3.3　暴露评估 (125)
　　5.3.4　危险性特征的描述 (127)
　5.4　食品中生物性污染因素的危险性评估 (128)
　　5.4.1　危害鉴定 (128)
　　5.4.2　危害特征的描述 (129)
　　5.4.3　暴露评估 (131)
　　5.4.4　危险性特征的描述 (132)
　思考题 (133)

第6章　食品添加剂安全性评价 (134)
　6.1　概　述 (135)
　　6.1.1　食品添加剂的定义和分类 (135)
　　6.1.2　食品添加剂的作用 (137)
　　6.1.3　食品添加剂的一般要求 (138)
　　6.1.4　国内外食品添加剂的发展概况 (139)

6.2 食品添加剂的安全性评价 …………………………………………………… (141)
　　6.2.1 食品添加剂的毒性及安全问题 ……………………………………… (141)
　　6.2.2 食品添加剂的安全性 ………………………………………………… (144)
6.3 食品添加剂的安全性管理 …………………………………………………… (150)
　　6.3.1 联合国 FAO/WHO 对食品添加剂的管理 …………………………… (150)
　　6.3.2 美国对食品添加剂的管理 …………………………………………… (150)
　　6.3.3 我国对食品添加剂的管理 …………………………………………… (151)
　　6.3.4 我国对生产、使用新的食品添加剂的主要审批程序 ……………… (152)
思考题 ……………………………………………………………………………… (153)

第7章 食品工业用酶制剂安全性评价 …………………………………… (154)

7.1 概　述 ………………………………………………………………………… (155)
　　7.1.1 食品酶制剂的概念 …………………………………………………… (155)
　　7.1.2 酶制剂工业的发展 …………………………………………………… (155)
　　7.1.3 酶制剂在食品工业中的应用 ………………………………………… (157)
7.2 食品工业用酶制剂的安全性评价 …………………………………………… (158)
7.3 食品工业酶制剂的安全性管理 ……………………………………………… (160)
　　7.3.1 酶制剂生产的安全卫生管理 ………………………………………… (160)
　　7.3.2 国外食品工业酶制剂的管理现状 …………………………………… (164)
　　7.3.3 我国食品用酶制剂的管理现状 ……………………………………… (165)
思考题 ……………………………………………………………………………… (165)

第8章 新资源食品安全性评价 ……………………………………………… (166)

8.1 概　述 ………………………………………………………………………… (167)
8.2 新资源食品的安全性评价 …………………………………………………… (169)
　　8.2.1 安全性评价的原则 …………………………………………………… (169)
　　8.2.2 安全性评价的主要内容 ……………………………………………… (169)
　　8.2.3 其他要考虑的问题 …………………………………………………… (171)
8.3 新资源食品的安全性管理 …………………………………………………… (172)
思考题 ……………………………………………………………………………… (174)

第9章 辐照食品安全性评价 ………………………………………………… (175)

9.1 概　述 ………………………………………………………………………… (176)
　　9.1.1 食品辐照的目的和优势 ……………………………………………… (176)
　　9.1.2 辐照对食品的影响 …………………………………………………… (177)
9.2 辐照食品的安全性评价 ……………………………………………………… (179)
9.3 辐照食品的安全性管理 ……………………………………………………… (181)
　　9.3.1 国际上对辐照食品的安全性管理 …………………………………… (181)

  9.3.2 我国对辐照食品的安全性管理 …………………………………… (182)
 思考题 ………………………………………………………………………… (183)

第 10 章 食品包装材料安全性评价 ……………………………………… (184)

 10.1 概　述 ………………………………………………………………… (185)
  10.1.1 食品包装的目的及意义 …………………………………… (185)
  10.1.2 食品包装材料的性能要求 ………………………………… (186)
  10.1.3 食品包装新材料 …………………………………………… (186)
  10.1.4 食品包装材料发展的趋势 ………………………………… (188)
 10.2 食品包装材料的安全性评价 ………………………………………… (189)
  10.2.1 食品包装材料的安全与卫生 ……………………………… (189)
  10.2.2 关于食品包装材料的安全性评价 ………………………… (193)
 10.3 食品包装材料的安全性管理 ………………………………………… (195)
  10.3.1 美国 ………………………………………………………… (195)
  10.3.2 欧盟 ………………………………………………………… (197)
  10.3.3 日本 ………………………………………………………… (198)
 思考题 ………………………………………………………………………… (199)

第 11 章 转基因食品安全性评价 …………………………………………… (200)

 11.1 概　述 ………………………………………………………………… (201)
  11.1.1 转基因食品的定义及分类 ………………………………… (201)
  11.1.2 国内外转基因食品的发展 ………………………………… (203)
 11.2 转基因食品的安全性评价 …………………………………………… (205)
  11.2.1 转基因食品的安全性问题 ………………………………… (205)
  11.2.2 转基因食品的安全性评价 ………………………………… (206)
 11.3 转基因食品的安全管理 ……………………………………………… (213)
  11.3.1 国外对转基因食品的管理 ………………………………… (214)
  11.3.2 我国对转基因食品的管理 ………………………………… (220)
 思考题 ………………………………………………………………………… (221)

第 12 章 保健食品安全性评价 ……………………………………………… (222)

 12.1 概　述 ………………………………………………………………… (223)
  12.1.1 保健食品的概念 …………………………………………… (223)
  12.1.2 保健食品的发展历程 ……………………………………… (224)
  12.1.3 保健食品的功能及分类 …………………………………… (225)
  12.1.4 我国保健食品的发展方向 ………………………………… (227)
 12.2 保健食品的安全性评价 ……………………………………………… (229)
  12.2.1 保健食品安全性 …………………………………………… (229)

  12.2.2 有关保健食品的安全性评价 …………………………………………（233）
 12.3 保健食品的安全性管理 ……………………………………………………（239）
 思考题 …………………………………………………………………………………（242）

参考文献 ………………………………………………………………………………（243）

第 1 章 绪 论

重点与难点 主要介绍了食品安全和食品安全性评价的基本概念。食品安全是随着科学技术的发展以及人们对安全的认识的深入而发展的。对食品安全性毒理学评价的主要内容进行了简要的概述，涉及了风险评价的基本概念。介绍了影响食品安全的主要因素，论述了食品生物性污染、食品化学性污染和食品物理性污染是食品的主要污染类型。在影响食品安全的生物性因素中，微生物引起的食源性疾病是我国目前主要的食品安全问题。对细菌、真菌及其毒素、寄生虫、天然的有毒动植物、化学物质、农药残留和放射性物质的来源进行了分析。

1.1 食品安全和食品安全性评价
1.2 食品安全性毒理学评价主要内容
1.3 影响食品安全性的主要因素

食品是人们生活的最基本的必需品，是人类生存的基础，它与人们的生命和健康密切相关。食品的卫生和营养是人们对食品的基本要求。作为食品，首先是要保证其安全，即不得含有毒有害物，不得产生潜在性的危害，要保证食品在适宜的环境下生产、加工、贮存和销售，减少其在食物链各个阶段所受到的污染，以保障消费者身体健康。此外，还应保证食品应有的营养和色、香、味、形等感官性状，无掺假、伪造，符合相应卫生标准的要求。近年来，国际上与食品安全有关的食品污染事件不断发生，引起了各方面的关注。1999年5月在比利时发生的"二噁英污染食品"事件，首先出现一些养鸡场出现鸡不生蛋、肉鸡生长异常等现象，经调查发现，这是由于比利时9家饲料公司生产的饲料中含有致癌物质二噁英所致。调查发现比利时一家饲料厂的饲料用脂肪的二噁英含量超过允许限量200倍以上，使比利时蒙受了巨大的经济损失，有1 000万只被认为是受污染的肉鸡和蛋鸡被屠宰销毁。这一事件造成的直接损失达3.55亿欧元，如果加上与此关联的食品工业，损失已超过上百亿欧元。1999年底，美国发生了历史上因食用带有李斯特菌的食品而引发的最严重的食物中毒事件。据美国疾病预防控制中心的资料，在美国密歇根州，有14人因食用被该菌污染了的"热狗"和熟肉而死亡；在另外22个州也有97人因此患病，6名妇女因此流产。这些事件直接引起公众对食品监管部门的不信任，甚至导致政府内阁的下台。国内的食品安全事件也层出不穷，如1996年6月27日至1996年7月21日，云南曲靖地区会泽县发生食用散装白酒甲醇严重超标的特大食物中毒事件，在这起利用甲醇制售有毒假酒致死人命特大恶性案件中，有192人中毒，其中35人死亡，6人致残。2004年4月发生在安徽阜阳的"大头娃娃"事件等，造成了人们对食品污染的恐惧和对食品安全的担心。

食品安全不仅涉及消费者的健康，还关系到一个国家的经济正常发展，关系到社会的稳定和政府的威望，特别是近年来国际上发生的疯牛病、二噁英等重大食品卫生事件，使公众对食品安全的重视程度提高到了一个前所未有的水平。由于经济发展、食品贸易及流通的全球化，新技术、新研究成果的应用和推广，任何一个食品安全问题都容易造成国际化。但由于地区之间和各国经济与技术发展的不平衡，各国在一定时间内所面对的主要食品安全问题也不尽相同。随着社会、经济和技术的发展以及人类对健康要求的提高，重新评估人类所面临的食品安全问题并及时采取相应的对策是各国政府都在积极努力解决的课题。

通过政府监管部门、食品企业和学术界的共同努力，我国的食品安全在近20年取得了长足的发展，从而在保障消费者健康、促进国际食品贸易、发展国民经济方面发挥了重要的作用。我国食品安全形势不容乐观，主要表现为食源性疾病不断上升，恶性食品污染事件接二连三，加工新技术与新工艺带来新的危害以及由于食品安全质量而引起的消费者权益纠纷不断。食品安全问题已成为威胁人类健康的主要因素，无论在国外还是在国内，消费者对食品安全的关注日益加深。但是，食品安全问题不像一般的急性传染病那样，会随着国家经济的发展，人民生活水平的提高，卫生条件的改善以及计划免疫工作的持久开展而得到有效的控制。相反，随着新技术和化学品的广泛使用，食品安全问题将日益严峻。不论发达国家还是发展中国家，不论食品安全监管制度完善与否，都普遍面临相同和不同的食品安全问题。因此，食品安全已成为当今世界各国重大的公共卫生问题。

1.1　食品安全和食品安全性评价

1.1.1　食品安全

食品安全学是研究食品安全的一门科学。关于食品安全，至今学术界尚缺乏一个明确的、统一的定义。食品安全的概念是1974年11月联合国粮农组织（FAO）在罗马召开的世界粮食大会上正式提出的。1972~1974年，发生世界性粮食危机，最贫穷的非洲国家遭受了严重的粮食短缺，为此，联合国于1974年11月在罗马召开了世界粮食大会，通过了《消灭饥饿和营养不良世界宣言》，联合国粮农组织提出了《世界粮食安全国际约定》，该约定认为，食品安全指的是人类的一种基本生存权利，每个人都能获得为了生存与健康所需要的足够食品，这种意义上的食品安全是广义的食品安全，有时称为粮食安全（food security），比较狭义的食品安全（food safety）一般是指食品本身对食品消费者健康的影响，即食品中有毒有害物质是否存在以及对人体的健康的损害程度。

笼统的回答某种或某类食品是"安全"或"不安全"都有不全面的可能。因此，美国学者Jones曾建议将食品安全分为绝对安全与相对安全两种不同的概念。绝对安全被认为是指确保不可能因食用某种食品而危及健康或造成机体的伤害，这是一种绝对化的承诺，也就是食品应绝对没有风险，这是"零风险"的概念。但是，由于现实客观世界的复杂性，任何食品在过量摄入或食用条件不当时，都可能引起对健康的损害，如食盐摄入过量会中毒、过度饮酒伤身体。饮食的风险不仅来自生产过程中人为施用的农药、兽药、添加剂等，还大量来自食品本身含有的天然毒素或对少数人有过敏可能的食品。食物中某些微量有害成分的影响也往往在对该成分敏感的人群中表现出来。因此，人类的任何一种饮食消费总是存在某些风险，绝对安全性或"零风险"是很难达到的。相对安全性就是指在合理食用方式和正常摄入量的情况下消费某种食物或食物成分，不会导致对健康的损害，或这种食物或食物成分引起的安全风险是可以接受的。

食品绝对安全性与相对安全性的区分，在很大程度上也反映了消费者、管理者、生产者和科技界主流派对什么是安全食品在认识角度上的差异。绝对安全性要求提供没有风险的食品，而把近年频繁发生的安全性事件归因于技术和管理的不当；相对安全性从食品构成及食品科技的现实出发，认为安全食品并不是完全没有风险的食品，而是在提供最丰富营养和最佳品质的同时，力求把可能存在的任何风险降至最低限度。这样两种不同的概念的对立和互补，是人类对食品安全性认识发展与逐渐深化的表现，从需要与可能、现实与长远的不同侧面，概括了食品安全性的较完整的含义。

1.1.2 食品安全性评价

要了解食品安全性评价,首先要明确毒性的概念和风险的概念。在毒理学领域中,毒性是指一种外源化学物质在任何条件下对有机体产生任何种类(慢性或急性)损害的一种能力,通常描述某物质有无急性毒性、慢性毒性以及致畸性、致突变性、致癌性等。风险概念是一个应用较广的概念,在此处,风险可简单地理解为某种不希望出现的事件发生的概率或机会的大小或多少。毒性是物质的一种根本属性,而风险是综合各种因素后得出的一种判断。毒理学试验研究的奠基人 Paracelsus 有句名言:所有物质都是毒物,剂量把它们区分为毒物和药物。因此,剂量决定一种物质是否有毒的概念是今天科学界进行危险性评价和风险分析的基础之一。随着分析技术的进步,已发现在越来越多的食品中特别是天然食品中含有多种微量的有毒成分,但这并不造成人体的健康危害,这可以说明在一定的剂量范围内产生的风险很小。风险的大小将视个体接触危害成分暴露量、个人敏感性及饮食方式等而定。有毒化学物质对生物体造成的损害,其性质和程度取决于毒物本身的性质和生物体暴露的程度(浓度和时间的乘积)两个方面,暴露量越大或时间越长,损害越重。对不同的生物群体和亚群体,又各有不同。致癌物质的致癌作用是否也如别的毒物一样存在一个"无效应水平",即在剂量-反应曲线中有一个出现毒性的阈限值,至今仍是一个有争论的问题。

食品安全性评价是运用现代毒理学理论,并结合流行病学调查分析和阐明食品或食品中的特定物质的毒性及其潜在危害,预测人体接触后可能对人体健康产生影响的性质和强度,提出食用安全风险和预防措施的一门技术。历史的发展表明,食品安全性的问题已远远超出传统的食品卫生或食品污染的范围,而成为人类赖以生存和健康发展的整个食物链的管理与保护问题。如何遵循自然界和人类社会发展的客观规律,把食品的生产、经营、消费建立在可持续的科学技术基础上,组织和管理好一个安全、健康的人类食物链,这不仅需要有消费者的主动参与和顺应市场规律的经营策略,而且必须有科学研究的基础,政府的政策支持和法律、法规建设。因此,食品安全性的评价就是为政府制定政策,建立卫生标准,指导生产和消费的科学基础工作。

食品安全性评价的概念和应用最早见于发达国家。美国在 1906 年《食品与药物法》的基础上,于 1938 年由国会通过了新的《联邦食品、药物和化妆品法》,1947 年通过了《联邦杀虫剂、杀菌剂、杀鼠剂法》,这两部法律是美国保障食品安全的主要联邦法律,由此派生出来的许多法规和标准保证了美国的食品安全。美国在《食品、药物和化妆品法》中规定:凡农药残留量超过规定限量的农产品禁止上市出售;食品工业使用任何新的直接食品添加剂前,必须经过安全性评价。《联邦杀虫剂、杀菌剂、杀鼠剂法》中规定,农药用于其每一种用途(如用于某种作物)都必须申请联邦登记,获准后才能合法出售及应用。欧盟各国食品和农药的管理法规、方法与美国基本相同,都是采取许可制,从而加强对食品安全性的管理。

我国的食品安全性研究与评价起步较晚,1982年以前,由于受经济发展水平的限制和科学技术落后的制约,国家也缺乏全国性的食品卫生法规,人们对食品安全的概念比较淡漠。我国于1982年制定了《中华人民共和国食品卫生法》(试行),经过13年的试行阶段于1995年由全国人民代表大会常务委员会通过,成为具有法律效力的食品卫生法规。《中华人民共和国食品卫生法》(以下简称《食品卫生法》)的颁布,使一些食源性传染病得到了有效的控制,农产品和加工食品中的有害化学残留也开始纳入法制管理的轨道。工农业生产和市场经济的加速发展、人民生活水平的提高和食品全球贸易一体化的浪潮使我国的食品安全状况面临着更加严峻的挑战。国务院及相关的行政部门从各自的职能出发,也制定了一系列的法律、法规,如《农药管理条例》《中华人民共和国农产品质量安全法》等,使近年来食品卫生与安全状况得到了很大的改善。随着社会的发展,人类生存环境中物质的种类和数量成几何数量在增加,这些物质可能通过各种途径进入食物链,当人类摄取含有这类物质的食品后,就可能对机体造成损害。

随着危险分析的概念引入管理毒理学领域,组成危险分析三部分的危险性评定与毒理学评价密不可分。危险性分析由危险性评定、危险性管理和危险性交流组成,其中危险性评定是关键环节。危险性评定又由危害识别、危害特征的描述、暴露评估和危险性特征的描述组成。毒理学的危险评定是在安全性毒理学评价的基础上成熟和发展起来的,两者既有联系又有区别。安全性评价和危害识别用的都是毒理学的基本原理和试验技术,但是在决定安全和考虑风险方面有所不同,安全性评价是决定建立安全时采取的策略和程序,危险性评价是估计危险大小所采用的策略和程序。食品安全性评价是安全性评价的重要组成部分,主要用于:①食品添加剂和食品污染物的安全性评估;②进入食品的化学物质和有关新产品的注册许可。在毒理学的专业工作中,毒理学的描述性研究、机制性研究和管理性研究都有各自的重点和研究领域,危险性评价可以将上述三者有机地统一起来,共同为公共卫生的决策服务。

1.2　食品安全性毒理学评价主要内容

食品安全毒理学评价是通过体外试验、动物试验和人群观察,发现和阐明被评价物质(食品或与食品有关的产品)的毒性和可能的危害,决定其是否可以作为食品或使用于食品,是进入食品市场的条件。在国内外,食品安全性毒理学试验都是按照一定的标准或程序进行的,通过一系列的毒理学试验,获得不同试验和实验动物的未观察到有害作用剂量,根据被评价物质的毒作用特点、毒作用的性状、剂量-反应关系和人群接触的资料以及经济发展和科学技术水平,在综合分析的基础上进行评价,确定其安全性。

人群在接触食品添加剂、保健食品、新资源食品、辐照食品、食品容器与包装材料、农药残留、兽药残留、食品工业用微生物、食品及食品工具与设备用洗涤消毒剂的时候，由于接触的方式、接触量不同，对其进行的安全性评价程序和内容也有不同。在现有的食品毒理学安全性评价内容中，把毒理学试验分成4个阶段：

①第一阶段　急性毒性试验。本试验测定 LD_{50}，了解受试物的毒性强度、性质和可能的靶器官，为进一步进行毒性试验的剂量和毒性观察指标的选择提供依据，并根据 LD_{50} 进行毒性分级。

②第二阶段　遗传毒性试验。应该考虑原核细胞与真核细胞、体内试验与体外试验相结合的原则选择试验组合，对受试物的遗传毒性以及是否具有潜在致癌作用进行筛选。食品毒理学中的传统致畸试验是限定于受孕动物的观察，了解受试物是否具有致畸作用。在急性毒性试验的基础上，通过30d喂养试验，进一步了解其毒性作用，观察对生长发育的影响，并可初步估计最大未观察到有害作用的剂量。

③第三阶段　亚慢性毒性试验（90d喂养试验）、繁殖试验、代谢试验。该段试验的主要目的是观察受试物以不同剂量水平经较长期喂养后，对实验动物的毒性作用性质和靶器官，了解受试物对动物繁殖及对子代的发育毒性，观察对生长发育的影响，并初步确定最大未观察到有害作用的剂量和致癌的可能性，同时为慢性毒性和致癌试验的剂量选择提供依据。代谢试验可以了解受试物在体内的吸收、分布和排泄速度以及蓄积性，寻找可能的靶器官；为选择慢性毒性试验的合适动物种、系提供依据，了解代谢产物的形成情况。

④第四阶段　慢性毒性试验（包括致癌试验）。获得经长期接触受试物后出现的毒性作用以及致癌作用资料，从而确定最大未观察到有害作用的剂量，为受试物能否应用于食品的最终评价提供依据。

在进行食品安全性毒理学评价时需要考虑试验内外的诸多因素。在安全性毒理学评价试验中如何区分某些指标的生理作用与毒性作用，如何分析指标的统计学意义和生物学意义是开展试验工作中棘手问题，一般的原则是在分析试验组与对照组指标统计学上差异的显著性时，应根据其有无剂量-反应关系、同类指标横向比较及与本实验室的历史性对照值范围比较的原则等来综合考虑指标差异有无生物学意义。在评价推荐摄入量较大的受试物时，应考虑给予受试物量过大时，可能影响营养素摄入量及其生物利用率，从而导致某些毒理学表现，而非受试物的毒性作用所致。此外，时间-毒性效应关系、人的可能摄入量、特殊和敏感人群（如儿童、孕妇及高摄入量人群）的安全性问题都对安全性分析评价带来新的挑战。由于存在着动物与人之间的种属差异，在评价食品的安全性时，应尽可能收集人群接触受试物后反应的资料，如职业性接触和意外事故接触等。志愿受试者体内的代谢资料对于将动物试验结果推论到人具有很重要的意义。在确保安全的条件下，可以考虑遵照有关规定进行人体试食试验。当由动物毒性试验结果推论到人时，鉴于动物、人的种属和个体之间的生物学差异，一般采用安全系数的方法，以确保对人的安全性。安全系数通常为100倍，但可根据受试物的理化性质、毒性大小、代谢特点、接触的人群范围和人的可能摄入量、食品中的使用量及使用范围等因素,综合考虑增大或减小安全系数。在进行最后评价时,必须综合考虑受试物的理化性质、毒性大小、代谢特点、蓄积性、接触的人群范围、食品中的使用量与使用范围、人的可能摄入量等因素,在受试物可能对人体健康造成的危害以及其可能的有益作用之间进行权衡。评价的依据不仅是科学试验的结果,而且与当时的科学水平、技术条件以及社会因素有关。因此,随着时间的推移,很可能结论也不同,随着情况的不断改变,科学技术的进步和研究工作的不断进展,有必要对已通过评价的化学物质进行重新评价,做出新的结论。

1.3 影响食品安全性的主要因素

一般而言,食品本身不含或含有的很少量的有毒有害物质,在食品安全性方面不具有科学的意义。在食品的种植、养殖到生产、加工、贮存、运输、销售、烹调直至餐桌的整个过程都有可能发生食品污染问题,造成降低食品卫生质量或对人体健康造成不同程度的危害。污染物是构成食品不安全的主要因素,解决这一问题一直是食品安全工作的重要内容。因此,对食品安全的控制,国际上提倡的是"从农田到餐桌"的管理模式。影响食品安全的因素,从污染物的性质上可以分为3种:生物性污染、化学性污染和物理性污染。在污染物中,微生物性污染和化学性污染又是当前乃至今后相当长的一段时间我国食品安全面临的主要问题。特别是工业化的发展带来的环境污染问题,新技术、新材料、新原料的使用,致使食品受污染的因素日趋多样化和复杂化,一些老的污染物问题尚没有得到很好控制,又出现了不少新的污染物,一些过去不是食品中的主要污染物而今天却成为轰动全球的食品污染事件。从近年来国际上接连不断发生的食品污染事件,就可以看出污染物对食品卫生危害的严重性,如发生在比利时的二噁英事件,发生在法国的李斯特菌污染事件以及发生在日本的大肠杆菌 O157 污染事件等。

1.3.1 生物性污染

在过去几十年中,大多数国家病例报告记录中微生物所致的食源性疾病发生率在增加,其中包括沙门菌、空肠弯曲菌和肠出血性大肠埃希菌。由于大多数食源性疾病的病例没有报告,所得到的食物中毒数据仅仅是"冰山一角"。从历史的总结资料来看,细菌性污染是涉及面最广、影响最大、问题最多的一种污染,而且未来这种现象还将继续下去。大部分的食品卫生问题是由于生物性因素引起的,生物性污染最主要的是致病性细菌问题。以往一些常见的细菌性食物中毒尚未得到理想的控制而导致中毒事件频繁发生,如沙门氏菌、金黄色葡萄球菌、肉毒杆菌等,而新的细菌性食物中毒又不断出现,如大肠杆菌 O157、李斯特菌等。因此,控制细菌性污染仍然是解决食品污染问题的主要内容。

1.3.1.1 细菌性污染

食品中的生物性污染包括微生物、寄生虫、昆虫和病毒的污染。微生物污染主要有细菌和霉菌。可污染食品的细菌种类很多，大体上可分为致病菌、条件致病菌和非致病菌3类。

(1) 致病菌

致病菌污染食品可引起食物中毒（细菌性）、肠道传染病、人畜共患传染病等食源性疾病。致病菌对食品的污染有两种情况：

① 生前感染　如奶、肉在禽畜体生前即潜存着致病菌。主要有能引起食物中毒的肠炎沙门菌、猪霍乱沙门菌等；也有能引起人畜共患病的结核杆菌、布鲁杆菌属、炭疽杆菌。

② 外界污染　致病菌来自外环境，与作为食物畜体的本身生前感染无关。主要有痢疾杆菌、副溶血性弧菌、致病性大肠杆菌，还有伤寒杆菌、肉毒梭菌。这些致病菌通过带菌者粪便、病灶分泌物、苍蝇、工（用）具、容器、水、工作人员的手等传播途径污染食品。

污染致病菌的食品在感官形态方面无特殊变化，仅凭感官检查难以察觉，与腐败菌能引起食物感官方面的改变有所不同。

(2) 条件致病菌

条件致病菌指在通常情况下不致病，只有在特定条件下才能有致病力的一些细菌，在自然界分布较广。常见的有葡萄球菌、链球菌、变形杆菌、韦氏梭菌、腊样芽胞杆菌，能在一定条件下引起食物中毒。

(3) 非致病菌

在自然界分布极为广泛，在土壤、水体、食物中更为多见。食物中的细菌绝大多数都是非致病菌，这些非致病菌中有许多都与食品腐败变质有关。能引起食品腐败变质的细菌称为腐败菌，是非致病菌中最多的一类，此外，常见的有假单胞菌属、微球菌属和葡萄球菌属、芽胞杆菌属和芽胞梭菌属、肠杆菌科各属、弧菌属和黄杆菌属、链球菌属、嗜盐杆菌属、乳杆菌属等。

1.3.1.2　霉菌与霉菌毒素污染

真菌是原生生物菌类中的一大类，一般都是孢子繁殖，土壤、农作物、牧草、饲料、食品、空气及水中都可能有各种真菌孢子的存在。真菌广泛存在于自然界中，其产生的毒素致病性强，因而随时都有可能污染食品从而给食品带来安全问题。此外，真菌广泛用于食品工业，新菌种的使用、菌种的变异、已使用的菌种是否产毒等问题应引起人们的高度重视。日常生活中，人们直接或间接地接触着真菌，如酿酒酵母、酱油曲种、医用抗菌素等都是利用了有益的真菌。同时，尚有为数众多的真菌与人畜的健康和疾病息息相关。很多真菌可以寄生在谷物中繁殖并产毒，人或牲畜食用了被真菌代谢产物污染的食物或饲料可引起中毒或某些慢性疾病。能使人或牲畜感染致病的真菌称为病原真菌，能引起人畜中毒的真菌毒性代谢产物称为真菌毒素。霉菌中的个别菌种或菌株能产生对人体有害的霉菌毒素。到目前为止，已知的霉菌毒素大约有200种，一般都是按照产生毒素的主要霉菌名称来命名，比较重要的有黄曲霉毒素、杂色曲霉毒素、镰孢菌毒素、展青霉素、黄绿青霉素。

(1) 黄曲霉毒素

黄曲霉毒素是黄曲霉和寄生曲霉的代谢产物，具有极强的毒性和致癌性，是21世纪最引人注目的一种霉菌毒素。黄曲霉毒素是结构相似的一类化合物，目前结构已明确，共有10余种，分为B系及C系两大类，均为二呋喃香豆素的衍生物。黄曲霉毒素能够溶解于多种有机溶剂，如氯仿、甲醇及乙醇等，但不溶解于水、己烷、石油醚和乙醚。紫外线照射黄曲霉毒素能够发出荧光，可利用该特性测定黄曲霉毒素。黄曲霉毒素耐热，在一般的烹调加工温度下不被破坏。在280℃时毒素方可破坏。在加氢氧化钠的碱性条件下，黄曲霉毒素形成香豆素钠盐，故可通过水洗予以去除。

黄曲霉毒素在自然界分布十分广泛，土壤、粮食、油料作物、种子均可见到。我国受黄曲霉毒素污染较重的地区是长江流域及其以南的广大高温高湿地区，尤以广西为甚。污染的品种主要为玉米、花生、大米及花生油，还有小麦和白薯干。黄曲霉毒素是剧毒物质，其毒性为氰化钾的10倍，对鱼、鸡、鸭、大鼠、豚鼠、兔、猫、狗、猪、牛、猴及人均有强烈毒性，属于肝脏毒，是目前公认的最强的化学致癌物质。现已证实，黄曲霉毒素对灵长类动物能诱发出肝癌，黄曲霉毒素对人是否有致癌性，目前尚不能肯定。

(2) 镰孢菌毒素

镰孢菌毒素是继黄曲霉毒素后又一类重要的霉菌毒素。镰孢菌毒素主要是镰孢菌属所产生的有毒代谢物质的总称。镰孢菌属与赤霉菌属在生活史上有一定的联系。从19世纪开始，人们已发现镰孢菌属能引起人和家畜中毒，中毒的疾病主要有食物中毒性白细胞缺少症和赤霉病麦中毒。食物中毒性白细胞缺少症曾发生在西伯利亚地区，引起不少人中毒和死亡，主要症状是皮肤出现出血斑点、粒性白细胞缺乏、坏死性咽喉炎和骨髓再生障碍。发病原因与某些镰孢菌侵染谷物后，在田间越冬产生强烈毒素有关。1882年赤霉病麦中毒在俄罗斯远东地区即已被发现。该中毒可以引起人与牲畜头痛、头晕、乏力、呕吐，有酒醉感，故又得名"醉谷病"。以后，在日本和我国相继发现类似的中毒。我国学者发现长江流域一带的赤霉病麦引起的中毒与禾谷镰孢菌有关。

(3) 麦角中毒

麦角形状似动物的角。其中黑麦角是侵袭谷类作物引起麦角病的主要寄生真菌。世界范围内被该菌寄生的植物达600多种，尤其是小麦、大麦、黑麦、大米、小米、玉米、高粱和燕麦等主要谷物的重要病害。人畜误食被麦角污染的粮草后会引起麦角中毒症。中毒的暴发与进食特定的粮食有关，据医学统计分析结果表明，食用含1%以上麦角的粮食即可引起中毒，含量达7%即可引起致命性中毒。迄今，我国尚未见报道人或动物发生麦角中毒，但近年来从国外进口的小麦中不断有麦角检出，因此麦角对我国人民健康的潜在危害依然存在。

(4) 变质甘蔗中毒

变质甘蔗中毒是由一种称为节菱孢霉的真菌所产生的毒素(3-硝基丙酸)而

引起的侵犯中枢神经系统的急性食物中毒。多发于我国北部地区的初春(2~4月)季节。产自广东、广西和福建的甘蔗北运贮存数月过冬,由于大量甘蔗在缺乏通风条件的场所中堆积发热,使甘蔗中携带的节菱孢霉在适宜的温度、湿度环境下繁殖、产毒。春季出售时便引起急性食物中毒。长期贮存的被产毒节菱孢霉污染的甘蔗,是引起中毒的主要原因。

(5) 水果中的展青霉毒素

水果含有80%以上的水分,pH值一般在4.5以下,属酸性食品,适宜多种霉菌和酵母的生长。霉菌侵染鲜果后,可使果皮软化、形成病斑、下陷、果肉软腐等。某些霉菌可利用鲜果肉质的营养繁殖并产生毒素。

(6) 玉米中的伏马菌素

伏马菌素是1988年从串珠镰孢菌培养物中分离出的一组新的水溶性代谢产物(包括FB_1、FB_2和FB_3),其中以FB_1的毒性最强。南非、美国及韩国均报道从玉米或玉米制品中检出伏马菌素FB_1。串珠镰孢菌是环境中分布广泛的常见真菌,且可产生多种有毒代谢产物。对伏马菌素的毒性及解毒、去毒研究才刚刚开始。

(7) 寄生虫和虫卵污染

寄生虫和虫卵主要通过病人和病畜的粪便间接通过水体或土壤污染食品或直接污染食品。目前,生吃水产品甚至一些其他动物肉类的行为在部分地区较普遍,这使得人们患寄生虫病的危险性大大增大,部分地区的食源性寄生虫发病率也逐年增加。

1.3.2 化学性污染

化学品常常也是食源性疾病的重要病因。食品中除了本身存在的有毒物质(如马铃薯中的糖苷类生物碱),主要的化学污染物包括天然毒素(霉菌毒素和海产毒素)、食品环境污染物(如铅、镉、汞、放射性核素和二噁英等)和食品加工中形成的有毒有害物质(如多环芳烃、杂环胺、N-亚硝基化合物和氯丙醇等),它们对人类健康构成潜在危害。随着高效、低毒、低残留农药的研制和一些高毒高残留农药禁止使用,农药在食品中的残留问题也将得到改善。但由于有机氯类农药的特点,在今后的一段时间内该类农药的污染问题仍继续存在。公众环保意识的提高及国家对环境污染的控制,重金属污染问题虽然得到逐步改善,但由于环境中的本底等原因,在短时间要使食品中的重金属污染降至与国际接轨的水平估计还有相当的难度。合理使用兽药和植物激素会增加农产品的产量和提高产品的质量,有时出现的滥用现象使它们在食品中的残留成为食品污染的新焦点。食品工业的迅速发展,使大量化学物质进入食用范围,全球市售的化学物质已达5万多种,其中食品添加剂估计有上千种。以上种种情况都有可能造成食品的化学性污染。

1.3.2.1 农药污染

农药的使用在防治农业害虫和发展畜牧业等方面发挥了重要作用,但使用不当,也会对环境及食品造成污染。施用农药后,在食品内或食品表面残存的农药及其代谢物、降解物或衍生物,统称为农药残留。摄入残留农药的食品可能引起急性中毒或慢性中毒,特别是低剂量长期摄入还可能有致畸、致突变和致癌作用。农药作为一种污染物通过施农药对食用作物直接污染,由此途径进入人体的占90%左右,通过空气、水、土壤间接污染进入人体的占10%左右。

农药残留对机体的危害依不同的农药有所不同。我国经常使用的有机氯农药主要有六六六及DDT等,是一种高效、广谱、化学性质稳定和不易分解的杀虫剂,能在环境和食品上长期残留。又由于六六六及DDT能引起动物肿瘤和在体内长期蓄积,其慢性危害作用已引起广泛的关注,因此许多国家已停止其生产和使用。我国已于1983年停止生产,1984年停止使用。由于六六六及DDT均系脂溶性物质,性质稳定,在自然界不易分解,残留期长,通过食物链进入体内后,主要蓄积于脂肪组织中。有机氯农药的慢性毒性作用主要侵害肝、肾和神经系统等。关于其致癌作用,一般认为高剂量可使雌雄小鼠肝癌增多,但对一些接触者进行的流行病学调查和一些自愿者研究,都未见致癌的证据。

有机磷农药是一种高效、广谱、代谢快和易分解的一类杀虫剂。其中某些品种(如甲拌磷、对硫磷和内吸磷等)属于剧毒类农药,易于发生急性中毒。近年来多发展高效低毒的品种,如马拉硫磷等。该类农药施用于作物后,大多能迅速分解,在食品上不易形成残留,残留期较短,故近年来发展很快。大多数有机磷农药的性质不稳定,易迅速分解,残留时间短,在生物体内也较易分解,在一般情况下,慢性中毒少见。

1.3.2.2 金属毒物污染

食品的金属毒物污染是国内外普遍关注的食品卫生问题。世界很多地区的一些食品不同程度地受到污染,有些地区的污染还是很严重的。如日本熊本县水俣地区居民曾长期食用含甲基汞的鱼贝类,多次发生甲基汞中毒,即"水俣病"。另外,这些金属毒物的生物半衰期一般均较长,不易分解,可通过食物链进行浓缩,摄入体内后,又有很强的蓄积作用,故易发生远期生物学损害作用。基于以上原因,我国在防治金属毒物对食品的污染方面进行了大量的研究工作,如建立了一些常见金属毒物的测定方法、食品污染现状的检测、动物毒性试验以及对人体健康的危害评价等。根据这些研究的结果,提出了我国各种食品中汞、镉、铅和砷允许限量标准。

金属毒物进入人体的途径以消化道摄入为主。金属毒物污染的来源主要是工业"三废"污染,含有金属毒物的工业"三废"排入环境中,可直接或间接污染食品,而污染水体和土壤的金属毒物还可通过生物富集作用,使食品中的含量显著增高,通过食物链对人体造成的危害更为严重。其次是食品生产加工过程的金属毒物污染，食品在生产加工过程中，接触机械设备、管道、容器或包装材料，在适宜的条件下，其有害金属可溶出，从而污染食品；或是它们已先被污染，然后再污染食品。在食品运输过程中，由于运输工具被污染，从而又污染食品。农药和食品添加剂中也含有某些重金属毒物，如有机汞、有机砷等，或农药不纯含有金属杂质，在使用过程中均可污染食品；食品在生产加工过程中，使用含有金属杂质的食品添加剂，也可造成对食品的污染。

对人体危害较大的重金属毒物主要有铅、砷、汞和镉等。铅的生物半衰期较长，长期摄入低剂量铅后，易于在体内蓄积并出现慢性毒性作用。主要损害造血系统、神经系统、胃肠道和肾脏。常见的症状和体征为贫血、精神萎靡、烦躁、失眠、食欲下降、口有金属味、腹痛、腹泻或便秘、头昏、头痛和肌肉酸痛等。动物试验证实，铅可以通过胎盘进入胎儿体内，并引起脉鼠和小鼠等多种动物畸形。妇女接触低浓度的铅，可影响胎儿的生长发育。接触铅的男子可出现精细胞活力降低、畸形和发育不全等。对大鼠和小鼠，乙酸铅是致癌的，对人至今尚无致癌的证据。

食品中所含的砷分为有机砷化物（如海产品）和无机砷化物两种形式。两种砷化物均易为胃肠道所吸收，其吸收率为70%～90%，一般认为有机砷化物其吸收率稍高。吸收后的砷经血液转运至肝、肾、脾、肺和肌肉中，主要蓄积于皮肤、毛发、指甲和骨骼。吸收的砷大部分由粪排出。一般三价砷化物的毒性大于五价砷化物，无机砷化物的毒性高于有机砷化物。目前有关砷化物毒性的资料主要指无机砷而言。砷化物为一种原浆毒，对体内蛋白质有很强的亲和力。进入体内的砷与多种含巯基的酶结合，使这些酶丧失活性，抑制细胞的正常代谢，从而出现一系列症状。长期摄入砷化物可引起慢性中毒，消化道症状为腹泻、便秘、食欲减退、消瘦；皮肤可出现色素沉着，手掌和足底过度角化；血管受累时呈肢体末梢坏疽，即所谓慢性砷中毒黑脚病；神经系统为多发性神经炎和神经衰弱综合征。

汞由于存在形式的不同，其毒性亦不同。金属汞很少由胃肠道吸收，故其经口毒性极小。二价无机汞化物胃肠道的吸收率为1.4%～15.6%，平均为7%。吸收后经血液转运，约以相等的量分布于红细胞和血浆中，并与血红蛋白和血浆蛋白的巯基结合。二价汞化物不容易通过胎盘屏障，主要由尿和粪排出。有机汞的吸收率较高，如甲基汞的胃肠道吸收率为95%。吸入体内的甲基汞主要与蛋白质的巯基结合。在血液中，甲基汞90%与红细胞结合，10%与血浆蛋白结合，并通过血液分布于全身。无机汞化物急性中毒多由事故摄入而引起。有机汞在人体内的生物半衰期为70d，因此易于蓄积。慢性甲基汞中毒的病理损害主要为细胞变性、坏死，周围神经髓鞘脱失，起初表现为疲乏、头晕、失眠，而后感觉异常，手指、足趾、口唇和舌等处麻木，症状严重者可出现共济运动失调、发抖，说话不清，失明，听力丧失，精神紊乱，进而疯狂痉挛而死。甲基汞亦可通过胎盘进入胎儿体内，新生儿红细胞汞的浓度比母体高30%，因此，甲基汞更容易危害胎儿，引起先天性甲基汞中毒。其症状主要表现为发育不良，智力发育迟缓，畸形，甚至发生脑麻痹而死亡。

镉在消化道的吸收率为1%~12%，一般为5%。低蛋白、低钙和低铁的膳食有利于镉的吸收，维生素D也可促进镉的吸收。吸收的镉经血液运至全身。肾脏是慢性镉中毒的一个靶器官。长期摄入镉后，可引起肾功能障碍。镉中毒患者骨质疏松极易骨折。镉的致癌作用尚无肯定的结论。有人发现镉中毒患者的染色体有畸变现象，但未得到进一步证实。

1.3.2.3 N-亚硝基化合物污染

N-亚硝基化合物是一类致癌性和毒性很强的物质，包括亚硝胺类和亚硝酰胺类。N-亚硝基化合物的最大特点是可以在体内或体外合成。只要有胺和亚硝酸盐这两个前体物质，就可以在适宜条件下进行体外或体内合成。现已证实，哺乳动物和人的胃、肠和膀胱中，亚硝酸盐与仲胺或叔胺可经化合生成N-亚硝基化合物。N-亚硝基化合物及其前体物质在食物中主要分布在亚硝酸盐，鱼、肉、酒等含有的仲胺，N-亚硝基化合物等。肉类在腌制过程中，常加入硝酸盐或亚硝酸盐作为发色剂；蔬菜中的硝酸盐来自肥料，大部分氮肥中的氮参加蛋白质的合成，但也有一小部分通过硝化及亚硝化作用，形成硝酸盐及亚硝酸盐；蔬菜腌渍时，因时间、盐分不够，易腐败变质，腐败菌含硝基还原酶，将硝酸盐还原为亚硝酸盐，此时亚硝酸盐含量也会升高。鲜鱼、贝类经加工烹调时，仲胺增多，原因是鱼、贝体内的甲氧化三甲胺加热分解时产生二甲胺。肉及鱼本身含有的脯氨酸、精氨酸、羟脯氨酸容易生成仲胺。酒中蛋白质在发酵过程中，由于酶的作用，容易分解为二甲胺。

N-亚硝基化合物对动物具有一定的致癌性与毒性。一次大剂量投服，可产生以肝坏死、出血为特征的急性肝损害。长期小剂量投服，则产生以纤维增殖为特征的肝硬变，并在此基础上发展为肝癌。N-亚硝基化合物还对动物有致畸作用，它可以通过实验动物胎盘使子代受损伤，一般在妊娠初期给毒，可使胎儿死亡，在中期给毒，使胎儿畸形，后半期给毒，则使子代发生肿瘤。至今，在300多种N-亚硝基化合物中，已发现有80%以上能对动物诱发出肿瘤，最多见的是肝癌、食管癌及胃癌；肺癌、膀胱癌及鼻咽癌偶见。

1.3.2.4 多环芳烃

多环芳烃(PHA)是由两个以上苯环稠合在一起并在六碳环中杂有五碳环的一系列芳香烃化合物及其衍生物的总称，目前已有200余种。多环芳烃受到重视，与煤焦油致癌性被发现有关。煤焦油对皮肤有致癌作用，早在18世纪后期即已为人所知，但对致癌物质的化学成分则缺乏了解。1920年发现具有致癌性的煤焦油馏分皆出现特有的荧光光谱。许多蒽属化合物也出现类似的光谱。1930年，从煤焦油的高沸点馏分中分离出一种具有高度致癌力的化合物，经合成法证明其结构为苯并[a]芘，此后又陆续合成一些致癌性多环芳烃类化合物。食品多环芳烃的污染主要来源于熏烤食品。熏烤食品所使用的熏烟系木柴等不完全燃烧时的产物，是由气体、蒸汽和固体的微粒组成。熏烟在室内的形成过程与木材的干馏相似，它们都含有多环芳烃。经检测，刚熏制或烤制完毕的食物，表层聚集的苯并[a]芘较多，随着放置时间的加长，表层的苯并[a]芘逐渐向内层渗透。烤制时，滴于火上的食物脂肪焦化产生热聚合反应，产生自由基，并相互结合形成苯并[a]芘，附着于食物表面。

苯并[a]芘对兔、豚鼠、大鼠、小鼠、鸭、猴等多种动物，均能引起胃癌。苯并[a]芘还有致突变作用。苯并[a]芘对人有无致癌作用，至今尚无肯定结论。目前关于流行病学的调查研究，多集中在探讨多环芳烃与胃癌的发病关系方面。

1.3.3　物理性污染

食品的物理性污染通常指食品生产加工过程中的杂质超过规定的含量，或食品吸附、吸收外来的放射性核素所引起的食品质量安全问题。在食品的生产过程中，混入外源性的异物，如混入金属碎片，就属于物理性污染。其另一类表现形式为放射性污染。放射性污染主要来源于大气核爆炸试验、核废物排放不当和意外事故。地区核试验爆炸的沉降灰是食品的放射性污染的一种重要来源。自从1955年太平洋核爆炸试验以来，已有几百次核爆炸试验，产生大量核分裂生成物，形成沉降灰，含大量放射性核素的沉降灰可以污染空气、土壤和水。土壤污染了放射性核素后，该核素可进入植物体，使食品污染上放射性物质。由于世界能源的紧张，原子反应堆、原子能工厂在世界各地不断出现。来自核大国的核动力船以及核实验室的核废物也是食品放射性污染的一种来源。对核废物的处理，一般有陆地埋藏和深海投放两种方式。陆埋或向深海投放固体放射性废物时，如包装处理不严或者贮藏废物的钢罐、钢筋混凝土箱出现裂痕时，即可以造成对环境乃至对食品的污染。意外核泄漏造成的核污染不容忽视。1957年英国温次盖尔原子反应堆发生事故，使大量放射性核素污染环境，影响农作物及牛奶。1988年，乌克兰地区切尔诺贝利核电站发生重大事故，大量的放射性沉降灰飘落到东欧和北欧的一些国家，污染了土壤、水源、植物和农作物。

食品放射性污染对人体的危害在于长时期体内小剂量的内照射作用。^{90}Sr可诱发骨恶性肿瘤，并能引起生殖机能下降；^{131}I可能损伤甲状腺组织，或诱发甲状腺瘤。因此，应采取措施，控制污染。禁止向食品中加放射性核素作为食品保藏剂。应用电离辐射的方法保藏食品时，应严格遵守对照射剂量和照射源的各项规定。

思考题

1. 什么是食品安全？
2. 食品安全性评价的基本概念。
3. 食品污染的主要类型是什么？

4. 引起食源性疾病的主要原因是什么？
5. 化学性污染物的主要类型。
6. 什么是食品的物理性污染？
7. 食品中的主要金属污染物是什么？

第2章
食品毒理学安全性评价基础知识

重点与难点 介绍了毒理学中必须掌握的基本概念，以及毒作用的影响因素、机制以及生物转运与转化等毒理学基本内容。认识外源化学物质毒性作用的影响因素，对毒理学研究的设计、外源化学物质的安全性评价都是十分必要的。外源化学物质或其代谢产物必须以具有生物学活性的形式到达靶器官及靶细胞，必须具备有效的剂量、浓度，持续足够的时间，并与靶分子相互作用或改变其微环境，才能够引发毒性作用。任何影响这一过程的因素都会影响化学物质的毒作用。化学物质进入机体的过程可分成吸收、分布、代谢及排泄4个相互有关的过程。化学物质的代谢和排泄合称为消除。生物转化是机体对外源化学物质处置的重要环节，是机体维持内环境稳定的主要机制。一般情况下，外源化学物质经生物转化后，形成毒性较低的代谢物，但有些化学物质的代谢产物毒性增强。

2.1 毒理学的基本概念
2.2 常用的毒性指标
2.3 剂量-效应关系和剂量-反应关系
2.4 影响化学物质毒效应的因素
2.5 毒作用机制
2.6 化学物质在体内的生物转运和转化

毒理学是研究化学物质对生物体损害作用的科学，是生物医学的一门重要基础学科。毒理学的定义是在发展的过程中，研究内容也是在发展过程中。目前毒理学的主要研究内容已经由化学物质扩大到各种有害因素，如核素、微波等物理因素以及生物因素对机体损害作用机制。按照毒理学研究的不同内容，可分为许多方面。按应用领域或相关的学科分为药物毒理学、卫生毒理学、环境毒理学、食品毒理学、工业毒理学、临床毒理学、法医毒理学、兽医毒理学、军事毒理学等；按作用靶器官可分为神经毒理学、肝脏毒理学、肾脏毒理学、肺脏毒理学、脑毒理学、皮肤毒理学、生殖和发育毒理学、免疫毒理学等；按研究的对象和物质可分为金属毒理学、农药毒理学、放射毒理学等；按作用机制和研究手段可分为分子毒理学、膜毒理学、细胞毒理学、量子毒理学、生化毒理学、遗传毒理学等。毒理学的研究领域相当广泛，各分支之间也存在着交叉和重复。随着生产和科学技术的发展，还会不断出现新的分支。

20世纪以来，随着工业科技特别是化学工业的迅速发展，世界上已投入生产和销售使用的化学物质的数量达1 000万种之多，其中约有10万种已投入市场，而且每年估计有千种以上新的化学物质相继投入生产和使用。因此，提高对化学物质危害的识别、评价和预测，强化化学品危害的立法、管理和控制，便成为毒理学极其重要的任务。通过动物试验和人群的观察，阐明某种物质的毒理及潜在的危害，对该物质能否投入市场作出取舍的决定，或提出人类安全的接触条件，即对人类使用这种物质的安全性作出评价，它实际上是在了解某种物质的毒性及危害性的基础上，全面权衡其利弊和实际应用的可能性，从确保该物质的最大效益、对生态环境和人类健康最小危害性的角度，对该物质能否生产和使用作出判断或寻求人类安全接触条件的过程。

毒理学按其主要的研究内容可分为3个方面，即描述性研究、机制性研究和管理性研究。

①描述性毒理学　直接涉及毒性试验，为安全性评价和管理法规的制定提供资料。设计合理的动物毒性试验可提供与特定化学物质接触相关的危险性评价的资料。这些资料可能仅涉及对人的影响，如药品和食品添加剂即属此类。不仅要考虑化学产品（杀虫剂、除草剂、溶剂等）对人的可能危害，还要考虑对周围环境中鱼类、鸟类和植物的可能影响，以及可能对生态平衡的干扰。描述毒理学可以为化学物质的作用机制提供重要线索，通过提出假说从而促进机制毒理学的发展。描述毒理学的研究资料也为管理毒理学中危险性评价提供关键内容。

②机制毒理学　是了解化学物质对生物体毒作用的细胞、分子以及生化机制。研究毒作用机制，即毒物如何进入机体，如何与靶细胞、靶分子发生作用，如何产生其有害结果及机体的反应，有助于正确地解释毒性表现，估计化学物质对机体毒作用的可能性，提出预防和解毒的措施，指导设计低毒的药物和工业化学物质，生产更有选择性的杀虫剂。对化学物质毒作用机制的理解也使人们更清楚地了解从神经传导到DNA修复的一些机体生理、生化过程；对化学致癌机制

的研究使人们对癌症的病理过程有了更清楚的理解。因此，对毒作用机制的研究不仅有理论意义，而且有实际意义。

③管理毒理学　是依据描述毒理学和机制毒理学工作者提供的资料，决定一种药品或其他化学品按规定的使用目的上市销售后，是否存在一定明显的危险性。这一般是由政府和管理机构来组织评价和实施。

2.1　毒理学的基本概念

2.1.1　毒物、毒性作用及其分类

2.1.1.1　毒物

毒理学研究的对象是外源化学物质对生物体的有害作用。有害的化学物质又称为毒物，毒物是指在一定条件下，较小剂量就能引起功能性或器质性损伤的化学物质，或接触剂量虽微，但累积到一定的量，就能干扰或破坏机体的正常生理功能，引起暂时或持久性的病理变化。其中生物（细菌、霉菌、蛇、昆虫等）产生的有毒物质称为毒素。外源化学物质通常为药物、农药、工业化学物质、天然存在的毒物或毒素及环境污染物等。关于毒物，Paracelsus（1493—1541）提出，所有物质并非毒物，只有剂量使物质变成毒物，或者所有物质都是毒物，只有剂量使物质变成非毒物。而化学物质本身（即其化学结构）在决定引起的中毒剂量方面起着重要作用，因此不同化学物质的半数致死量的差异极大。化学物质的毒性还决定于接触途径、接触时间、接触频度和化学物质发生作用的环境条件等。毒性指化学物质能造成生物体损害的能力。毒性按化学物质作用时间分为急性毒性、亚慢性毒性和慢性毒性。急性毒性一般以化学物质引起实验动物致死的剂量（浓度）表示。某化学物质的致死剂量越大，则毒性越小；致死剂量越小，则毒性越大。急性毒性常用做毒性分级和化学物质管理的依据。

毒物具有以下基本特征：①对机体不同水平的有害性，但具备有害性特征的物质并不是毒物，如单纯性粉尘；②经过毒理学研究之后确定的；③必须能够进入机体，与机体发生有害的相互作用。具备上述3点才能称为毒物。

依研究的重点与需求，毒物可以按不同的方法进行分类。毒物可以分别按照其靶器官（肝、肾、造血系统等），用途（农药、溶剂、食品添加剂等），来源（动物与植物毒素）及其效应（癌症、突变、肝损伤等）进行分类；也可以按其物理状态（气体、粉尘、液体），化学稳定性或反应性（易爆品、易燃品、氧化剂），一般化学结构（芳香胺、卤代烃等）或毒性大小（极毒、高毒、低毒等）进行分类。任何单一的分类方法都不能包括全部有毒物质。从毒理学科整体着眼，从有毒物质的管理与控制的角度来看，可能最有用的是能够同时考虑到毒物的化学特性、生物学特性以及接触特征的分类体系。

外源化学物质包括：①工业化学品，包括生产时使用的原料、辅助剂以及生产中产生的中间体、副产品、杂质、废弃物和成品等；②食品中的有毒物质，包

括天然的或食品变质后产生的毒素，以及各种食品添加剂，如糖精、食用色素和防腐剂等；③环境污染物，如生产过程产生的废水、废气和废渣中的各种外源化学物质；④日用化学品，如化妆品、洗涤用品、家庭卫生防虫杀虫用品等；⑤农用化学品，包括化肥、农药、除草剂、植物生长调节剂、瓜果蔬菜保鲜剂和动物饲料添加剂等；⑥医用化学品，包括用于诊断、预防和治疗的外源化学物质，如血管造影剂、医用消毒剂、医用药物等；⑦生物毒素也统称为毒素，包括动物产生的毒素（如蛇毒、蜂毒、蟾蜍毒、蝎毒等），植物产生的毒素（如生物碱、毒肽与毒蛋白等），霉菌毒素是由某些霉菌产生的毒素（如黄曲霉毒素等），细菌产生的毒素，其中存在于细菌细胞内的毒素称为内毒素，在细菌内合成后排出菌体的毒素称为外毒素；⑧军事上的一些外源化学物质，如沙林、芥子气、路易氏气等。

2.1.1.2 毒性作用及其分类

毒性作用是指当化学物质进入机体后，经过生物转化，化学物质或其代谢产物与生物体发生相互作用，导致生理、病理、生化功能异常而产生的不良或有害的生物效应。化学物质引起的毒性作用可表现为生物体的各种功能障碍，应激能力下降，维持机体内稳态能力降低，以及对其他环境有害因素的敏感性增高等。这些不良或有害生物效应有些是直观就能看到的，如常规的食欲变化，体重变化，兴奋或抑制的行为表现，流泪，恶心，呕吐，大小便次数、色泽变化等；有的是必须通过血液系列生化指标检测才能反映出来，如对血液或肝、肾的损害；有的则需要通过病理解剖组织器官，才能反映出对某些组织器官的毒性损伤；还有的是常规生理、生化、病理检查的检测也不能发现的，只能在下一代才能发现。

化学物质的毒性作用是许多因素综合影响的结果，主要包括：化学物质化学结构决定的毒性性质；生物体的功能状态；化学物质的接触条件（剂量、方式和途径、防护措施的优劣等）；其他化学因素或物理因素的相互影响。

（1）毒性作用按化学物质与实验动物的接触时间分

①急性接触　是时间不超过24h的接触，通常为单次给药，接触途径为腹腔注射、静脉注射、皮下注射，灌胃或皮肤涂敷。某些毒作用较轻的化学物质可以在24h内多次给药，例如急性吸入染毒可在24h内连续接触，不过多数情况下为4h连续接触。

②亚急性、亚慢性和慢性染毒　均为重复接触，分别是指不超过1个月、1~3个月和超过3个月的多次重复接触毒物。这3种重复染毒可以经任何途径给药，但最常应用的是将化学物质掺入饲料或饮水的经口途径。

对人体接触，其接触频率和持续时间通常不像受控动物试验那样有明确的划分，人的职业或环境接触可划分为急性接触（如单次事故性接触）、亚慢性接触（数周或数月的反复接触）、慢性接触（数月或数年的反复接触）。有许多化学物质，单次接触所引起的毒性作用，可能完全不同于重复接触引起的毒性作用。例如，苯的原发性急性中毒表现为中枢神经系统的抑制，而重复接触则引起骨髓毒作用。急性接触易被吸收的化学物质，不仅可能产生急性毒作用，还可能引起迟发性毒作用，这种迟发性毒作用与慢性接触的毒作用可能相同也可能不相同。反之，慢性接触一种化学物质可具有长期的、低剂量的慢性毒作用，此外在每次接触后，还可能产生某些急性毒作用。所以，描述评价某一种化学物质毒作用，不仅需要单次剂量(急性)，而且还需要多次剂量接触(慢性)的毒作用资料。在重复接触的过程中，接触频率也是一个重要的因素。一种化学物质单次给药会引起严重的中毒效应，但若以相同剂量并以一定间隔分成多次给药，可能就不发生任何毒作用。

(2) 毒性作用按发生的时间分

①急性毒作用　指较短时间内(小于24h)一次或多次接触化学物质后，在短期内(小于2周)出现的毒效应。如各种腐蚀性化学物质、许多神经性毒物等。

②慢性毒作用　指长期接触小剂量化学物质缓慢产生的毒作用。如职业接触的化学物质多数表现出这种作用。

③迟发性毒作用　指在接触当时不引起明显病变，或者在急性中毒后临床上可暂时恢复，但经过一段时间后，又出现一些明显的病变和临床症状，这种作用称为迟发性毒作用。如许多有机磷农药，具有迟发性神经毒作用。重度一氧化碳中毒，经救治恢复神志后，过若干天又可能出现精神或神经症状。

④远期毒作用　指化学物质作用于机体或停止接触后，经过若干年，而后发生不同于中毒病理改变的毒作用，一般指致癌作用。

(3) 毒性作用按发生的效应分

①局部毒作用　指化学物质引起机体直接接触部位的损伤。多表现为局部腐蚀和刺激作用。例如，腐蚀性物质作用于皮肤和胃肠道，刺激性气体作用于呼吸道都可直接引起局部的正常细胞广泛损害。氯气作用于肺部接触部位，引起肺组织的损伤和肿胀，并可造成死亡；这时，氯气被吸收进入血液很少。

②全身毒作用　指化学物质经吸收后，随血液循环分布到全身而呈现的毒作用。大多数化学物质都引起全身毒效应。也有些物质两种类型毒效应都有。许多具有全身作用的毒物，不一定能引起局部作用；能引起局部作用的毒物，则可能通过神经反射或吸入血液而引起全身反应。例如，一氧化碳引起机体的全身性缺氧。四乙基铅在皮肤吸收部位对皮肤发生作用；随后进行全身转运，对中枢系统及其他器官产生毒作用。毒物被吸收后的全身作用，其损害一般主要发生于一定的组织和器官系统。受损伤或发生改变的可能只是个别器官或系统，此时这些受损的器官称为靶器官。靶器官并不一定是毒物或其活性代谢产物浓度最高的器官，而是对毒物及代谢产物反应较敏感的器官。例如，铅浓集在骨骼中，但铅的毒性却是由于铅对软组织，特别是对脑影响的结果。有些杀虫剂主要在脂肪中蓄积，但并未发现对该组织产生毒效应。

(4) 毒性作用按毒作用的性质分

①一般毒作用　指化学物质在一定的剂量范围内经一定的接触时间，按照一

定的接触方式，均可能产生的某些毒作用，如急性作用、慢性作用。

②特殊毒作用 接触化学物质后引起不同于一般毒作用规律或出现特殊病理改变的毒作用。特殊毒作用包括：a. 过敏反应，是机体对外源化学物质产生的一种病理性免疫反应。引起这种过敏性反应的外源化学物质称为过敏原，过敏原可以是完全抗原，也可以是半抗原。许多外源化学物质作为一种半抗原，当其进入机体后，首先与内源性蛋白质结合形成抗原，然后再进一步激发抗体的产生。当再次与该外源化学物质接触后，将产生抗原-抗体反应，引起典型的过敏症状。过敏性反应的产生与发病者的个体敏感性有关。一旦造成致敏状态，再次接触极少量（阈剂量）的化学物质就可能引起过敏反应，因此引起过敏反应的化学物质没有典型的剂量-反应曲线。过敏损害表现是多种多样的，可以涉及不同的器官系统，其严重程度不等，轻者仅有微弱的皮肤症状，重者出现过敏性休克，甚至死亡。不同生物物种过敏反应的方式不同。人类最常见的是皮肤症状（皮炎、荨麻疹、瘙痒）和眼的症状（如结膜炎），严重时出现哮喘（以细支气管收缩为特征）。豚鼠则以细支气管收缩性窒息最常见。b. 特异体质反应，是指由遗传决定的特异体质对某种化学物质所产生的异常反应。特异体质反应包括高反应性和高耐受性，其方式表现为或是对低剂量化学物质异常敏感，或是对高剂量化学物质极不敏感。高敏感性与过敏性反应不同，只要机体接触一次小剂量的该化学物质即可产生毒性作用，不需要预先接触，也不产生抗原-抗体反应。如果以人群作为研究对象，这部分个体称为易感人群。与此相对应的是，有少数个体对某种外源化学物质不敏感，能够耐受远远高于大多数个体所能耐受的剂量，即这些个体具有高耐受性。c. 致癌作用，指化学物质能引发动物和人类恶性肿瘤，增加肿瘤发病率和死亡率的作用。d. 致畸作用，指化学物质作用于胚胎，影响器官分化和发育，出现永久性的结构或功能异常，导致胎儿畸形的作用。e. 致突变作用，也称诱变作用，指化学物质使生物遗传物质（DNA）发生可遗传性的改变。例如，DNA分子上单个碱基的改变、细胞染色体的畸变。f. 内分泌干扰作用，指化学物质造成的类似、模拟或拮抗内分泌激素的作用。

(5) 毒性作用按毒作用损伤的恢复情况分

①可逆性毒作用 是指在停止接触毒物后，所受损害可以逐渐恢复的毒性作用。接触的毒物浓度低，时间很短，所产生的毒作用多是可逆的。

②不可逆性毒作用 是指在停止接触毒物后，毒作用继续存在，甚至其损害可进一步发展的毒性作用。某些毒作用显然是不可逆的，如致突变、致癌、神经元损伤、肝硬化等。毒效应是否可逆，在很大程度上取决于该中毒损伤组织的再生修复能力。肝脏等组织再生能力很强，因此大部分损伤是可逆性毒效应。而中枢神经系统的损伤，则多数是不可逆性的，因为已分化的中枢神经细胞，不再分裂也无法替换。化学物质的致癌与致畸毒作用，通常一旦发生，则被视为是不可逆性的。

2.1.2 危害性、危险性与安全性

危害性表示潜在的导致有害作用的因素。危害性与毒性不同，任何一种毒物不论其毒性强弱，其危害性大小取决于是否与它接触过，它的摄入量和生物利用度。在危害性评价时，应考虑多方面的因素，不仅考虑它的绝对毒性，还必须考虑到这种物质的挥发性和在水（或血液）中的溶解性。挥发性小、易溶于水或血液中并能迅速达到中毒浓度的化学物质其危害性就大，反之则小。危险性是指在一定暴露条件下化学物质导致机体产生某种不良反应的概率。安全性是指对健康不引起或只引起"可接受危险性"的接触。对外来化学物质的毒理学研究和毒性试验，构成了危险性评价的科学核心。危险性评价包括对危害识别、剂量-反应关系评价、接触评价和危险性特征描述等4个步骤。

2.1.3 毒物的毒作用谱

机体接触外源化学物质后，取决于化学物质的性质和剂量，可引起从生理生化正常值的异常改变到明显的临床症状甚至死亡等一系列损伤效应，称为外源化学物质的毒作用谱。化学物质与机体接触后引起的毒作用包括肝、肾、肺等实质器官损伤、内分泌系统紊乱、免疫抑制、神经行为改变、致突变、致畸胎和致癌作用等多种形式。

在毒理学研究中，人们使用不同的毒作用终点来检测化学物质引起的各种毒效应。这些反应毒作用终点的观察指标大致可以分为两类：

①特异指标 例如有机磷农药抑制血液中胆碱酯酶活性，致使神经递质乙酰胆碱不能及时水解而堆积于神经突触处，引起瞳孔缩小、肌肉颤动、大汗、肺水肿等中毒表现。又如苯胺可致红细胞内高铁血红蛋白形成，各组织器官缺氧，出现中枢神经系统、心血管系统及其他脏器的一系列损害。这类指标是在中毒机制的研究和系统的毒理学研究的基础上建立的，它们与特定化学物质之间有着明确的因果关系。由于这类指标的种类繁多，不能对不同化学物质的毒性大小进行比较。

②死亡指标 在急性毒性评价中，死亡作为评价指标。该指标简单、客观、易于观察，虽然不能反映毒作用的本质，但可以作为衡量化学物质毒性大小的标准。

2.1.4 损害作用与非损害作用

化学物质对机体产生的生物学作用既有损害作用又有非损害作用，但其毒性的具体表现是损害作用。研究损害作用并阐明作用机制是毒理学的主要任务之一。但在许多情况下，区别损害作用和非损害作用比较困难，尤其在临床表现出现之前更是如此。一般认为，损害作用与非损害作用之间有以下区别：

①损害作用所致的机体生物学改变是持久的，可逆或不可逆的，造成机体正常形态、机体正常功能、生长发育过程、寿命缩短等改变，涉及解剖、生理、生

化和行为等方面的指标的改变，维持体内的稳态能力下降，对额外应激状态的代偿能力降低以及对其他环境有害因素的易感性增高。

②非损害作用是指化学物质所致机体发生的一切生物学变化都是暂时和可逆的，应在机体代偿能力范围之内，不造成机体形态、生长发育过程及寿命的改变，不降低机体维持体内稳态的能力和对额外应激状态代偿的能力，不影响机体的功能容量的各项指标改变，也不引起机体对其他环境有害因素的易感性增高。非损害作用经过量变达到某一水平后也可发生质变而转变为损害作用。

2.1.5 靶器官

外源化学物质被吸收后可随血液分布到全身各个组织器官，但对体内各器官的毒作用并不一样，可表现出选择性毒作用，外源化学物质直接发挥毒作用的器官或组织称为该物质的靶器官。如脑是甲基汞的靶器官，肾脏是镉的靶器官。毒作用的强弱，主要取决于该物质在靶器官中的浓度。但靶器官不一定是该物质浓度最高的场所。例如，铅是浓集在骨中，但其毒性则由铅对造血系统、神经系统等其他组织的作用所体现出来。许多化学物质有特定的靶器官，有些作用于同一个或同几个靶器官，这在化学结构与理化性质近似的同系物或同类物中更为多见。如卤代烃都可引起肝脏损伤；苯系物则均可通过血-脑屏障而作用于中枢神经系统。另外，在同一靶器官产生相同毒效应的化学物质，其作用机制也可能不同。如苯胺和一氧化碳均可作用于红细胞影响其输送氧的功能，但前者是使血红蛋白中的 Fe^{2+} 氧化为 Fe^{3+}，形成高铁血红蛋白，而后者是直接与血红蛋白结合为碳氧血红蛋白，两者之间表现出作用机制的差异。某个特定的器官成为毒物的靶器官取决于该器官的血液供应；具有特殊的摄入系统；毒物与特殊的生物大分子结合；存在的特殊酶或生化途径；对特异性损伤的易感性；对损伤的修复能力；毒物活化与代谢的能力等。

靶器官不一定是效应器官。毒物作用于靶器官后，其毒作用直接由靶器官表现出来，则此靶器官是效应器官。但这种毒作用也可以通过某种病理生理机制，由另一个效应器官表现出来。例如，有机磷酸酯农药作用于神经系统，会抑制胆碱酯酶活性，造成胆碱能神经突触处乙酰胆碱蓄积，结果表现为瞳孔缩小、流涎、肌束颤动等。其靶器官是神经系统，效应器官是瞳孔、唾液腺和横纹肌等。马钱子碱中毒可引起抽搐和惊厥，靶器官是中枢神经系统，效应器官是肌肉。

靶器官也不同于蓄积器官。蓄积器官是毒物在体内的蓄积部位。毒物在蓄积器官内的浓度高于其他器官，但对蓄积器官并不一定显示毒作用。

机体对外源化学物质的代谢是影响毒作用的重要因素。影响吸收、分布、代谢和排泄的各种因素和外源化学物质物理化学性质均可影响在靶器官中化学物质的含量。在靶器官内的化学物质或其活性代谢物的浓度及持续时间，决定了机体的毒作用的强度。靶器官毒作用的性质取决于化学物质与靶器官组织内生物大分子(如受体、酶、蛋白、核酸、膜脂质)的作用，通过信息传导系统引起细胞内一系列变化，可在靶器官和/或效应器官表现为功能或形态变化，产生典型的局部毒作用或整体毒作用。

2.1.6 生物学标志物

生物学标志物是指研究各种环境（化学的、物理的和生物学的）因子对生物体作用所引起机体器官、细胞、亚细胞的生化、生理、免疫和遗传等任何可测定的改变。

生物学标志物可分为：

①暴露生物标志物或接触生物标志物 机体内各种组织、体液或排泄物中存在的化学物质及其代谢产物，或它们与内源性物质相互作用的产物，都可以认为是暴露生物标志物，可提供有关化学物质暴露的信息。暴露生物标志物包括体内剂量标志物和生物效应剂量标志物。内暴露剂量或靶剂量，又称体内剂量标志物，是指机体中特定化学物质及其代谢物的含量，如检测人体的某些生物材料（如血液、尿液、头发中的铅、汞、镉等重金属）含量可以准确判断其机体暴露水平；生物效应剂量标志物是化学物质及其代谢产物与某些组织细胞或靶分子相互作用所形成的反应产物含量，如苯并芘与DNA结合形成加合物，环氧乙烷可与血红蛋白形成加合物。

②效应生物标志物 在一定的化学物质作用下，机体产生可测定的生理、生化的变化或者其他病理方面的改变，可反映与不同靶剂量的化学物质或其代谢产物有关的健康有害效应的信息。效应生物标志物包括早期效应的生物标志物、结构与功能改变效应生物标志物和疾病效应生物标志物。早期效应的生物标志物主要反映化学物质与细胞作用后，在分子水平上的改变，如DNA损伤、癌基因活化、抑癌基因失活、代谢活化酶的诱导、代谢解毒酶的抑制、特殊蛋白质形成、抗氧化能力降低等；结构与功能改变效应生物标志物主要反映化学物质造成的组织器官功能失调或形态学改变，如血清酶标志物（LDH、GSTs、AchE）、增生的效应生物标志物（有丝分裂频率、胸腺嘧啶标记指数等）、分化的效应生物标志物（细胞骨架蛋白、谷氨酰胺转移酶）、异常的基因表达（上皮生长因子、肿瘤生长因子）、其他细胞和组织毒性改变（靶器官）；疾病效应生物标志物是化学物质作用机体出现的亚临床或临床表现，常用于疾病的筛选与诊断。

③易感性生物标志物 当机体暴露于某种特定的外源化合物时，由于其先天遗传性或后天获得性缺陷而反映出其反应能力的一类生物标志物，如化学物质代谢酶多态性、DNA修复酶缺陷等属遗传易感性标志物。机体对化学物质的不同神经、内分泌和免疫系统的反应及适应性，亦可反映机体的易感性。

通过体内试验和体外试验研究生物学标志以建立评价外源化学物质对人体健康状况影响的指标体系。接触标志用于人群可定量确定个体的接触量；可用于确定剂量-反应关系，有助于将动物试验资料外推人群以判断接触的危险性；易感性标志可鉴定易感个体和易感人群。总之，生物学标志的研究与应用有助于判断机体接触化学物质的性质和水平，有利于早期发现特异性损害并进行防治，对于阐明毒作用机制、建立剂量-反应关系、进行毒理学资料的物种间外推有重要意义，是阐明毒物接触与健康损害之间关系的有力手段。

2.2 常用的毒性指标

剂量是指给予生物机体的外源化学物质的量，可以是一次给予的量，也可以是在某一规定期间内给予的量，前者是一次剂量，后者是累积剂量。当化学物质存在于气体或溶液中时，其剂量以浓度表示。外源化学物质对生物体损害作用的大小决定于它们到达作用部位（靶部位、靶器官）的量，即借助于物理和生物过程，化学物质通过各种屏障到达特定部位的量或作用于细胞膜的量，称为吸收剂量，如果伴有生物效应则称为生物有效剂量。毒理学中常用一些化学物质毒性指标来表述化学物质剂量与效应的关系，如半数致死量、阈剂量、最大无作用剂量、最小有作用剂量、未观察到有害作用剂量等。

2.2.1 致死剂量

致死剂量（lethal dose，LD）是指某种外源化学物质能引起机体死亡的剂量。常以引起机体不同死亡率所需的剂量来表示。绝对致死量（absolute lethal dose，LD_{100}）是指能引起一群机体全部死亡的最低剂量。由于在一个群体中，不同个体之间对外源化学物质的敏感性存在差异，可能有少数个体耐受性过高或过低，易造成100%死亡的剂量出现增高或减小。所以，一般不用LD_{100}，而采用半数致死量（LD_{50}），因为LD_{50}较LD_{100}更为准确。

半数致死量（median lethal dose，LD_{50}），是指引起一群受试对象50%个体死亡所需的剂量，既引起动物半数死亡的单一剂量。LD_{50}的单位为mg/kg动物体重，所用的动物必须指明。LD_{50}值受许多因素的影响，如动物种属和品系、性别、接触途径等，因此，表示LD_{50}时，应注明动物种系和接触途径。受试对象多为啮齿类动物（小鼠和大鼠）。LD_{50}的数值越小，表示毒物的毒性越强；LD_{50}数值越大，毒物的毒性越低。与LD_{50}概念相同的剂量单位还有半数致死浓度（median lethal concentration，LC_{50}），LC_{50}是指能引起一群受试对象50%个体死亡所需的浓度。半数抑制浓度或半数失能浓度（median inhibition concentration，IC_{50}）。IC_{50}是指一种毒物能将某种酶活力抑制50%所需的浓度。LD_{50}检测急性致死量，死亡是不同化学物质都可引起的最严重的效应，一直被用来作为评价急性毒性的指标。因为剂量-反应关系的"S"型曲线在中段趋于直线，直线中点为50%反应，故LD_{50}值最具有代表性。在毒理学试验中，所需的实验动物数量是根据LD_{50}不同的测定方法决定的。经典的LD_{50}试验则要用大量动物（80~100只），而现在LD_{50}试验常用有限的动物（10~20只）。因为LD_{50}并不是试验测得的某一剂量，而是根据不同剂量组的数据而求得的数值。

另外，还有最小致死剂量（minimal lethal dose，MLD或MLC或LD_{01}）指某试验总体的一组受试动物中仅引起个别动物死亡的剂量。最大耐受剂量（maximal tolerance dose，MTD或LD_0或LC_0）指某试验总体的一组受试动物中不引起动物死亡的最大剂量。

2.2.2 阈剂量

阈剂量(threshold dose)指化学物质引起受试对象中的少数个体出现某种最轻微的异常改变(如生理、病理、临床征象、生化、代谢等的改变)所需要的最低剂量,又称为最小有作用剂量(minimum effect dose)。一次染毒所得的阈剂量称急性阈剂量;长期多次小剂量染毒所得的阈剂量称慢性阈剂量。用不同的指标、方法观察不良反应(或毒效应),可以得出不同的阈剂量。在实际工作中,发现化学物质所致的损害作用受到所选观察指标、检测技术的灵敏度和精确性、试验设计的剂量组数以及每组受试对象数等多种因素的影响,准确地测定阈剂量是很困难的。在毒理学试验中能够获得的类似参数是有损害作用的最低剂量(lowest observed adverse effect level, LOAEL)。

2.2.3 最大无作用剂量

最大无作用剂量(maximal non-effect level, MNEL 或 ED_0),指化学物质在一定时间内,按一定方式与机体接触,用现代的检测方法和最灵敏的观察指标不能发现任何有害作用的最高剂量。与阈剂量一样,最大无作用剂量也不能通过试验获得。毒理学试验中能够获得的是未观察到有害作用剂量(no-observed adverse effect level, NOAEL)。NOAEL 是毒理学的一个重要参数,在制订化学物质的安全限值时起着重要作用。

慢性毒作用的敏感阈剂量是最低的,在制订最高容许量(浓度)的人群接触卫生标准时,由于考虑人和动物的敏感性不同,人群中的个体差异以及有限的实验动物数据用于大量的接触人群等因素,需要有安全系数。对接触性化学物质(如敌敌畏),一般采用的安全系数<10;对于毒作用带窄的,采用的安全系数则>10,如异氰酸甲酯毒作用带很窄,安全系数采用100。食品采用的标准一般都比较严格,从 NOAEL 外推人的每日允许摄入量(acceptable daily intake, ADI),安全系数常采用100,也有建议可在10~2000范围内选用。ADI 可由下式计算:

$$ADI(mg/kg 人体重) = NOAEL(mg/kg 动物体重)/安全系数$$

2.2.4 最小有作用剂量

最小有作用剂量(minimal effect level, MEL)也称有害作用剂量或阈值(toxic threshold level/value),是指在一定时间内,一种外源化学物质按一定方式或途径与机体接触,并使某项灵敏的观察指标开始出现异常变化或使机体开始出现损害作用所需的最低剂量。最小有作用浓度则表示外源化学物质能引起机体开始出现某种损害作用需要的最低浓度。最小有作用剂量,严格的概念不是"有作用"剂量或浓度,而是"观察到作用"的剂量或浓度。所以,最小有作用剂量应该确切称为最低观察到作用剂量(lowest observed effect level, LOEL)或最低观察到有害作用剂量(lowest observed adverse effect level, LOAEL)。

最大无作用剂量和最小有作用剂量不但在理论上不同，在实际上也存在一定的剂量差距。当外源化学物质与机体接触的时间、方式或途径以及观察对机体造成损害作用的指标发生改变时，最大无作用剂量或最小有作用剂量也将随之改变。所以，表示一种外源化学物质的最大无作用剂量或最小有作用剂量时，必须说明实验动物的物种品系、接触方式或途径、接触持续时间和观察指标等。

2.2.5 未观察到有害作用剂量

未观察到有害作用剂量(no-observed adverse effect level，NOAEL)是指外源化学物质在一定时间内，按一定方式或途径与机体接触，一种物质不引起机体(人或实验动物)可检测到的功能和形态改变的最高剂量或浓度。

2.3 剂量-效应关系和剂量-反应关系

2.3.1 效应和反应

效应(effect)，即生物学效应，指机体在接触一定剂量的化学物质后引起的生物学改变。生物学效应一般具有强度性质，为量化效应(graded effect)。属毒性作用(toxic action)的结果称为毒性效应(toxic effect)。例如，有机磷化合物进入机体后可抑制胆碱酯酶，以酶活性单位来表示酶活性的改变；苯与机体接触后，可使血液中白细胞数量减少等。

反应(response)指化学物质在一定剂量和给定时间内在受试群体引起的特定效应的发生率。这些效应以有或无、阳性或阴性、正常或异常表示，也称为质效应(quantal effect)。例如，观察受试群体中死亡、睡眠、麻醉、惊厥、肿瘤、畸胎等发生情况，以它们的发生率表示。有时为了分析某种程度的量效应在群体中的发生率，可按设定的标准将量效应转换为质效应。例如，以收缩压≤140mmHg*、舒张压≥90mmHg为正常，将收缩压或舒张压超过上述标准者称为血压偏高者，则可统计出受检人群中血压偏高者的检出率。反应一词过去常与效应混用，不做细分，现在毒理学文献中有时也还以反应包括效应的含义。量效应通常用于表示化学物质在个体中引起的毒效应强度的变化，质反应则用于表示化学物质在群体中引起的某种毒效应的发生比例。"效应"仅涉及个体，而"反应"涉及群体。效应可用一定计量单位来表示其强度；反应则以百分率或比值表示。

2.3.2 剂量-效应关系、剂量-反应关系

剂量-效应关系(dose-effect relationship)，指一定范围内化学物质剂量的增减与效应量变动的相关关系。通常对量效应(quantitative effect)而言，以个体或一组群体的平均量效应来观察剂量-效应关系，如测定有机磷化合物对胆碱酯酶的半数抑制浓度(IC_{50})，或测定药物对受体作用等的半数有效量(ED_{50})。

---

* 1mmHg = 133.329Pa

剂量-反应关系(dose-response relationship)简称为量效关系,指特定效应的发生率与剂量间的关系,通常应用于质效应,以群体发生的个数,如死亡数、麻醉数得出剂量-反应关系。也可将量效应转化为质效应后,得出剂量-反应关系。剂量-反应关系是确定化学物质对生物体是否有作用和判断生物体产生损害是否与接触某化学物质有关的重要依据之一,也是制订化学物质接触限值的主要依据。

个体的剂量-反应关系的特征是反应的严重程度与剂量的相关性。对许多化学物质来说,多种组织中具有多种不同的靶部位,结果其毒效应可能不止一种。大多数化学物质会有几个靶部位,或不同的毒性机制,而且会有各自的剂量-反应关系及其相应的毒效应。这些因素往往会使观察到的生物整体的反应变得错综复杂。群体的剂量-反应关系的特征是质的,即"全或无"性的,也就是说在任一剂量化学物质的作用下,群体中的个体将区别为"有反应者"或是"无反应者",两者只居其一。这种"质的群体"和"量的个体"的剂量-反应关系在观念上是一致的,但这种划分具有实用价值。两种情况下,作曲线图时,纵轴同样都标为"反应",而不论其表示的是个体反应的程度,还是发生反应的个体在群体中所占的比例,剂量-反应曲线图的横轴都是表示给予剂量的范围。

群体或质型剂量-反应关系(quantal dose-response relationship)使用广泛。如要对新化学物质进行毒理学评价,第一个需要做试验是半数致死量(LD_{50})的测定。LD_{50}是通过统计学方法得到的预期引起50%受试动物死亡的单次给予的化学物质剂量。测定LD_{50}的通常作法是,动物分组给予不同剂量的受试物,引起不同数目的动物死亡,记录各组动物死亡率,绘制致死性的剂量-反应曲线图,表现出呈正态分布或称高斯分布。也可用直方图表示剂量-效应关系。直方图表示的是每个剂量动物死亡的百分比减去相邻低剂量死亡百分比。同样,在最低或最高剂量组只有少数动物发生死亡。大部分动物是在最高与最低剂量之间出现死亡,而最高的死亡频率出现在该剂量范围的中点附近,也得到正态分布的钟形曲线。出现这种正态分布的原因在于个体之间对化学物质敏感性存在差异,即所谓的个体差异。曲线左端出现反应的动物称高敏感动物,而曲线右端出现反应的动物称为抗性动物。如果连续将各剂量死亡动物数目总和相加,就会得到累积的剂量-反应关系。若剂量组数目足够大,同时每组动物数目很大,就会得到一条S形曲线。随着剂量减少反应逐渐趋向于0,而随着剂量增加,反应趋向于100%。但在理论上,这条曲线永远都不会交叉通过0和100%反应率。任何化学物质如果能引起可明确规定的全或无反应,那么引起这种反应的最小剂量就称为阈剂量,尽管有时它是无法用试验方法检出的。质反应,即全或无反应并不限于死亡指标。癌症、肝损伤、麻醉、血压降低等都可以建立类似的质型剂量-反应曲线。

建立剂量-反应关系的前提是:①所研究的反应是由化学物质接触引起的。必须确定一种化学物质和所观测的某种效应或反应间的关系是一种因果关系。例如,有些流行病学研究的结果,可能会显示一种反应或疾病与一种或几种变量间的相关联系,类似药理毒理学的剂量-反应关系。但并不能确定就是化学物质接触的结果。②反应的强度与剂量有关。需确定化学物质作用的并产生反应的靶分子或靶部位的存在；反应的产生与程度是和靶部位化学物质的浓度有关的；靶部位的化学物质的浓度与接触或给予的剂量有关。③既要有定量测定毒作用的方法，也要有准确表示毒作用大小的手段。对于研究剂量-反应关系来说，可测定并采用的毒作用指标有很多，但是理想的指标应该是和化学物质接触造成的分子水平的改变密切相关。化学物质都会有许多的剂量-反应关系，其中每一个剂量-反应关系都有各自的毒作用指征。例如，某种化学物质，具有遗传毒性可致癌，还可抑制特异酶引起肝损害，又可通过不同机制产生中枢神经系统作用，就其中每个毒作用指征都可建立一个剂量-反应关系，因此，可有3种不同的剂量-反应关系。

2.3.3 剂量-反应曲线

化学物质的剂量-反应关系可用剂量-反应曲线（dose-response curve）表示，即以表示反应的指标数值为纵坐标，以化学物质的剂量或浓度为横坐标作图。不同毒物的剂量与反应的相关关系是不同的，因此，剂量-反应关系曲线可呈现不同类型：

①直线型　反应强度与剂量呈直线关系，即随着剂量的增加，反应的强度也随着增强，并成正比例关系。但在生物体内，此种关系较少出现，仅在某些体外试验中，在一定的剂量范围内存在。

②S形曲线型　它的特点是在低剂量范围内，随着剂量增加，反应强度增高较为缓慢，剂量较高时，反应强度随之急速增加，但当剂量继续增加时，反应强度增高又趋于缓慢，成为"S"形状。S形曲线较为常见，可分为对称和非对称两种。当群体中的全部个体对某一化学物质的敏感性差异呈正态分布时，剂量与反应率之间的关系表现为对称S形曲线。对称S形曲线往往见于试验组数和每组动物数均足够时。对称S形曲线在毒理学中属少见。与对称S形曲线比较，非对称S形曲线在靠近横坐标左侧的一端曲线由平缓转为陡峭的距离较短，而靠近右侧的一端曲线则伸展较长。它表示随着剂量增加，反应率的变化呈偏态分布。在毒理学试验使用的试验组数和动物数有限，受试群体中又存在一些高耐受性的个体时，非对称S形曲线为常见。

③U形曲线型　剂量与反应呈U形关系，即剂量极低时，不良反应最为显著；随着剂量的增加，不良反应逐渐减弱。当剂量继续加大至某一点，不良反应消失，机体呈自稳状态；但是当剂量升高至过大，不良反应又出现（通常其效应性质不同于剂量缺乏时），并且其效应程度随剂量增大而加剧。维生素和铬、钴、硒等必需微量元素的个体的量型剂量-反应曲线的形状就呈U形。在剂量极低时，必需营养素缺乏；在剂量过高时，会出现不良反应。例如，高剂量的维生素A能引起肝毒性和出生缺陷，大剂量的硒会损伤大脑，而高剂量的雌激素会加大乳腺癌患病危险性；但这些物质在低剂量时都是维持正常生理功能所必需的。与必需营养素效应相似，一些化学物质在高剂量时产生不良反应，但在低剂量时具有某

些促进效应或兴奋效应,故称为毒物兴奋效应(hormesis)。这一现象起初见于辐射效应,但也见于对某些化学物质反应。

④抛物线型　剂量与反应呈非线性关系,即随着剂量的增加,反应的强度也增高,且最初增高急速,随后变得缓慢,以致曲线先陡峭后平缓,而成抛物线形。如将此剂量换算成对数值则成一直线。

⑤指数曲线型　在剂量-反应关系的曲线中,当剂量越大,反应率就随之增高得越快,这就是指数曲线形式的剂量-反应关系曲线。若将剂量或反应率两者之一变换为对数值,则指数曲线即可直线化。

2.4　影响化学物质毒效应的因素

化学物质的毒性是毒物与机体在一定条件下相互作用的结果,因此不是固定不变的常数。有研究对 26 种化学物质连续 12 年每年重复测定大鼠经口 LD_{50},由于大鼠种系、体重、毒物的稀释程度及实验人员等条件的差异,重复测定的 LD_{50} 可有 1～3 倍的波动。还有报道,各实验室间 LD_{50} 测定结果的波动与染毒途径有关,其中以灌胃和吸入的波动最大,腹腔注射较小。现就化学物质的结构与理化性质,生物体因素对毒作用的影响,环境因素对毒作用的影响,化学物质的联合作用等方面加以讨论。

2.4.1　化学物质的结构与理化性质

2.4.1.1　化学结构

化学物质的化学结构是决定毒性和效应的重要物质基础。如结构中具有活性基团,能与生物体内重要的活性物质酶、受体、DNA 等的分子发生作用而扰乱其功能时,就表现出化学物质的特异作用。而另一些化学物质虽然其化学结构不同,却表现出某些共有的作用,如脂肪族烃类、醇类、醚类在高浓度时均有麻醉作用,此作用常由化学物质的整个分子所引起,统称为非电解质作用或物理毒性。研究化学物质的结构与毒性之间的关系,有助于通过比较来预测新化合物的生物活性、作用机理和安全限量范围。对化学物质构效关系的研究尚处在发展阶段,目前已知的一些规律如下:

①脂肪族烃类　在脂肪族烃类及其他一些同系列中,可见到毒作用随碳原子数的增加而加强。在烷烃中甲烷和乙烷是惰性气体,从丙烷至庚烷,随碳原子数增加,其麻醉作用增强,庚烷以后由于水溶性过小,麻醉作用反而减小;丁醇、戊醇的毒性较乙醇、丙醇大;甲醛在体内可转化成甲醇和甲酸,故其毒性比乙醇大。

②烃基　对非烃类化合物分子中引入烃基,使脂溶性增高,易于透过生物膜,毒性增强。但是,烃基结构也可增加毒物分子的空间位阻,导致毒性增加或减小。

③分子饱和度　分子中不饱和键增多,使化学物质活性增大,其毒性增加。

如对结膜的刺激作用，丙烯醛大于丙醛，丁烯醛大于丁醛。

④羟基　芳香族化合物中引入羟基，分子极性增强，毒性增加。如苯引入羟基而成苯酚，苯酚具弱酸性，易与蛋白质中碱性基团结合，与酶蛋白有较强的亲和力，毒性增大。多羟基的芳香族化合物毒性更高。脂肪烃的麻醉作用，引入羟基(成为醇类)，麻醉作用增强，并可损伤肝脏。

⑤酸基和酯基　酸基一般指羧基(—COOH)和磺酸基(—SO$_3$H)，引入分子中时，水溶性和电离度增高，脂溶性降低，难以吸收和转运，毒性降低。如苯甲酸的毒性较苯低，人工合成染料中引入磺酸基也可降低其毒性。酸基经酯化后，电离度降低，脂溶性增高，使吸收率增加，毒性增大。

⑥氨基　胺具碱性，易与核酸、蛋白质的酸性基团起反应，易与酶发生作用。胺类化合物按毒性大小依次为伯胺(RNH$_2$)、仲胺(RNHR′)、叔胺(RNR′R″)。

⑦构型　机体内的酶对化学物质的构型有高度特异性。化学物质为不对称分子时，酶只能作用于一种构型。化学物质的同分异构体之间的毒性不同，一般来说，对位＞邻位＞间位，如二甲苯、硝基酚、氯酚等。但也有例外，如邻硝基苯醛的毒性大于其对位异构体。由于受体或酶一般只能与一种旋光异构体结合，产生生物效应，故化学物质旋光异构体之间的毒性不同。一般 L-异构体易与酶、受体结合，具生物活性，而 D-异构体反之。例如，L-吗啡对机体有作用，而 D-吗啡对机体无作用。但也有例外，如 D-尼古丁的毒性比 L-尼古丁的毒性大 2.5 倍。

2.4.1.2　纯度

毒性鉴定的样品包括纯品、工业品和商品。为了测定某化学物质的毒性，一般首先应考虑用纯品，越纯越好，可避免杂质的干扰。当没有纯品或实验目的是确定工业品或商品的毒性，则可采用相应的产品。化学物质的纯度是相对的，例如苯中常含有甲苯、二甲苯，而甲苯中也可含有苯和二甲苯。杂质与主要测试毒物的毒性大小之比决定着杂质影响毒性测定的程度。杂质的毒性大于主要测试的毒物，则样品越纯，毒性越小；反之则样品越纯，毒性越大。八氟异丁烯的毒性较四氟乙烯约高出几千倍。在四氟乙烯中夹杂八氟异丁烯，则测得毒性可明显增大，而在八氟异丁烯中如夹杂四氟乙烯，则对其毒性的影响较小。1954 年法国使用成药"Stalinon"治疗皮肤疗肿而造成中毒事件。虽然它的主要成分为二乙基二碘化锡，但其中还含有三乙基碘化锡。由于后者的口服毒性较前者大 10 倍，所以中毒者主要表现出三乙基碘化锡的中毒症状。

2.4.1.3　理化性质

有不少化合物的理化性质随化学结构而发生规律性递变。理化性质与化合物的吸收、排出及其毒性有一定的关系。影响毒作用的化学物质的主要物理性质有以下几点：

①脂(油)/水分配系数(lipid/water partition coefficient) 是化合物在脂(油)相和水相的溶解达到平衡时的溶解分配常数。一般脂溶性高的毒物易于被吸收且不易被排泄，在体内停留时间长，毒性较大。如机体对氯化高汞的吸收率为2%，醋酸汞50%，苯基汞50%~80%，甲基汞90%以上，因甲基汞脂溶性高，易进入神经系统，毒性较大。化合物的毒性除与其在脂、水中的相对溶解度有关外，还与其绝对溶解度有关。一般有毒化学物质在水中，特别是在体液中的溶解度越大，毒性越强。例如，砒霜(As_2O_3)在水中的溶解度比雄黄(As_2S_3)大3万倍，因而毒性较后者大；又如氯气、二氧化硫易溶于水，能对上呼吸道迅速引起刺激作用，而二氧化氮的水溶性较低，不易引起上呼吸道病变。

②电离度 即化合物的pKa，对于弱酸或弱碱性有机化合物，在体内环境pH值条件下，其电离度越低，非离子型比例越高，越易吸收，发挥毒效应作用越强；反之，离子型的比例越高，虽易溶于水，但难被吸收，且易随尿排出。

③挥发度和蒸汽压 液态毒物在常温下容易挥发则易于形成较大蒸汽压，易通过呼吸道和皮肤吸收进入机体。如汽油、四氯化碳、二硫化碳等因易于挥发可通过空气对机体引起损害。有些液态毒物的LD_{50}值相近，即绝对毒性相当，但由于各自的挥发度不同，所以实际毒性(即相对毒性)可相差很大。如苯与苯乙烯的LC_{50}值均为45mg/L，绝对毒性相同，但苯乙烯的挥发度仅为苯的1/11，所以苯乙烯在空气中不易挥发形成高浓度，比苯的实际危害性要低。将物质的挥发度估计在内的毒性称为相对毒性。相对毒性指数更能反映液态毒物经呼吸道吸收的危害程度。

④分散度 粉尘、烟、雾等固体物质，其毒性与分散度有关。颗粒越小、分散度越大，则生物活性越强，越易进入呼吸道深部。粒径大于10μm的空气颗粒污染物在呼吸道上部被阻，而小于5μm的颗粒才能进入呼吸道深部。由口摄入的固态化学物质的分散度也影响其在消化道的吸收率，从而影响毒性。

2.4.2 生物体因素对毒作用的影响

实验动物的种属、种系、性别、年龄、体重和健康状况等生物体因素，以及化学物质的给药途径、浓度和容量、使用的介质等物理化学因素都会影响生物体对化学物质的敏感性。

2.4.2.1 生物体差异

有人将52种毒理学试验常用的小鼠、大鼠、豚鼠和兔4种动物经口LD_{50}作了比较。用最不敏感动物的LD_{50}与最敏感动物的LD_{50}之比值作为指标，称为种属差异系数。结果表明，51.9%的毒物，其比值在3以下。由于实验条件的不同，即使同一种属的动物，LD_{50}也可差1~3倍。因此，种属差异系数小于3时，应该说种属敏感性无明显差异。进一步研究发现，按最敏感种属的动物估计对人的毒性，也只有对60%左右的化合物有参考意义。对大多数毒物而言，人和动物的敏感性差异一般不大于10倍。有些毒物如氯化钡、碳酸钡、硫酸锌、硝基苯等，动物的种属差异系数不大，但人对它们特别敏感。还有，人对生物碱的敏感性比动物高 100~450 倍。动物的毒性资料移用于对人的毒性估计时要慎重。还有人分析 154 种毒物在 6 种常用动物中的经口毒性，统计其中最敏感的动物。结果发现各种动物出现的频率分别为大鼠 14 次，小鼠 18 次，豚鼠 24 次，兔 28 次，猫 38 次，狗 44 次。其中，有的毒物对 2~3 种动物均有敏感性。由此可知，没有一种动物对任何毒物都是敏感的，而动物的敏感性与毒物的种类，甚至是毒物的个别特性有关。此外，实验动物中一般总存在对某一种毒物的敏感性与人比较接近的种属。例如，动物对无机化合物、全身麻醉剂的敏感性差异小，且与人的敏感性相似；对于大多数硝基和氨基化合物，大鼠和狗的敏感性与人相近。

种属差异除量反应方面以外，有时还有明显的质反应的不同。例如，三亚甲基三硝基胺引起兔和狗的白细胞增多，而对人则白细胞减少；吗啡对狗和人均产生麻醉作用，但对猫则见剧烈的不安和痉挛。种属（包括种系）敏感性差异还受各种实验动物的遗传、解剖、生理、生化的特征等因素的影响。例如，心脏每分钟输出量与总血量之比值，人是 1，小鼠是 20。因此，毒物在小鼠血浆清除的半衰期，要较人为短；对人体组织作用的持续时间要比小鼠长；对在体内不经代谢的抗癌药物的种属敏感性比较，以人的耐受量为 1，则狗和猴为 2~3，大鼠为 6，小鼠为 12。乐果在体内主要由肝脏的酰胺酶降解，而人体的酰胺酶活力较许多实验动物为低，所以乐果对人的毒性较大，有人用人体和动物肝组织做试验，推算出乐果对人的致死量为 30mg/kg，约为实验动物的 1/10。

种系或品系（strain）之间对化学物质的敏感性的差异，主要表现在量反应方面的差异没有种属之间明显。在测定 LD_{50} 的试验中，一组动物给予相同剂量后，有些死亡，有些仍存活，明显地显示出反应的个体差异。性别相同，年龄、体重相接近和内交的实验动物，差异最小；相反，如果年龄、性别不同和杂交的群体，则差异较大。

不同性别对化学物质的敏感性往往也不同。例如，有机磷化合物中对硫磷、苯硫磷等在雌性动物较雄性动物敏感性高 5~8 倍，而对马拉硫磷、甲基对硫磷等雄性动物较雌性动物的敏感性高 1.7~2.1 倍。LD_{50} 的性别差异多数不超过 2 倍，大于 3 倍的则罕见。研究性别差异，应使用性成熟的动物。一般来说，性未成熟的动物中性别差异不明显。

动物的年龄和体重与其生理和生化功能参数显著相关。据分析，成年动物的 LD_{50} 与新生动物的 LD_{50} 之比值可波动在 0.002~16 之间。新生动物由于中枢神经系统发育不全，并且体内缺乏药物代谢酶，所以对中枢神经系统刺激剂和一些在体内经代谢后增毒的毒物可能不够敏感，如七氯、氯丹、DDT 对新生仔鼠的毒性小于成年大鼠，而对硫磷的毒性却相反，新生仔鼠大于成年大鼠。总的说来，年龄与对毒物敏感性的关系是随毒物而异，并无固定规律可循。有人将小鼠以 6~8 周、14~18 周和 18~24 周，大鼠以 1~1.5 个月、8~10 个月和 18~24 个月，分成相应的幼年、成年和老年 3 组，观察 3 个组龄的动物对乙醇、汽油、戊烷、苯和二氯乙烷等急性毒性的影响。按 LC_{50} 来看，敏感性基本上显示幼年＞老年＞成年。对毒物反应的年龄差异，可能与解毒酶活性有关。胎儿因缺乏这些酶，故对毒物很敏感。新生儿约在出生 8 周内解毒酶才达到成人水平。大鼠的葡萄糖醛酸转移酶约在出生后 30d 才达到成年大鼠的水平。兔出生 2 周后肝脏开始有解毒活性，3 周后活性更高，4 周后已与成年兔的接近。应以动物出生日期为年龄计算起点，由于很难获得实验动物的准确的年龄数据，试验中常根据体重来推算。在一般的毒性检测中，常选用成年动物。

动物的一般健康状况，如营养条件、体力活动情况、有无疾病以及其他许多因素，都能引起全身代谢水平和酶活性的波动，从而影响毒物在体内的代谢率和吸收、排泄速率。这些也都是造成对毒物敏感性个体差异的重要原因。

2.4.2.2 染毒方式

给药途径对毒作用有重要的影响。毒理学试验中常用的染毒方式有吸入、经口、经皮和腹腔注入，也用静脉注射和气管注入等。染毒方式不同，毒物进入体内后首先到达的器官和组织不同；尽管进入机体的量相等，中毒反应往往不尽相同。例如，人吸入己烷饱和蒸气可立刻导致意识丧失，而口服几十毫升并无明显影响。一般来说，毒物（包括大多数农药）的经皮毒性较经口毒性小，但也有个别例外，如氨基氰等。氨基氰对大鼠经口 LD_{50} 为 210 mg/kg，经皮 LD_{50} 为 84 mg/kg，经口毒性较经皮毒性明显小，因为它在胃酸的作用下可被迅速转化为尿素，而且到达肝脏的氨基氰也可被代谢解毒。

化学物质的浓度和容量对毒作用有一定的影响。一般在同等剂量情况下，浓溶液较稀溶液毒作用强。如用氰化钾和氰化钠溶液给小鼠灌胃后观察其死亡情况，在相同剂量下，1.25% 水溶液所致死亡率分别为 45% 和 10%，而 5% 水溶液所致死亡率分别为 95% 和 65%。有时用油剂灌胃，因稀溶液中油脂量较多可致腹泻而影响毒物吸收等。化学物质溶液容积对毒性也有影响。在动物试验中一次灌胃容积一般为体重的 1%~2%，不应超过 2%，静脉注射在鼠类不能超过 0.5mL，较大动物不能超过 2mL。

化学物质存在介质对毒作用也有一定的影响。化学物质在使用前常用溶剂溶解或稀释，有时还要用助溶剂。有的溶剂和助溶剂可改变化合物的理化性质和生物活性。例如，DDT 的油溶液在大鼠的 LD_{50} 为 150mg/kg，而 DDT 水溶液为 500 mg/kg，这是因为油能促进 DDT 的吸收所致，用油量过大会导致腹泻而影响吸收。又如测定敌敌畏和二溴磷的毒性时，用吐温-80 和丙二醇做溶剂，后者毒性比前者高，原因是丙二醇的烷氧基可与这两种毒物的甲氧基发生置换，而形成毒性更高的产物所致。又如有人用黄米的乙醇浸出液给小鼠做皮下注射，动物全部死亡，而对照组动物在注射同样量纯乙醇后，也同样全部死亡，因此该试验无法说明黄米是否有毒素作用。因此，选用的溶剂和助溶剂应是无毒的，与受试化合物无反应，且制成的溶液应稳定。常用的溶剂有水（蒸馏水）、生理盐水、植物油（玉米油、葵花子油、橄榄油）、二甲基亚砜等。常用的助溶剂有吐温-80，其为非离子型表面活性剂，具有亲水性基团和亲脂性基团，可将水溶性化合物溶于油中,脂溶性化合物溶于水中。吐温-80 对某些化合物的吸收有影响,且有一定毒性。溶剂选择不当,可加速或减缓毒物的吸收、排泄而影响其毒性。

2.4.3 环境因素对毒作用的影响

环境因素主要通过改变机体的生理功能,继而影响机体对毒物的反应性。环境因素的改变对毒物本身的影响一般不大,但有时可能也有一定影响。

2.4.3.1 温度和湿度

有人比较了在低温[(8 ± 10)℃,相对湿度 90%±2%]、室温[(26 ± 10)℃,相对湿度 55%±4%]和高温[(36 ± 10)℃,相对湿度 35%±3%]3 种环境下 58 种化合物对大鼠的毒性。将动物分别置于上述环境 40min 后,腹腔注射染毒,在原环境下观察 72h,结果表明,其中 55 种化合物在 36℃高温环境下毒性最大,26℃下毒性最小,中枢神经抑制剂(如副醛、戊巴比妥、苯、甲苯及硝基烯烃类化学物质)的毒性在 36℃>8℃>26℃;引起代谢增高的,如五氯酚、2,4-二硝基酚及 4,6-二硝基邻甲酚等,8℃下毒性最小;而引起体温下降的吩噻嗪类衍生物,如氯丙嗪等在 8℃下毒性最大。气温增高可使机体毛细血管扩张,血液循环加快,使化合物吸收速度加快,同时,排汗增多则尿量减少,使经肾随尿排出的毒物在体内滞留时间延长,毒作用增强。

高温高湿环境可以促进毒物经皮吸收。水溶性强的化合物可溶于皮肤表面的水膜而被吸收;同时也延长了化合物与皮肤的接触时间,使吸收量增加。一些刺激性毒物,如氯化氢等的吸入毒性随湿度增高而增强。地平面上气压变化不大,对毒性无明显影响。但当气压降低使吸入空气中氧分压明显降低时,一些代谢兴奋剂(如二硝基酚等)对大鼠的毒性增高;又如在高原低气压下士的宁的毒性降低,而氨基丙苯的毒性增加。此外,某些化学物质,如大气中的氮氧化物和醛类,在强烈日光的照射下,可转化为毒性更强的光化学烟雾等。

2.4.3.2 季节和昼夜节律

动物对化学物质作用的反应也受到季节的影响。在春、夏、秋、冬分别给大鼠注入一定量的巴比妥钠,发现入睡时间以春季最短,秋季最长,而睡眠时间则相反,春季最长,秋季最短。机体的有些功能还有着昼夜规律性的变动。例如,给小鼠皮下重复注入四氯化碳溶液后,在同一天不同时间将动物处死,观察到四氯化碳致小鼠肝细胞有丝分裂的变化在昼夜有明显的不同。

2.4.3.3 动物笼养形式

动物笼的形式、每笼装的动物数、垫笼的草和其他因素也能影响某些化学物质的毒作用。例如,异丙基肾上腺素对单独笼养 3 周以上的大鼠,其急性毒性明显高于群养的大鼠;养于"密闭"笼(四壁和底为薄铁板)内的群鼠对吗啡等物质的急性毒性较养于"开放"笼(铁丝笼)中的大鼠为低。

2.4.4 化学物质的联合作用

大多数情况下，每个个体都会同时接触多种不同的化学物质，因此进行毒作用评价时，必须考虑不同化学物质之间彼此相互作用的可能影响。化学物质相互作用方式不同，其发生的机制也是多样的，例如两种化学物质同时作用或改变其中一种毒物的吸收、蛋白结合、生物转化或排泄过程。两种化学物质同时给予所产生的反应可能等于、大于或小于化学物质各自单独反应的总和。化学物质相互作用的结果取决于相应化学物质的不同作用机制。化学物质的相互作用可有多种形式，包括：

①相加作用（additive effects） 是说两种化学物质的联合效应等于每种物质单独效应的总和。两种化学物质同时一起给予时，相加作用是最常见的一种联合作用方式。如若两种有机磷杀虫剂同时给予，对胆碱酯酶的抑制作用通常是相加的。

②协同作用（synergistic effects） 是指两种物质的联合效应远大于每种物质各自单独效应的总和。例如，四氯化碳和乙醇都是肝脏毒物，两者一起给予，所造成肝脏损伤的严重程度远远超出各自单独给予时引起损伤的总和。

③增强作用（potentiation） 是说一种物质本身对某个器官或系统无毒作用，但当其与另一种化学物质同时给予时，可使另一种物质的毒性加强。例如，异丙醇不是肝脏毒物，但若与四氯化碳同时给予，四氯化碳的肝脏毒性就会大大加强。

④拮抗作用（antagonism） 是说两种化学物质同时给予时，两种化学物质的毒作用彼此相互干扰，或是其中一种物质抵消另一种的毒作用，从而使两者的联合效应低于各自单独效应的总和。就许多解毒药的药理作用机理，拮抗作用本身又有功能、化学、配置和受体拮抗作用4种不同的方式。

a. 功能拮抗作用（functional antagonism），是指两种化学物质作用于同一生理功能但产生相反效应，其毒作用相互消减。例如，在重度巴比妥药物中毒时，病人的血压可能显著降低，静脉给予去甲肾上腺素等血管加压药，可有效地拮抗巴比妥的血压下降作用。

b. 化学拮抗作用（chemical antagonism），或称为灭活作用，是指两种化学物质发生了纯粹的化学反应并形成一个低毒产物。例如，二巯丙醇（BAL）与砷、汞、铅等金属离子络合，从而减少这些金属毒物的毒性。利用强碱性低相对分子质量蛋白硫酸精蛋白与肝素反应形成稳定的复合物，可消除肝素的抗凝血活性。

c. 配置拮抗作用（dispositional antagonism），是说一种化学物质干扰另一种化学物质的体内分配过程，即化学物质在体内的吸收、生物转化、分布和（或）排泄过程发生改变，使化学物质在靶器官的存留浓度和（或）持续时间减少，从而毒性降低。例如，用螯合剂阻止金属吸收，服用渗透性利尿药，或用改变尿液pH值的方法，促使化学物质的排泄，都是属于配置性拮抗作用。如果一种化合物的原型形式是有毒作用（如抗凝血药华法林），而经过代谢后，形成的分解产物毒作用降低；此时可以通过服用增加代谢酶活性的药物（如苯巴比妥等"微粒体酶诱导剂"），以加强化合物的代谢（生物转化），减少该化合物的毒性。然而，如果一种化合物的毒性主要由代谢产物产生（如有机磷杀虫剂对硫磷），服用微粒体酶活性抑制剂（盐酸普罗地芬）可减少其毒性。

d. 受体拮抗作用（receptor antagonism），是指两种化学物质与同一受体结合。若同时给予，其毒效应减弱，小于二者分别给予效应之和，或一种化学物质拮抗另一种化学物质的效应。受体拮抗剂常被称为阻断剂（blocker）。例如，临床上用受体拮抗剂纳洛酮来治疗吗啡和其他吗啡样麻醉剂的呼吸抑制作用。雌激素拮抗药他莫西芬可竞争性阻断雌二醇与受体的结合，可被用来降低雌激素的生物活性。有机磷杀虫剂竞争性与胆碱酯酶结合，使乙酰胆碱的过量蓄积，而阿托品可与乙酰胆碱受体竞争性结合阻断乙酰胆碱的作用，被用来治疗有机磷杀虫剂的中毒作用。

2.5 毒作用机制

2.5.1 增毒和终毒物的形成

外源性物质（如强酸、强碱、尼古丁、重金属离子、一氧化碳等）能直接发挥毒作用的称为直接毒物，而很多化学物质须经过代谢转化才能发挥毒性作用则为间接毒物。直接毒物和间接毒物都是机体接触的化合物，又称终毒物（ultimate toxicant），终毒物作用的强度主要取决于在其作用部位的浓度和持续时间。

外源性物质经活化后结构特点改变，可影响机体的生理、生化特性，对机体产生有害作用（adverse effect）。例如，乙二醇在体内转化为草酸，可与血钙形成草酸钙堵塞肾小管；杀虫剂对硫磷在体内被转化为对氧磷，对胆碱酯酶的抑制能力更强。更多的情况是将外源化学物质转化为可与组织中内源化合物起反应的活性物质，如亲电子物质、亲核物质、自由基、氧化还原物质等，这些活性物质可与生物大分子（如受体、酶、DNA 及脂质等）相互作用产生毒作用。化学物质经生物转化为有害产物的过程称为增毒（toxication）或代谢活化（metabolic activation）。

2.5.1.1 亲电子物质

亲电子物质可与富电子的亲核物质共享电子对而发生反应。阴离子类亲电子物质是由细胞色素 P450 或其他酶系将母体化学物质氧化为酮、环氧化物及芳烃氧化物、酮、醛、卤代酰等时形成的。阳离子亲电子物质的形成是由不同性质的基团或元素结合物的裂解所产生。CH_3Hg 被氧化为 Hg，CrO 被还原为 Cr^{3+}，AsO 被还原为 As^{3+} 为常见的例子。在体内，较为稳定的自由基可以通过与谷胱甘肽、超氧化物歧化酶、维生素 E、维生素 C 的反应而被清除。

2.5.1.2 自由基

自由基是指含有一个或多个未配对电子的分子或离子。自由基可由分子接受一个电子或丢失一个电子或共价键均裂而形成。由化学分子中原子间均裂所产生的自由基的典型例子是 CCl_4 裂变为三氯甲基自由基 $CCl_3\cdot$，可以与氧反应形成更活泼的三氯甲基过氧化的自由基 $CCl_3O_2\cdot$。此外，过氧化氢亦可裂变产生自由基 $HO\cdot$，$HO\cdot$ 在体内是极为不稳定的，它的半衰期大约为 10^{-19} s。活性氧族（reactive oxygen species，ROS）包括氧自由基，如超氧阴离子（O_2^-）、过氧化氢（H_2O_2）、羟自由基（$OH\cdot$）和单线态氧，它们都是正常有氧代谢的副产物。ROS 还包括一些内源性脂质和外源化合物的氧化代谢产物，如食物和药物中的氧化物质。其他自由基包括以碳为中心的自由基（如三氯甲基自由基 $CCl_3\cdot$），以硫为中心的自由基（如烷硫自由基 $R-S\cdot$），以氮为中心的自由基（如苯基二肼自由基 $C_6H_5N=N\cdot$），以及金属离子（如 Cu^+/Cu^{2+}、Fe^{2+}/Fe^{3+}、$Ti(Ⅲ)/Ti(Ⅳ)$，这些金属离子具有接受和供给电子的能力从而成为自由基反应的重要催化剂。

2.5.1.3 亲核物质

亲核外源化学物质（如酚类、氨基酚、氢醌、胺、肼、酚噻嗪类和巯基化合物）在由过氧化物酶所催化的反应中易丢失一个电子并形成自由基。例如，儿茶酚类和氢醌可连续发生两次单电子氧化，首先产生半醌自由基，然后形成醌。醌不仅是具有反应活性的亲电物质，而且也是具有启动氧化还原循环或使巯基和 NAD(P)H 氧化的电子受体。在化学物质的活化过程中，亲核物质形成是相对较少的情况。亲核物质的形成例子有，苦杏仁苷在消化道内可以被细菌的 β-糖苷酶分解出氰化物；丙烯氰环氧化和随后谷胱甘肽结合形成的氰化物；硝普钠经巯基诱导降解后形成氰化物；达普宋羟基胺、5-羟基伯氨喹啉在肝脏被羟化后可氧化产生高铁血红蛋白等。亲核物质的灭活一般是亲核功能基团被结合，如羟基化合物被硫酸或葡萄糖醛酸结合、巯基与葡萄糖醛酸结合、肼被乙酰化，这些结合使得在体内将亲核物质转化为自由基的过程和酚、对苯二酚等转化为亲电子物质的过程被中止；另一灭活途径是巯基、氨基、肼等被含黄素的单氧化酶所氧化；醇类，如乙醇被氧化为碳酸盐而灭活；氰化物可被转化为硫氰酸盐而灭活。

2.5.1.4 氧化还原活性物

氧化还原活性物的形成，如引起高铁血红蛋白的亚硝酸盐，既可在小肠中由硝酸盐经细菌还原生成，也可由亚硝酸酯或硝酸酯与谷胱甘肽反应而生成。还原性化合物如抗坏血酸等以及 NADPH 依赖性黄素酶等还原酶可使 Cr^{6+} 还原为 Cr^{5+}，Cr^{5+} 反过来又可催化 $HO\cdot$ 生成。

排除终毒物或阻止其形成的生物转化过程称为解毒。解毒可以几种途径进行：①无功能基团毒物的解毒，苯和甲苯等不含功能基团化学物质的解毒过程分为两相。首先，功能基团如羟基或羧基通过细胞色素 P450 酶被引入到分子中，随后内源性酸如葡萄糖醛酸、硫酸或氨基酸通过转移酶结合到这些功能基团上，最终形成失活的、高度亲水的、易于排泄的有机酸。②亲核物质的解毒，亲核物质一般通过在亲核功能基团上的结合反应来解毒。羟基化合物通过葡萄糖醛酸化作用，偶尔也通过甲基化作用来结合，而巯基化合物被甲基化或葡萄糖醛酸化，胺类和肼类则被乙酰基化。这些反应防止由过氧化物酶催化的亲核物质转变为自由基，以及酚、氨基酚、儿茶酚和氢醌生物转化为亲电性的醌和醌亚胺。某些醇类，如乙醇经醇及醛脱氢酶氧化为羧酸而解毒。氰化物经硫氰酸酶生物转化而形成硫氰酸。③亲电物质的解毒，亲电物质的解毒一般是与谷胱甘肽结合。这种反应可自发地发生，也可由谷胱甘肽-S-转移酶催化。金属离子（如 Ag^+、Cd^{2+}、Hg^{2+}）易与谷胱甘肽反应解毒。具有巯基反应活性的金属离子由金属硫蛋白形成复合物；氧化还原活性的二价铁由铁蛋白形成复合物。亲电物质与蛋白质的共价结合，若不改变此蛋白的生理功能也不成为一种新抗原，可看做是亲电物质的解毒过程，如羧酸酯酶不仅是通过水解使有机磷失活，而且也通过共价结合机制使其失活。其他的解毒方式还有，由 DL-黄递酶催化氢醌的双电子还原反应；醇脱氢酶催化 α，β-不饱和醛还原成醇，或醛脱氢酶催化 α，β-不饱和醛氧化成酸；金属硫蛋白与有巯基反应活性的金属离子形成复合物；具有氧化-还原活性的亚铁离子可为铁蛋白结合解毒等。④自由基的解毒，这一转变是通过超氧化物歧化酶（Cu、Zn-SOD，Mn-SOD）、谷胱甘肽过氧化物酶（GSH-Px）、谷胱甘肽还原酶（GSH-R）、过氧化物酶（catalase，CAT）等抗氧化酶系统转化为较稳定的物质。SOD 参与催化超氧歧化阴离子（$O^{2-}\cdot$），生成 H_2O_2 和 O_2。CAT 参与催化 H_2O_2 转化为 H_2O。GSH-Px、GSH-R、还原型谷胱苷肽（GSH）和氧化型谷胱苷肽（GSSG）一起参与过氧化物的转化过程。

2.5.2 终毒物和靶分子的反应

毒作用是由终毒物与靶分子的反应所介导的一系列继发性反应，如信号转导、细胞能量和代谢稳态的改变，从而导致机体不同组织结构水平（如靶分子本身、细胞器、细胞、组织和器官，甚至整个机体）的功能失常与损伤。由于终毒物与靶分子的交互作用触发毒性效应，需考虑以下几个方面：① 靶分子和终毒物的物理化学及生物学特性；②终毒物与靶分子之间相互作用的方式；③ 终毒物导致的靶分子的结构和功能改变。此外，终毒物与靶分子反应中的机体微环境改变也影响终毒物与靶分子的相互作用及反应。

为了确认引起终毒物作用的靶分子，就必须证实：①终毒物与靶标反应并对其功能产生不良影响；②终毒物在靶部位达到有效的浓度；③终毒物以某种机制上与所观察的毒性相关的方式改变靶标。

机体内所有的生物分子都是化学物质潜在的作用靶，化合物质毒作用靶分子的识别、特征及检测一直是最受关注的研究领域，尤其是化合物对生物大分子，例如核酸（DNA 和 RNA）和蛋白质（酶），还有脂类等靶分子的研究。靶分子必须具有一定的化学结构和空间构型，必须接触一定剂量的终毒物。例如，甲状腺过氧化物酶是甲巯咪唑（methimazole）和间苯二酚（resorcinol）作用的靶分子，它先在甲状腺过氧化物酶作用下转变为活性自由基代谢物，再使甲状腺过氧化物酶失活。

终毒物可以非共价或共价的形式与靶分子结合,也可通过去氢反应、电子转移或酶促反应而改变靶分子。

① 非共价结合(noncovalent binding) 这类结合是通过范德华力在化学物质与受体、离子通道及酶等靶分子的结合中起作用。非共价结合键能较低,具有可逆性。例如,番木鳖碱(strychnine)结合于脊髓运动神经元上甘氨酸受体;石房哈毒素(saxitoxin)结合钠通道;佛波酯(phorbol myristoyl acetate,PMA)结合于蛋白激酶 C;吖啶黄(acridine yellow)插入 DNA 双螺旋。

② 共价结合(covalent binding) 是化学物质及其代谢产物与机体生物分子通过共价结合形成复合物,又称加合物(adducts),从而改变其结构与功能。共价结合具有不可逆性。

③ 去氢反应 自由基可去除靶分子氢原子,将其转变为自由基。例如,从巯基化合物(R—SH)去除氢形成硫基自由基(R—S·),这是其他巯基氧化产物如次磺酸(R—SOH)和二硫化物(R—S—S—R)的前身。自由基还能从游离氨基酸或蛋白质氨基酸残基的 CH_2—基除去氢,转变为羰基化合物,这些羰基化合物与胺类反应,可形成与 DNA 或其他蛋白质的交联。从 DNA 分子中的脱氧核糖去除氢产生 C-4·自由基,导致 DNA 断裂。

④ 电子转移 化学物质能将血红蛋白中的 Fe^{2+} 氧化为 Fe^{3+},形成高铁血红蛋白血症。

有些化学物质不是通过或不完全通过与机体内靶分子相互作用而引起毒性,而是通过改变生物学微环境而导致毒性,包括:①能改变生物水相中的 H^+ 离子浓度的化学物质,如酸和能生物转化为酸的物质(如甲醇和乙二醇),它们在线粒体基质中使酚的质子分离,因而使推动 ATP 合成的质子梯度消失;②使细胞膜脂质相发生物理化学改变以及破坏细胞功能所必需的穿膜溶质梯度的溶剂;③通过占据位置或空间引起危害,例如乙二醇在肾小管中形成水不溶性沉淀物,磺胺类通过占据白蛋白的胆红素结合位点而引起新生儿黄疸(kernicterus)。

2.5.3 细胞功能障碍和毒性

细胞是反映生命活动的最小功能单位,在化学物质作用下可出现细胞异常,可表现在细胞特异性分子异常,如除了正常细胞外的炎症细胞、免疫细胞和神经细胞等,均可成为化学物质作用的靶细胞。化学物质与细胞相互作用,主要体现在:化学物质对受体表达的影响,作为激动剂或拮抗剂影响受体介导的反应;化学物质进出细胞的调控;化学物质在细胞内的代谢转化导致的细胞终效应,如细胞生长与分化、细胞凋亡或坏死等。

细胞功能障碍可包括基因表达调节障碍和信号转导调节障碍等。DNA 转录 mRNA 主要受转录因子(transcription factors,TFs)与基因的调节或启动区域间的相互作用所控制。外源化学物质可与基因启动子区、转录因子或起始复合物相互作用,改变转录过程,还可干扰细胞内信号传导系统。细胞的功能和代谢可通过生物分子(如生长因子、细胞因子、激素和神经递质等)作用于细胞受体调节细

胞 Ca^{2+} 内流，激活细胞内酶促第二信息系统或作用于 DNA 而调控基因表达和细胞代谢。外源化学物质可直接或间接干扰信号转导系统中的环节，如影响蛋白磷酸化，改变信号蛋白的合成与降解，改变蛋白质-蛋白质相互作用。这些都可导致基因表达、蛋白质合成、酶活性、受体结合、细胞内环境稳态等功能改变及细胞结构（细胞膜、细胞器膜等）的改变，积累到一定程度则表现为细胞损伤结果。例如，河豚毒素在运动神经元阻塞钠离子电通道，导致骨骼肌麻痹；环戊二烯系杀虫剂在中枢神经系统阻断 γ-氨基丁酸（GABA）受体，诱发神经兴奋和肌肉痉挛。

许多体内生物物质，如激素（类固醇激素、甲状腺素）和维生素（视黄醇、维生素 D）通过结合激活转录因子而影响转录。外源化合物可因结构与体内配体相似而与相应受体结合，从而影响其正常功能。抑制甲状腺素分泌的外源化学物质，通过反馈机制增加甲状腺素刺激激素（TSH）的分泌，刺激甲状腺细胞的分裂，这是化学物质引起甲状腺肿或甲状腺肿瘤的原因。

蛋白质组（proteome）指一个细胞基因组（genome）编码的所有蛋白质，但由于不同细胞不同时期蛋白质的表达有所差异，因此现在蛋白质组实际上是指某种组织、某个器官或某个细胞在特定时刻的所有蛋白质。化学物质对蛋白基因表达、翻译后修饰和对蛋白（酶）功能的作用可直接影响细胞的结构和功能，最终可表现为毒作用。例如，神经毒剂红藻氨酸（kainic acid）可引起某些动物的蛋白质组改变，导致热应激蛋白表达改变，神经元坏死，细胞骨架结构崩溃以及线粒体结构破坏。通过蛋白质组学研究，发现有 6 种蛋白质参与邻苯二甲酸二乙基己基酯（diethylhexylphthalate，DEHP）诱导的肝癌发生过程。

2.6 化学物质在体内的生物转运和转化

2.6.1 吸收

外源性化学物质经各种途径通过机体生物膜进入血液的过程称为吸收。吸收的主要部位是胃肠道、肺和皮肤。在工业生产中，吸入是化学物质进入体内的主要途径，其次是经皮肤侵入。接触农药时，经皮肤吸收多数大于吸入吸收。生活中化学物质多经胃肠道摄入，其次是吸入，较少情况是经皮肤侵入。根据给药和吸收部位还可以分为胃肠内和胃肠外。胃肠内给药包括所有的与消化道相关的途径（舌下、口服和直肠给药），而胃肠外给药包括所有其他的途径（静脉、腹腔、肌肉、皮下等）。经静脉途径，化学物质可直接进入血液，不需经过吸收过程。动物腹腔注射给药可避免胃肠道吸收的影响。腹腔具有丰富的血液供应和相应广大的表面积，化学物质可迅速吸收，通过门静脉循环进入肝脏。经皮下和肌肉染毒通常吸收较慢，但可直接进入体循环。混悬液中的化学物质要比溶液中的吸收速度慢很多。动物不同吸收途径的吸收率比较如下：经静脉 > 经呼吸道 > 经腹腔 > 经皮下 > 经肌肉 > 经皮内 > 经消化道 > 经皮肤。

2.6.1.1 呼吸道的吸收

很多气携化学物质颗粒(气体、蒸气、烟、雾、粉尘及气溶胶等)的吸收途径是经肺吸收。经呼吸道吸收速度仅次于静脉注射。经呼吸道吸收,以肺泡为主,人体肺泡多(约3亿个),表面积很大(50~100m^2),相当于皮肤吸收面积的50倍。肺泡膜周围布满长约2 000km的毛细血管网,肺泡-毛细血管膜只有两层细胞(0.8~1.5μm)。在肺泡内,化学物质由气相进入液相(血液)。空气在肺泡内的流速慢,有较长的时间和肺泡壁毛细血管接触;肺泡上皮细胞对脂溶性、水溶性分子及离子均具有高度通透性。所以,化学物质经肺吸收的速度极快,当肺泡空气中的化学物质达到一定量时,极容易进入血液。

影响呼吸道气态化学物质吸收的因素有:

①气态化学物质的分压　气体是以被动扩散方式通过肺泡上皮细胞的,根据简单扩散规律,气体在肺泡空气中的分压越高,吸收越快。随着吸收量的增加,肺动脉血浆中该化学物质的分压逐渐升高,并与肺泡气中气态化学物质的分压差逐渐缩小,吸收速度也就逐渐变慢。当分压差为零时,即达到饱和状态,此时血液中化学物质浓度与肺泡气中化学物质浓度处于平衡状态。

②气态化学物质在血液中的溶解度　在平衡状态下,液体(血液)中可溶气体浓度与肺泡中气相浓度的比率,即血/气分配系数。每种气体的分配系数都是常数。化学物质在血中的溶解性越大,平衡状态时就有更多的化学物质溶于血中。乙醇的血/气分配系数为1 300,乙醚为15,二硫化碳为5,所以乙醇远比乙醚和二硫化碳易被吸收。对于低溶解性气体,增加血流量可以加速其吸收;对于高溶解性气体,增加呼吸频率和每分通气量可以加速其吸收。

③化学物质由血液分布到其他组织的速度和排泄的快慢　化学物质由肺泡进入血液,再分布到其他组织是个动态平衡的过程。肺泡气中化学物质进入血液的速度就取决于化学物质由血液分布到其他组织以及排泄的速度,即组织/血分配系数。

④气态化学物质的水溶性　分子量小和水溶解度高的气体容易吸收。鼻腔、鼻窦和颌上部支气管等黏膜表层内的黏液腺多,表面相当湿润,故凡易溶于水的气体(如二氧化硫、氨、氯气等)能迅速溶解于上气道表面的水分中,并易于在该部位吸收;而溶解度较差的气体(如二氧化氮等)则较易深入到肺泡,并主要通过肺泡毛细血管吸收。

影响气溶胶微粒(aerosol particles)吸收的因素主要为气溶胶微粒的大小和其水溶性。气溶胶微粒经呼吸道吸收时,与黏膜表面发生接触,并附着或滞留在那里。附着的机制有:

①惯性冲击力　气溶胶在呼吸道中随气流运行时,由于鼻咽腔通道弯曲,气管、支气管多级分支使气流经常改变方向,气溶胶微粒即因惯性冲击呼吸道表面,这一惯性冲击力的大小与气流速度和粒子质量有关。故越深入呼吸道,气流速度越慢。惯性冲击力的作用主要在气道上部,能使一些直径较大的微粒落在支

气管壁的表面。

②重力或沉降力 微粒的质量越大，沉降速度越快。但在鼻咽部、气管和较大支气管中，因空气流动的干扰，除较大的粒子外，不易发生沉降，支气管下部进气压降低，微粒易沉降停留。

③布朗运动或扩散 粒子越小，布朗运动速度越快，平均运动距离越远，越易与呼吸道壁碰撞而附着。2μm以下的粒子才具有布朗运动，小于0.5μm的粒子处于持续运动状态，因而可附着在肺泡壁上。

在上述附着力的作用下，气溶胶粒子在呼吸道不同区的阻留或沉积：直径＞5μm的粒子，几乎全部在鼻和支气管树中沉积；直径2～5μm的微粒，沉积在肺的气管支气管部，粒子越小，到达支气管树的分支就越深；直径≤1μm的微粒常附着在肺泡内；但直径为0.01～0.03μm时，由于其布朗运动速度极快，主要附着于较大的支气管内。附着在呼吸道内表面的微粒可以被吸收入血液或随黏液咳出或被吞咽入胃肠道。水溶性微粒在附着局部溶解后，可很快被吸收进血液，特别是附着在肺泡壁上的绝大部分都被吸收。在气管、支气管直至终末细支气管的黏膜上皮细胞上均有许多纤毛，在它们不断摆动（1 300次/min）下，附着在那里的难溶性固体微粒不论是否被吞噬细胞吞噬，均可随黏液向上移动（3mm/min），于是，在1～2h内，有80%～90%被驱至咽部以后被咽下或咳出。附着在肺泡表面的难溶性微粒（不论是否被巨噬细胞吞噬）也可进入肺间质，有的被长期潴留从而形成病灶，有的可进入淋巴间隙和淋巴腺，其中部分微粒可随淋巴液达到血液。

2.6.1.2 经皮肤的吸收

外源性化学物质经皮肤吸收主要通过两条途径：一是表皮；二是毛囊、汗腺和皮脂腺。但后者总的横断面积仅占表皮面积的0.1%～1%，经此途径可直接进入真皮，吸收较快。电解质和某些金属能少量经此途径被吸收。成年人体表面积约为1.8m^2。通过表皮吸收需通过3层屏障：①表皮角质层，是由已死亡的扁平角质细胞的组成，由于没有细胞提供的通道，只能通过简单扩散，这是经皮肤吸收的最主要屏障，一般相对分子质量大于300的物质不易通过；②表皮细胞层，能阻止水溶液、电解质和某些水溶性不解离的物质，但脂溶性物质可通过；③表皮基底层，为表皮和真皮连接处的基膜，能阻止某些物质通过。真皮位于表皮下，由结缔组织组成，浅层结缔组织向表皮基底部突出，形成许多乳头状突起，含丰富的毛细血管。大多数物质通过表皮后，可自由地经毛细血管进入血液。

经皮肤吸收的影响因素包括：

①化学物质的理化性质 脂溶性化学物质易透过表皮角质层，但经皮吸收，化学物质必须既具有脂溶性又要有一定的水溶性，即脂/水分配系数接近于1的化学物质最容易经皮肤吸收。只有同时具有脂溶性和水溶性的物质，才易通过皮肤进入血液。例如，乙醇可为皮肤迅速吸收，而脂溶但水难溶的苯，经皮肤吸收量很少。用脂水均溶的肼涂敷在狗皮肤上，1min后即可在血内测出肼。脂水均

溶的杀虫脒经皮渗透率为微溶于水的马拉硫磷的5.9倍。经皮吸收量也与化学物质的浓度、皮肤接触面积和时间成正比。

②生物体的皮肤性状　化学物质的皮肤吸收存在明显的种属差异。一般而言，人的皮肤不易渗透，猪和豚鼠皮肤接近于人，而兔和啮齿类动物的皮肤较易渗透。例如，马拉硫磷在6种动物皮肤的渗透率依次为：兔＞小鼠＞大鼠＞猪＞豚鼠＞人。同种属同一个体的不同部位皮肤，对化学物质的渗透性也有差异，渗透性大小依次为：面部和阴囊＞躯干和肢体＞手掌和足底。此外，新生儿的皮肤渗透性较成年人高，妇女的皮肤渗透性较男子为高。在皮肤受损、表皮脱脂或皮肤病时，化学物质的经皮吸收可明显增加。

③环境因素　环境温度升高，使皮肤血循环加速，促进化学物质的经皮吸收。一般认为，室温在20~25℃范围内，温度每升高10℃，化学物质渗透率增加1~2倍。环境中湿度增加，皮肤角质层含水量相应提高，角质层水化，使水溶性化学物质易于渗透皮肤。

2.6.1.3　经胃肠道的吸收

从食管至肛门的整条消化道的结构基本相同，包括黏膜层（上皮细胞）和下面由结缔组织、毛细血管和平滑肌组成的支持物。化学物质的吸收可以在胃肠道的任何部位发生。胃表面上皮富有许多皱襞，小肠黏膜表面富有皱褶、绒毛和微绒毛，使小肠吸收面积增加约600倍，小肠吸收的有效积可达100~300m^2。化学物质与肠黏膜的接触面积较大、接触时间较长，因而吸收能力较胃更强。

(1) 影响胃肠道吸收的因素

①外源化学物质的性质　特别是油/水分配系数和解离常数是重要因素。在胃肠中溶解度较低者，吸收差。例如，金属汞在胃肠内基本不溶解，故经口摄入相对无毒。脂溶性物质较水溶性物质易被吸收；解离状态的物质不易被吸收；同一种固体物质，分散度越大，与胃肠道上皮细胞接触面积越大，吸收越容易。颗粒越小则溶解度越大，越容易吸收。

②胃肠功能状态　胃肠蠕动强，外源化学物质在胃肠内停留时间短，吸收就少；反之，蠕动减弱，延长化学物质与胃肠道接触时间，有利于吸收。小肠前1/4占整个小肠吸收面积的一半，化学物质如果在此段停留时间长则明显增加吸收。例如，大鼠经口给予氯化钠前禁食，其LD_{50}为3.75g/kg，而不禁食则为6.14g/kg。生理状态下，胃肠道各部位的存留时间在口腔约为数分钟，胃内1h，肠内数小时。胃肠内容物较多时，吸收减慢；反之，空腹或饥饿状态下容易吸收。胃肠内容物可使化学物质稀释、吸附，或形成不溶性络合物，因而影响化学物质的吸收。化学物质的解离程度除取决于本身的解离常数外，还与胃肠道酸碱度有关。胃液呈酸性（pH 0.9~1.5），弱酸类（如苯甲酸）主要呈未解离状态，在胃中易被吸收。小肠内液趋向于弱碱性或中性（pH 6.6~7.6），弱碱类（如苯胺）在小肠内呈非解离状态，容易被吸收。有机酸主要在胃内吸收，而有机碱主要在小肠内吸收。由于小肠黏膜的吸收面积很大，即使是弱酸性化学物质在小肠内也

有一定数量的吸收。某些化学物质可被胃酸和肠道酶水解,如蛇毒经口毒性比静脉注射的低很多,是因为它被胃肠道的酶消化了。

③竞争性吸收　联合接触其他化学物质时能对吸收过程产生拮抗或协同作用。如钙离子可降低镉和铅的吸收。镉可降低锌和铜的吸收。动物的年龄同样也可以影响吸收,新生大鼠可吸收镉的12%,成年鼠只吸收0.5%。脂肪可使胃的排空速度降低,可延长外源化学物质在胃中停留时间,促进吸收。多氯联苯类化学物质可抑制生物膜上Na-K-ATP酶活性,致肠道上皮细胞对钠离子的吸收减少。

④特殊生理状况　如妊娠和哺乳期对铅和镉的吸收增强。胃酸分泌随年龄增长而降低,可影响弱酸或弱碱性物质的吸收。

⑤肠道的微生物丛(约1.5kg)　约有60种不同细菌群能够对肠道内化学物质进行生物转化。

(2) 化合物经胃肠道吸收的主要方式

①简单扩散　相对分子质量小的(200以下),脂溶性大的(油/水分配系数大),极性低的(解离度小)化学物质较易通过生物膜被吸收。

②滤过　小肠黏膜细胞膜上有直径0.4 nm左右的亲水性孔道,相对分子质量为100左右,直径小于亲水性孔道的小分子,可随同水分子一起滤过而被吸收。非脂溶性的小分子化学物质(相对分子质量在122~188)则可通过小肠黏膜细胞间隙吸收。例如,铅盐、锰盐、镉盐和铬盐溶液均可被胃肠道吸收。

③主动转运　某些营养物质(糖类、氨基酸、核酸、无机盐等)可由肠道通过主动转运载体逆浓度梯度被吸收。一些化学物质其化学结构或性质与营养物质相似,也能通过主动转运进入机体。例如,铅可利用钙的运载系统,铊、钴和锰可利用铁的运载系统;抗癌药5-氟尿嘧啶和5-溴尿嘧啶可利用小肠上皮细胞的嘧啶转运系统。相反,主动转运系统P-糖蛋白(P-glycoprotein, P-gp),可将药物从细胞内往外排而使胞内药物浓度降低。

④细胞吞噬　胃肠道上皮细胞也可以胞饮或吞噬方式吸收一些颗粒状物质。例如,偶氮色素及某些微生物毒素可通过胞吞作用进入肠黏膜上皮细胞。

⑤淋巴管吸收　脂肪及脂溶性化学物质经肠道吸收后,可与磷脂和蛋白质一起形成乳糜微粒,经胞吐作用进入细胞外空间,通过淋巴管直接进入血液。化学物质在胃肠道吸收后,经门静脉系统进入肝脏而形成肠肝循环(enterohepatic circulation)。这可造成化学物质在肝内短暂的蓄积。因此,肝脏是许多化学物质的靶器官。

2.6.2　分布与蓄积

化学物质通过不同途径吸收后,将到达血液、淋巴或其他体液,血液是转运化学物质及其代谢产物的最主要运载工具。大部分化学物质是由血浆或血浆蛋白转运的。某些化学物质能够在红细胞表面吸收,或能与红细胞内配位体结合。能被红细胞转运的某些化学物质是砷、铯、钍、氡、铅和钠。六价铬与红细胞结合，而三价铬与血浆蛋白结合。有机汞大部分与红细胞结合，而无机汞大部分由血浆蛋白携带。白蛋白分子约有109个阳离子配位体和120个阴离子配位体。血浆蛋白的总面积有 $600\sim800m^2$ 可吸附运载化学物质。

外源性化学物质经不同途径吸收进入血液后，被转运分配到全身各组织器官的过程称为分布(distribution)。化学物质吸收后，血中浓度达峰值，化学物质在体内分布随时间推移而改变。这是一个动态变化过程。在分配的开始阶段，器官或组织内的化学物质浓度主要取决于血液供应量。血液供应丰富的器官，化学物质分布越多。随着时间的延长，化学物质的分布则受与组织亲和力的影响而重新分布。最后，不能排出的化学物质蓄积于某些脏器或组织，缓慢释放入血液并排出体外。例如，动物静脉注射亲脂性化学物质2,3,7,8-四氯二苯芘对二噁英(TCDD)5min后，15%的剂量位于肺中，仅有1%的剂量在脂肪组织中。机体的某些部位具有特定组织结构对外源性化学物质具有明显的屏障作用，如血/脑屏障(blood brain barrier)和血/胎盘屏障(blood placenta barrier)。中枢神经系统的毛细血管周围被星状胶质细胞突所包围，化学物质必须穿过胶质细胞才能进入大脑，其穿透速度主要决定于化学物质的脂溶性和解离度，一般来说，增加脂溶性可促进化学物质进入中枢神经系统，而增加解离度可明显降低其穿透性；胎盘屏障由胎盘多层细胞构成，是母体与胎儿血液循环的间隔，能阻止某些化学物质向胎儿转运，在一定程度上起着保护作用，但是，甲基汞、二硫化碳等很易透过胎盘屏障而作用于胎儿。

不同化学物质在体内分布不一样，同一化学物质在各组织内分布也不均匀，这主要取决于不同组织的血流以及与组织的亲和力。吸收入血液的化学物质仅少数呈游离状态，大部分与血浆蛋白结合，随血流运送到所有组织和器官。绝大多数化学物质与血浆蛋白结合是暂时的和可逆的。其中白蛋白是许多内源性、外源性化合物的储存和转运蛋白，如长链脂肪酸和胆红素；转铁蛋白对体内的铁转运；血浆铜蓝蛋白可载运铜；脂蛋白不仅能转运脂溶性化合物(如维生素、胆固醇、类固醇激素)，也可转运化学物质。

内脏器官（包括脑）占总体重的12%，而约接受总血容量的75%；结缔组织和骨髓占总体重的15%，却只接受总血容量的1%。供血良好的内脏器官一般在最短时间内化学物质可达到最高浓度，供血较少的组织对化学物质的吸收低，滞留时间较长。脂肪组织因其血管分布少和生物转化率低，可引起化学物质滞留，在隔室中滞留的时间是以生物半衰期表示的，半衰期是50%化学物质从组织或器官中被清除，再分布，或被机体转化或清除所需的时间。长期接触外来化学物质时，如果吸收速度超过解毒和排泄速度，就会出现化学物质在体内逐渐增多的现象，即蓄积作用(accumulation)。当化学物质的蓄积部位不是它的毒作用部位，或对蓄积部位相对无害时，这种器官或组织通常称为化学物质的贮存库(storage pool)，例如脂肪组织，二氯二苯基三氯乙烷(DDT)就可在体脂中长期贮存而不会有明显的毒效应。在某种条件下贮存库内化学物质可释放入血循环成为潜在危害，如吸收的铅约80%~90%贮存于骨骼，但可缓慢释放入血液，引起慢性铅中毒。

体内化学物质总量与血浆中化学物质浓度之比，称分布容积（volume of distribution, V_d）或表观分布容积（apparent volume of distribution）。体内摄入化学物质量（D）为已知，任一时间化学物质血浆浓度（C）可实际测定，按 $V_d = D/C$ 方程即可求得 V_d。亲脂性化学物质容易分布至组织，V_d 值较高可达数百 L/kg，而有些化学物质与血浆蛋白有高度结合力，组织中分布量少，其 V_d 值较低可至 0.15L/kg。V_d 反映的是一室模型分布条件下的化学物质的分布情况。

按照化学物质在特殊隔室内的亲和力、明显滞留和蓄积程度，可将化学物质分为4个主要类别：

①溶于体液中的化学物质　可依据隔室中的含水量，均匀地进行分布。化学物质随着时间推移可发生再分布。例如，铅摄入2h后50%存在于肝脏，1个月后，体内剩余的铅90%存在于骨骼。

②亲脂性化学物质　对富含脂质的器官（中枢神经系统）和组织（脂肪）具有很高的亲和力。

③化学胶体微粒　可被器官和组织的巨噬细胞所吞噬。

④对组织具有亲和性的化学物质　例如骨组织对钙、甲状腺对碘的亲和性。毛发和指甲含有角蛋白，其巯基可与金属阳离子如汞和铅进行结合。肝、肾细胞内金属硫蛋白可与镉、汞、锌、铜、铅及其他阳离子相结合，如镉在肝脏中的浓度可100~700倍于血浆中的浓度。

2.6.3　排泄

吸收进入机体的化学物质，经分布和生物转化后，将由体内排泄（excretion）。化学物质可由不同的途径排出机体。肾脏是化学物质最重要的排泄器官，许多化学物质在从尿中排泄以前必须经过生物转化变为水溶性的物质。其他排出途径包括胆汁排泄及经粪便和气体经肺排出。所有的机体分泌过程都具有排泄化学物质的能力，如在汗、唾液、泪水和乳汁中都可发现有化学物质的存在。化学物质在排出过程中，也可能对排泄器官或排出部位造成继发性损害。例如，肾排出铅、汞、镉等，可致肾近曲小管损害；砷自皮肤汗腺排出可引起皮炎；汞自唾液腺排出可致口腔炎等。

化学物质的排泄具体包括下列途径：

①经尿液排泄　化合物经尿排出的机制同机体内源性代谢终产物的排出机制相同，即肾小球滤过、肾小管的重吸收和主动转运（分泌）。滤过的速度要比重吸收的速度快多。成人安静状态下，流经肾脏的血量为心输出量的25%，约为180L/d，其中大约有20%可经肾小球滤过，肾脏约有100万个肾单位可用于排泄化学物质。肾小球毛细血管有较大的膜孔（40~70nm），不论是脂溶性还是水溶性物质，只要其相对分子质量<69 000（白蛋白）的物质都能滤过到达肾小管，进入肾小管腔的化学物质或直接由尿排出或通过肾小管上皮细胞将其重吸收返回血液。因为是简单扩散方式的重吸收，故脂/水分配系数高的，即未解离的

和脂溶性的化学物质易于重吸收,而解离的和水溶性化学物质则随尿排出。尿液呈碱性时则酸性物质较易排出,反之亦然。弱有机酸($pKa = 3 \sim 5$)和弱有机碱($pKa = 7 \sim 9$)在尿液的pH值环境($pH \approx 6$)中呈电离状态,可随尿液排出。肾近曲小管上皮细胞有两个主动转运系统可排出有机阴离子(羧酸、磺酸、尿酸等有机酸)和有机阳离子(胺类等有机碱)。如果有两种化学物质需通过同一主动转运系统,则相互竞争,至少影响其中一种化学物质的排出速度。肾小管可以重吸收滤过的血浆蛋白,与其结合的化学物质可随之被吸收,对肾小管细胞发挥毒性,如镉与金属硫蛋白结合,可被肾小管重吸收,导致细胞损伤。无论肾脏以哪一种(或多种)方式排出化学物质,尿中的化学物质浓度一般与血液中的化学物质浓度呈正相关。

②经粪便排泄　化合物很少有100%被吸收的,未吸收的部分经粪便排泄。胃肠道吸收的化学物质在进入体循环前先要经过肝脏。肝脏是化学物质生物转化的主要器官,形成的代谢物可以直接排泄入胆汁,和胆汁一起进入肠道的化学物质和其代谢物可重吸收或通过粪便排泄。谷胱甘肽和葡萄糖醛酸结合物多通过胆汁排泄,肠道菌群可以水解葡萄糖醛酸结合物和硫酸结合物,使它们脂溶性增加,可被重吸收形成肝肠循环。还有些化学物质经被动扩散直接从血液转运到小肠内通过粪便排泄。

③呼气　体温下多以气相存在的化合物主要通过肺排出,因为挥发性液体与其气相在肺泡里处于动态平衡,通过单纯扩散由血液进入肺泡通过肺排泄。在血液中溶解性低的气体(如乙烯)被快速排泄,而在血液中有更高溶解性的氯仿通过肺排泄速度则非常慢。

④其他排出途径　某些化合物和金属离子能够从口腔黏膜进入唾液排泄,如铅("铅线")、乙醇、生物碱等。许多非电解质能经皮肤汗腺进入汗液被部分清除,如乙醇等。有些化合物能经乳腺从母乳中分泌出去,从而危及哺乳的婴儿。如脂溶性化学物质经扩散由血浆进入乳腺脂肪中,在哺乳时进入乳汁。

2.6.4　生物转化

生物转化(biotransformation)或称代谢转化(metabolic transformation)是指化学物质在生物体内经酶催化或非酶作用下结构改变的过程。化合物的生物转化产物又通常叫做代谢产物。但严格说来,生物转化只是代谢中的一个过程,生物转化过程通常是将亲脂化学物质转变为极性较强的亲水物质,从而加速其随尿或随胆汁排出。所以,多数化学物质经生物转化后,变成低毒或无毒的产物,因此被称为生物解毒或生物灭活作用(biodetoxification)。但也有一些无毒或低毒的化学物质经代谢转化后,变成有毒或毒性更大的产物,这种转化称为生物活化(bioactivation)或增毒作用(toxication)。外源化学物质在体内生物转化过程,主要包括4种反应,即氧化、还原、水解和结合反应。

R. T. Williams(1959)把生物转化分为Ⅰ相和Ⅱ相反应两种主要类型。Ⅰ相反应,亦称生物转化第一阶段反应,主要是降解反应,包括氧化、还原和水解反应。可使化合物增加新的功能基团而增加极性,如羟基(—OH),巯基(—SH),氨基(—NH$_2$)和羧基(—COOH)等,使之能接受Ⅱ相反应。Ⅱ相反应,主要是结合反应。一些强极性基团(如葡萄糖、硫酸等)与化合物结合,水溶性增加,有利于排出。Ⅱ相结合反应,亦称第二阶段反应,是化学物质或经Ⅰ相反应后生成的相应代谢产物与体内某些内源性化学物质或基团相结合,使它们的分子大小、溶解度、生物活性等发生改变。这两相反应可以在细胞的微粒体、线粒体及胞液中进行,但以微粒体为主。

2.6.4.1 Ⅰ相反应

氧化、还原和水解反应都属Ⅰ相反应,主要使分子出现一个极性反应基团,使其溶水性增加。

(1)氧化反应

氧化通常是大多数化学物质代谢的第一步反应,参与氧化反应的酶主要是细胞色素 P450 单加氧酶系(cytochrome P450 dependent monooxygenases)。细胞色素 P450 酶系由两类酶组成,一类为血红蛋白类,其中包括细胞色素 P450 和细胞色素 b5,它们均含有铁卟啉环结构,具有传递电子的功能。另一类是黄素蛋白类,包括还原型辅酶Ⅱ-细胞色素 P450 还原酶(NADPH - cytochrome P450 reductase)以及还原型辅酶Ⅰ-细胞色素 b5 还原酶(NADH - cytochrome b5 reductase),主要功能是电子传递作用并提供电子。细胞色素 P450 在 420nm 处出现强吸收光谱,但与 CO 结合后最强吸收光带在 450nm 处。该酶系位于细胞内质网,在经组织匀浆液超速离心提取时获得形成小泡样内质网碎片,称微粒体(microsome),含多功能酶系,故该酶又称为微粒体混合功能氧化酶(cytochrome P450 mixed function monooxygenases)。其主要功能是催化化学物质的氧化反应。在该反应中,氧化型细胞色素 P450(Fe^{3+})首先与底物结合形成一种复合物,再在 NADPH - 细胞色素 P450 还原酶的作用下,由 NADPH 提供一个电子,使其转变为还原型细胞色素 P450(Fe^{2+})复合物,此复合物和一个分子氧结合形成含氧复合物,然后在 NADPH - 细胞色素 P450 还原酶的作用下,由 NADPH 提供一个电子,或者在 NADPH - 细胞色素 b5 还原酶的作用下,由 NADH 提供一个电子,使复合物中的 O$_2$ 活化为氧离子,氧离子与底物生成氧化产物而被释放出,同时释放出一个分子的 H$_2$O,此时 P450(Fe^{2+})变为 P450(Fe^{3+}),再次参与氧化过程。此外,一些氧化反应,亦可由非微粒体混合功能氧化酶催化,肝组织胞液、血浆和线粒体中有一些专一性不太强的酶,如醇脱氢酶、醛脱氢酶、过氧化氢酶、黄嘌呤氧化酶等。

氧化反应使化学物质加氧形成羟基,亦称羟化反应。包括:

①芳香族羟化反应 即芳香环上的氢被氧化形成酚类。

②N-羟化反应 即氨基上的一个氢与氧结合,在氨基上加入一个氧原子,所以也称为 N-氧化反应。如苯胺经羟化后形成羟胺,羟胺的毒性较苯胺本身为高,可使血红蛋白氧化成为高铁血红蛋白。有些芳香胺类本身并不致癌,经 N-羟化后才具有致癌作用。

③环氧化反应　一个氧原子在两个相邻碳原子之间构成一桥式结构，形成环氧化物。

④具有醇、醛和酮功能基团的化合物的氧化反应　包括醇脱氢酶、醛脱氢酶和胺氧化酶类。醇脱氢酶催化醇类氧化形成醛或酮，在反应中需要辅酶Ⅰ及辅酶Ⅱ。例如，乙醇经脱氢酶催化而形成乙醛可再继续氧化成为乙酸，最后产生CO_2和H_2O，乙醇的毒性主要来自乙醛。单胺氧化酶可将伯胺、仲胺、叔胺等脂肪族胺类氧化脱去胺基，形成相应的醛类并释放出氨。

(2) 还原反应

还原反应是氧化还原中的可逆反应。在氧化反应中一般以NAD或NADP为辅酶，而在还原反应中的辅酶为NADH或NADPH。催化还原反应的酶类可能与催化氧化反应为同一种酶，但有时也可能由另一种酶进行催化。含有硝基、偶氮基化合物以及醛、酮、亚砜和多卤代烃类化合物易被还原。

肝细胞微粒体细胞色素P450还原酶能催化化学物质的还原反应，但在哺乳动物组织内这类反应活性较低。例如，四氯化碳可被此还原酶催化还原脱卤产生三氯甲基游离基和二氯碳烯，可引起肝细胞损伤。肝细胞微粒体黄素蛋白类硝基还原酶和偶氮还原酶催化硝基化合物还原反应（硝基苯→亚硝基苯→羟氨基苯→苯胺）及偶氮化合物还原反应（偶氮苯→苯肼→苯胺）产生氨基代谢物。

(3) 水解反应

水解是指化学物质与水分子作用裂解成2个分子的反应。环氧化物、酯类、酰胺类等可在相应环氧化物水解酶(epoxide hydrolase)、酯酶(esterases)和酰胺酶(amidases)的作用下被水解。环氧化物水解酶能将芳香族和脂肪族环氧化物水解为二氢二醇。多数环氧化物经水解形成的代谢物活性降低，但也有一些代谢物的生物活性增高。例如，3,4-苯并芘经氧化代谢形成多种环氧化物，其中苯并芘7,8-环氧化物通过水解生成7,8-二氢二醇，进一步可被混合功能氧化酶氧化为7,8-二氢二醇-9,10-环氧化物，这是一种强致癌物。酯酶和酰胺酶特异性不强，可作用于同类化合物。酯酶可按作用底物分为四大类：①芳香烃酯酶(arylesterases)，参与水解芳香族酯类；②羧酸酯酶(carboxylesterases)，参与水解脂肪族酯类；③胆碱酯酶(cholinesterases)，参与水解胆碱酯类；④乙酰酯酶(acetylesterases)，参与水解醋酸酯类。酰胺酶主要催化酰胺水解成酸和胺的水解反应。其与酯酶不同，没有按底物分类，其催化的反应也较酯酶的缓慢。

2.6.4.2　Ⅱ相反应

结合反应属Ⅱ相反应，在不同种类的转移酶作用下将功能基团转移到化学物质形成结合产物。多数情况下，受体是含亲核中心（如—OH、—SH、—NH_2）的化合物或代谢物，供体是某种内源性化合物，带有供转移的亲电基团。在人和大多数哺乳动物中常见的结合反应有葡萄糖醛酸结合、硫酸结合、谷胱甘肽结合、乙酰化、甲基化及氨基酸结合等形式。结合反应需要一种转移酶催化，转移酶催化某化学基团，从一种化学物质（供体）转移到另一种化学物质（受体），形成结合物。反应产物极性增强，可随同尿液或胆汁由体内排泄。简述如下：

(1) 葡萄糖醛酸化

葡萄糖醛酸化是化学物质或其代谢物与葡萄糖醛酸的结合反应。葡萄糖醛酸的来源是在糖类代谢过程中生成的尿苷二磷酸葡萄糖（UDPG），再被氧化生成尿苷二磷酸α-葡萄糖醛酸（UDPGA），它是葡萄糖醛酸的供体，在葡萄糖醛酸转移酶的作用下，与外源化学物质及其代谢物的羟基、氨基和羧基等基团结合，反应产物是β-葡萄糖醛酸苷，葡萄糖醛酸必须为内源性代谢产物，直接由体外输入的不能进行结合反应。葡萄糖醛酸结合作用主要是在肝微粒体中进行；结合物随同胆汁排出。例如，醇类、酚类、烯醇、羟酸胺的羟基可形成O-葡萄糖醛酸；芳香胺、脂肪胺、杂环化合物的氨基可形成N-葡萄糖醛酸苷；某些带巯基的化合物可形成S-葡萄糖醛酸苷。

(2) 硫酸化

硫酸化是化学物质与硫酸的结合反应。硫酸供体来自体内3-磷酸腺苷-5-磷酰硫酸（3-phosphoadenosine-5-phosphosulfate，PAPS）。硫酸结合不仅需要PAPS作为硫的供体，而且需要磺基转移酶的参与，磺基转移酶分布于肝、肾、胃肠等组织。醇、酚、芳香胺类化合物均能与硫酸结合形成硫酸酯，经尿或胆汁排泄。由于体内硫酸来源有限，硫酸结合往往与葡萄糖醛酸结合反应同时存在。

(3) 乙酰化

乙酰化是化学物质与乙酰基结合的反应，乙酰基由乙酰辅酶A提供，反应由乙酰转移酶催化，该酶又可分为N-乙酰转移酶和N，O-乙酰转移酶。

(4) 氨基酸化

氨基酸化是指带有羧基的化学物质与氨基酸的氨基结合形成肽或酰胺的反应，参与的氨基酸主要有甘氨酸、谷氨酰胺以及牛磺酸等。

(5) 谷胱甘肽化

谷胱甘肽化是化学物质与还原型谷胱甘肽结合形成硫醚氨酸的反应。催化谷胱甘肽结合反应的酶类主要是谷胱甘肽-S-转移酶，根据作用底物不同，谷胱甘肽-S-转移酶有多种形式。在谷胱甘肽-S-转移酶的作用下化学物质与还原型谷胱甘肽结合，然后经酶促解离和乙酰化反应，生成硫醚氨酸衍生物，容易排出体外。

(6) 甲基化

甲基化是指在甲基转移酶催化下，将内源性来源的甲基结合于外源化学物质分子结构内的反应。

(7) 磷酸化

磷酸化是指在ATP和Mg^{2+}存在下，由磷酸转移酶催化ATP的磷酸基转移到化学物质的反应。

2.6.4.3 影响生物转化的因素

影响生物转化的因素有：

①代谢酶的诱导和抑制　有些外源化学物质可使某些代谢过程催化酶系活力增强或酶的含量增加，此种现象称为酶的诱导。凡具有诱导效应的化合物称为诱导物。酶诱导物大多是一些有机化合物，包括某些药物、杀虫剂、工业化学物质、多环芳烃等。诱导物对化学物质毒作用的影响具有两重性，如果化学物质经生物转化产生无毒或减毒的代谢物，则酶诱导可促进解毒作用；相反，如果化学物质转化为活性中间产物，酶诱导则可加强化学物质的毒作用。有关酶诱导的机制目前尚未完全清楚，不同诱导物的诱导机制可能完全不同。参与生物转化的酶系一般并不具有较高的底物专一性，几种不同化学物质都可作为同一酶系的底物，可出现竞争性抑制，如乙醇在血液中浓度增高时，可使一些外源化学物质的代谢过程受到抑制；还有一些外源化学物质对某一种酶具有特异性抑制作用，如对氧磷能抑制羧酸酯酶，促使对硫磷水解速度减缓等。

②物种差异和个体差异　化学物质在不同动物生物转化速度有较大差异，如苯胺在小鼠体内的生物半衰期为35min，狗为167min；安替比林在大鼠体内的生物半衰期为140min，在人体内的生物半衰期为600min。化学物质在不同物种动物体内有完全不同的代谢途径，如N-2-乙酰氨基芴（AAF）在大鼠、小鼠和狗体内可进行N-羟化并再与硫酸结合成硫酸酯，呈剧烈致癌作用，而在豚鼠内一般不发生N-羟化，不能结合成硫酸酯，故不呈致癌性。某些参与代谢的酶类也可有明显的个体差异，如芳烃羟化酶可使芳香烃类化合物羟化，并产生致癌活性，在吸烟量相同的情况下，芳烃羟化酶活力较高的人，患肺癌的危险性比活力低者高36倍。

③年龄、性别和营养状况的影响　肝微粒体酶功能在初生和未成年机体尚未发育成熟，老年又开始衰退。一般雄性成年大鼠对许多外源化合物的生物转化能力高于雌性。在动物试验中，如蛋白质供给不足，则微粒体活力降低，当抗坏血酸缺乏时，苯胺的羟化反应减弱，缺乏抗黄素，可使偶氮类化合物还原酶活力降低。

2.6.5　生物转化的毒理学意义

外源性化学物质进入机体后，有的不经任何转化直接排出体外，有的需通过氧化、还原和水解后排出，有的经进一步结合或直接经结合后排出。生物转化过程是一个复杂的过程，主要表现在以下几个方面：

①生物转化的定位性　催化化学物质进行生物转化的酶和酶系主要定位于肝脏，由于肝脏的解剖位置和特殊生理功能，其转化能力最强，其他组织器官包括肺脏、肾脏、胃肠道、神经、皮肤和胎盘等均有生物转化的能力，但其转化能力有限，在机体化学物质的生物转化中占较小比例。

②生物转化的两重性　化学物质进入机体，经Ⅰ相反应使非极性的化学物质产生带氧的极性基团，再经Ⅱ相反应与体内某些内源性化学物质或基团相结合，一般这些结合物有利于从肝、肾等器官排出，表现为解毒反应。但也有例外，如农药硫代磷酸酯类，经氧化脱硫后生成磷酸酯类，使得其毒性增强。苯巴比妥诱

导细胞色素 P450 合成，可促进四氯化碳和氯乙烯转化为其活性代谢产物，可加强它们的肝脏毒性，经常服用苯巴比妥类安眠药，而又接触某些外源性化学物质时，可能会加强这些化学物质对肝脏的损伤作用。因此，生物转化具有解毒和活化的双重性，如果活性中间代谢产物生成率和解毒率之间处于平衡状态，则反应生成的中间产物不一定会引起对细胞的损伤作用，若两者失去平衡，例如活性中间代谢产物生成增加或解毒能力下降，则可诱发对细胞的损伤作用。

③生物转化的多样性　外源性化学物质在体内的生物转化往往不是单一反应，如农药马拉硫磷在体内由于代谢酶作用的不同，既可氧化成马拉氧磷而毒性增强，又可经水解酶水解成马拉硫磷羧酸而失活，毒性降低，水溶性增强，易随尿排出。苯在体内经微粒体混合功能氧化酶系统作用，形成环氧化苯和各种酚类化合物，如氢醌和邻苯二酚，可引起贫血和白血病等。然而，环氧化苯与谷胱甘肽结合形成苯谷胱甘肽结合物，则毒性下降。因此，一种化学物质在体内可通过不同的途径产生不同的代谢产物，从而表现毒性或解毒作用。

④生物转化的饱和性　在外源化合物摄入过多超过特定内源性基团的供给，而导致转化方式的改变。例如，醋氨酚在低剂量时，90% 以上是经硫酸结合，而在高剂量时大部分是通过葡萄糖苷酸结合，仅 43% 通过硫酸结合；氯乙烯在低浓度时，主要是经醇脱氢酶代谢，首先形成氯乙醇，再形成氯乙醛和氯乙酸，在高浓度时，超过上述代谢途径的负荷，则由微粒体混合功能氧化酶系统转化形成环氧氯乙烯，再形成氯乙醛，可诱发致突变和致癌作用；溴苯代谢产物为环氧化溴苯，在其低剂量时，约 75% 与谷胱甘肽结合，以溴苯硫醚氨酸的形式排出，当剂量过大时，因谷胱甘肽的量不足，甚至出现谷胱甘肽耗竭，结合反应有所降低，因而未经结合的溴苯环氧化物与 DNA 或 RNA 以及蛋白质的反应增强，出现毒作用。

综上所述，生物转化有如下的毒理学意义：

①外源化学物质进入机体后经生物转化，其存在形式会发生变化，活性也会发生改变，其中有些毒性增强，有些毒性减弱。因此，生物转化对于判定其外源化学物质对机体的影响有指导意义。

②通过对生物转化作用的研究，可以探究其基因调控、活性因子影响的主要规律，为防治其对机体损伤有重要意义。

③通过对化学物质生物转化过程的研究，有利于探求其对靶器官、靶组织、靶细胞乃至靶分子的损伤作用及机制。

④化合物经过生物转化会形成代谢中间产物和终产物，这些作为生物指标可为中毒诊断、程度判断、治疗效果的评价提供有意义的参考。

思考题

1. 什么是化学物质、毒性、毒作用和毒作用剂量？

2. 急性毒性指标包括哪些?
3. 什么是靶器官?
4. 致死剂量包括哪些?
5. 影响毒性作用的主要因素有哪些?
6. 影响毒性作用的主要环境因素有哪些?
7. 机体对化学物质的处置包括哪几个方面?
8. 什么是生物转运?
9. 什么是分布?化学物质是如何在体内贮存的?
10. 化学物质是通过什么途径被排泄出体外的?

第3章 动物试验基础知识

重点与难点 主要阐述了实验动物的基本概念，介绍了啮齿类（包括小鼠、大鼠、豚鼠）、兔、犬、猫、鸡、小型猪以及鱼类等实验动物的生物学特点、常用品种品系、在生物医学领域的使用价值等。实验动物种类众多，如何依据不同的试验目的来正确地选择动物，是做好一项研究工作的第一步。还介绍了实验动物的一些基本技术，如固定技术、给药途径和方法、样本的采集方法等。熟练的动物试验操作技术和技巧是顺利完成动物试验并取得准确、可靠结果的保证。此外，本章还介绍了实验动物福利及"3R"原则。

3.1 实验动物
3.2 动物试验基本知识
3.3 动物伦理和动物福利

实验动物科学(laboratory animal sciences)是研究实验动物的生物特性、饲养繁殖、遗传育种、质量控制、疾病防治和开发应用的科学。它是融合生物学、动物学、兽医学和医学等科学，并引用了其他自然科学的成就发展起来的。它所涉及到的知识面很广泛，所包括的内容极为丰富，如生物学、医学、药学、兽医学、遗传学、育种学、病理学、生理学、营养学、微生物学、环境卫生学等科学。

实验动物科学已成为一门独立性学科。它的内容主要包括：

①实验动物育种学　主要研究实验动物遗传改良和遗传控制，以及野生动物和家畜的实验动物化。

②实验动物生态学　研究实验动物生存的环境与条件，如动物房舍、动物设施、通风、温度、湿度、光照、噪声、笼具、饲料、饮水以及各种垫料等。

③实验动物医学　专门研究实验动物疾病的诊断、治疗、预防以及它在生物医学领域里如何应用的科学。

④比较医学　研究所有动物(包括人)基本生命现象的科学。对动物和人的基本生命现象，特别是各种疾病进行类比研究是这门学科的主要特征。

⑤动物试验技术　是进行动物试验时的各种操作技术和试验方法，也包括实验动物本身的饲养管理技术和各种监测技术等。

3.1　实验动物

实验动物(laboratory animal)是指遗传背景明确或者来源清楚的，经人工饲养、繁育，对其携带的微生物及寄生虫实行控制的，应用于科学研究、教学、生产和检定等的动物。实验动物要求具有以下4个基本要素：

① 遗传背景明确。根据遗传特点的不同，实验动物分为近交系(inbred strain)、封闭群(closed colony)和杂交群(hybrid colony)。

② 对携带微生物和寄生虫实施控制，根据对微生物和寄生虫的控制程度，一般将实验动物划分为4个等级：普通动物(conventional animal)，清洁动物(clean animal)，无特定病原体动物(specific pathogen free animal, SPF)，无菌动物(germ free animal, GF)。

③ 在一定的环境条件下，由人工繁育而成的动物。

④使用目的和范围明确。

3.1.1　实验动物的生物学和生理学特征

2007年欧盟关于动物试验的报告显示，所用最多的动物为小鼠(使用率53%)、大鼠(使用率19%)、冷血动物(使用率15%)、鸟类(使用率15%)，兔(使用率2.6%)、豚鼠(使用率2.1%)。小鼠、大鼠、兔、豚鼠使用率加起来为76.7%。

3.1.1.1 小鼠

小鼠(mouse；*Mus musculus*)，在生物分类学上属脊椎动物亚门、哺乳纲、啮齿目、鼠科、鼷鼠属、小家鼠种。常用小鼠的品系很多，可分为近交系、突变系和封闭群三大类。近交系(inbred strain)，如 BALB/c 小鼠等；突变系(mutant strain)，如 Nude、Scid 小鼠等；封闭群(closed colony)，又称远交群(outbred stock)，如 KM、ICR、NIH、CFW 小鼠等。

常用的实验小鼠有 KM 小鼠、BALB/c 小鼠、C3H/He 小鼠、ICR 小鼠、CFW 小鼠、NIH 小鼠、Nude 小鼠。KM 小鼠，即昆明小鼠，是我国生产量和使用量最大的远交群小鼠。其特点是抗病力和适应力很强，繁殖率和成活率高。BALB/c 小鼠对致癌因子敏感，肿瘤发生率约为 10%～29%，血压与其他近交系小鼠相比为最高，有自发高血压症，对放射线极度敏感，富于网状内皮细胞的器官(如肝、脾)的质量与体重的比值较大，常用于单克隆抗体和免疫学研究。BALB/c 小鼠一般无互相侵袭习性，比较容易群养。C57BL 小鼠毛色为黑色，对化学诱导致癌物敏感性较低，但对辐射敏感，经全身放射线照射后，淋巴瘤发生率可达 90%～100%。C3H/He 小鼠，补体活性高，自发乳腺肿瘤高达 90%、自发肝癌发病率达 85%。ICR 小鼠的显著特点是繁殖能力强。CFW 小鼠和 NIH 小鼠特点是繁殖力强，产仔成活率高，雄性好斗。Nude(裸)小鼠，先天性无胸腺，T 淋巴细胞功能缺陷免疫力低下，但其 B 淋巴细胞功能基本正常，是肿瘤学科的动物试验研究的常用模型。Scid 小鼠，淋巴细胞显著缺乏，胸腺、脾、淋巴结的质量一般均不及正常的 30%，用于肿瘤学、免疫学等研究中。

小鼠在哺乳动物中体型最小，新生仔鼠 1.5g 左右，45d 体重达 18g 以上。雌鼠 35～50 日龄性成熟，配种一般适宜在 65～90 日龄，妊娠期 19～21d，每胎产仔 8～12 只，小鼠寿命 1～3 年。小鼠门齿生长较快，需常啃咬坚硬食物，有随时采食习惯。小鼠为群居动物，群养时雌雄要分开，雄鼠群体间好斗。小鼠对温度、湿度都很敏感，一般以温度 18～22℃，相对湿度 50%～60% 为最佳。小鼠对外来刺激敏感，喜居光线暗淡的环境，习惯于昼伏夜动，其进食、交配、分娩多发生在夜间，一般夜间活动高峰有两次，一次在傍晚后 1～2h 内，另一次为黎明前。

3.1.1.2 大鼠

大鼠(rat；*Rattus norvegicus*)，在生物分类学上属脊椎动物亚门、哺乳纲、啮齿目、鼠科、家鼠属、褐家鼠种。在我国，常用的品系有 Sprague-Dawley(SD)大鼠、Wistar 大鼠、SHR 大鼠等。SD 大鼠由美国 Sprague-Dawley 农场育成，SD 大鼠产仔多，生长发育较 Wistar 大鼠为快，对疾病的抵抗力强。Wistar 大鼠由美国费城 Wistar 研究所育成，Wistar 大鼠性情温顺，性周期稳定，早熟多产，平均每窝产仔 10 只左右，生长发育快，对传染病的抵抗力强。SHR 大鼠，又称自发性高血压大鼠，自发性高血压发病率高，心血管发病率高，无明显原发性肾脏或肾上腺病理改变,但生育能力、存活寿命无明显下降。

大鼠 2 月龄性成熟,性周期 4~5d,妊娠期为 19~21d,哺乳期为 21d,每胎产仔平均 8 只,新生大鼠体重约 5~6g,45d 体重可长到 180g 以上,此时可供实验用。成年雄性大鼠体重达 300~800g,雌性为 200~400g,大鼠的寿命为 2~3 年。大鼠白天常挤在一起休息,夜间活动,且活动量大,喜啃咬,食性广泛,对光照、噪声敏感。

3.1.1.3 豚鼠

豚鼠(guinea pig; *Cavia porcellus*),系哺乳纲、啮齿目、豚鼠科、豚鼠属、豚鼠种,又名荷兰猪、天竺鼠、海猪等。豚鼠原产于南美洲,作为肉用动物饲养,16 世纪由西班牙人带入欧洲,后向全世界传播。豚鼠经过人工驯化后分为 4 个变种,英国种、秘鲁种、阿比西尼亚种和安哥拉种。我国繁育和应用于实验的豚鼠主要是短毛的英国种豚鼠,被毛短而光滑。它于 1919 年从日本引入我国,长期以来,由于不同毛色之间的杂交,毛色多样化,基本上是棕、黑、白 3 种颜色,个体毛色则分为单毛色、双毛色和 3 毛色。

豚鼠体长一般在 22.5~33.5 cm 之间,寿命为 4~8 年,豚鼠初生体重 50~150g,离乳体重达 150~200g;2 月龄时,平均体重可达 300~400g;5 月龄时,达到成熟期,雄鼠体重可达 750g,雌鼠体重可达 700g;在 15 月龄雄鼠体重可达 1 000g,雌鼠体重可达 850g。一般在 5~6 月龄达性成熟,性周期 16.5d,妊娠期平均 68d,哺乳期 21d,平均产仔 3 只左右。豚鼠性情温顺,喜群居,胆小怕惊,对周围环境变化敏感,生性好动,常发出吱吱声,嗅、听觉很发达,喜干燥清洁的生活环境。对温湿度的变化敏感,饲养室温度控制在 25℃左右,噪声低于 60dB,湿度保持在 50%~60%。豚鼠属草食性动物,喜食纤维素较多的禾本科嫩草,日夜自由采食。豚鼠体内不能合成维生素 C,每日每 100 克体重需 4~5mg,妊娠期、哺乳期则需更多,必须在饲料中添加,对抗菌素敏感。

3.1.1.4 地鼠

地鼠(hamster),又名仓鼠,属啮齿目、鼠科、地鼠亚科。常用的地鼠有:金黄地鼠(Golden hamster; *Mesocricetus auratus*),又称叙利亚地鼠,其 2 月龄体重约 80~100g,体长约 16cm 左右,尾粗短;中国地鼠(Chinese hamster; *Cricetulus gviseus*),又称条背地鼠和黑线仓鼠,背部从头顶直至尾基部有一黑色条纹。其体型较小,体重约 40g,体长约 10cm。金黄地鼠是从 1930 年起由野生动物驯养繁衍驯养而成实验动物,目前它已遍及世界各国。中国地鼠易发生遗传性糖尿病,可用于 I 型糖尿病研究的动物模型。

新生金黄地鼠体重约 2g 左右,性成熟一般在 30 日龄左右,8 周龄体重可达 80~150g,8 周龄性成熟后,雌、雄体重就产生差异,雄性 90~125g,雌性 95~140g,12 周龄的中国地鼠与 8 周龄小鼠大小大体相同。生育期从 6~8 周起可延续到 15 月龄,妊娠期平均 15.5d,哺乳期 21d,为全年发情动物,有产后发情特点,每年可产7~8胎,寿命一般2~3年。地鼠昼伏夜动,晚8~11点最为活跃。地鼠好斗,雌性比雄性更凶,因此雄性常被雌性咬伤。地鼠易熟睡,熟睡时全身肌肉弛缓,不易弄醒。喜居于温度稍低、湿度稍高的环境。地鼠为杂食动物,以植物性饲料为主,可将食物和水贮于颊囊内,饲养管理类同于小鼠。

3.1.1.5 家兔

家兔(rabbit；*Oryctolagus cuniculus*),系哺乳纲、兔形目、兔科、穴兔属、穴兔种。我国饲养的家兔品种很多,常用于实验有:中国白兔、日本大耳白兔、新西兰白兔(New Zealand White)、青紫兰兔(Chinchilla)、安哥拉兔(Angora)、力克斯兔(Rex)、银灰兔(Silver fox)、法国公羊兔(Lop)等十几种。中国白兔,又名白家兔、菜兔,是我国培育的品种,国外育成的一些优良品种许多和中国白兔有血缘关系,体重1.5~2.5kg。中国白兔有抗病力强,耐粗饲,对环境适应性好,繁殖力强等优点,一年可生6~7胎,每胎平均产仔6~9只,最高达15只。该兔的缺点是体型较小,生长缓慢。日本大耳白兔,原产于日本,以中国白兔与日本兔杂交培育而成,毛色纯白,成年体重可达4~6kg。大耳白兔生长发育快,繁殖力强,但抗病力较差。由于它的耳朵长大,血管清晰,便于取血和注射,是一种常用的实验兔。新西兰白兔,毛色纯白,是由美国加利福尼亚培育的品种,3月龄可达2.5kg,成年体重可达4~5kg,被广泛应用于皮肤反应试验、药剂的热原试验、毒性试验、胰岛素检定,以及妊娠诊断、人工授精试验和制造诊断血清等。

家兔属于刺激性排卵动物,兔性成熟约4~6个月,适配月龄6~8个月,每月发情2~3次,发情周期8~15d,妊娠期30d,哺乳期45d,平均窝产8只左右。家兔夜间活动量大,白天多闭目假眠或处于休息状态。家兔胆小怕惊,喜独居,怕热、怕潮,喜干燥、清洁的环境。家兔饲养以青粗饲料为主,适当搭配精饲料。家兔与啮齿类动物类同有磨牙且有啃木习惯。家兔除排泄颗粒状粪便外,夜晚还排泄一种软的团状粪便,软粪比正常粪所含的粗蛋白和水溶性维生素多得多,这种软粪一排出就直接从肛门处被其自食。

3.1.1.6 猫

猫(cat；*Felidae cactus*),属于哺乳纲、食肉目、猫科。我国实验中使用的猫绝大部分为市售的杂种猫。其种猫体质健壮,抵抗力强。品种猫是经人工选育而成,其遗传特征稳定,但体质相对较弱,耐受性差。品种猫有长毛和短毛之分,实验用猫一般选用短毛猫,因为长毛猫易污染实验环境。

猫在短距离内跑动迅速,具有突出的爬、攀、蹬、跳的能力。猫喜孤独、自由的生活,除发情、交配外,很少聚群。猫喜欢明亮干燥的环境,不随地大、小便。猫舌表面无数的丝状乳突被覆较厚的角质层呈倒钩状,便于舔刮骨。属季节性发情动物,每年春、秋季发情。

3.1.1.7 犬

犬(dog; *Canis familiaris*),系脊椎动物亚门、哺乳纲、食肉目、犬科。我国繁殖饲养的犬品种很多,个体差异较大,如华北犬、西北犬等。华北犬耳较小,颈长,前肢较长,后肢较短,而西北犬正好相反。小猎兔犬(beagle),原产于英国,其体型小,短毛、性温和易于驯服,对环境的适应力、抗病力较强,是理想的实验用犬。犬具有发达的血液循环和神经系统以及大体上和人相似的消化过程,在毒理方面的反应和人比较接近,内脏与人相似。犬的嗅脑、嗅觉器官和嗅神经极为发达,鼻黏膜上布满嗅神经,犬的听觉也很灵敏。心脏、肝脏较大,胃较小,肠道较短。狗正常体温38.5(37.5~39.5)℃(直肠),心率80~120次/min,呼吸频率18(15~30)次/min,收缩血压149(108~189)mmHg,舒张压100(75~122)mmHg。

雌犬每年春秋两季发情,春季约3~5月份,秋季9~11月份,发情期8~14d,性周期180d,妊娠期55~65d,平均窝产仔数6~8只,哺乳期45~60d,寿命10~20年。正常的犬鼻尖呈油状滋润,触之有凉感。犬为肉食性动物,犬齿善于咬、撕,臼齿能切断食物,但咀嚼较粗。喜吃肉类及脂肪,也可杂食或素食。易于驯养,头颈部喜欢人以手拍打、抚摸,但臀部、尾部忌摸,经短期训练能很好地配合实验。

3.1.1.8 猪

猪(pig; *Susscrofa domestica*),系哺乳纲、偶蹄目、野猪科。国内外猪的品种十分之多。常用品种猪在解剖学、生理学、疾病发生机制等方面与人极其相似。小型猪(minialure swine)体型小,成熟体重(30~50kg)大致相当于人的体重,便于饲养和试验操作。由于长期小群体内的近亲繁育,小型猪基因纯,纯合度相对较高,遗传稳定性强,试验重复性好。国内的主要小型猪品系有贵州香猪、巴马小型猪、版纳微型猪、五指山小型猪。国外培育的主要小型猪品系有Gottingen小型猪(德国)、Hanford小型猪(美国)、Yucatan小型猪(美国)、Min nesota hormel小型猪(美国)、Pitman-moor小型猪(美国)等。贵州小型香猪,成年体重约30kg;版纳微型猪体型矮小,体质结实匀称、细致,性早熟,8~10月龄即可产第1胎;巴马小型猪最大特点为"两头乌"毛色,具有体型矮小(24月龄母猪体重40~50kg,公猪30~40kg)、性成熟早、多产(8.5~10头)等优点;五指山小型猪成年体重30~35kg,很少超过40kg;德国Gottingen小型猪,1周岁体重30~35kg,2周岁53kg左右,比其他小型猪体型小,可用于致畸试验、药物代谢试验、脏器移植、皮肤试验等;美国Yucatan小型猪,可用于糖尿病的研究;美国Pitman-moor小型猪可用于脑炎、猪瘟等研究,以及皮肤、药理试验用;美国Hanford小型猪皮肤白色,体毛稀少,可用于化妆品检定与研究。

猪舍要求冬季暖和,无穿堂风,夏天凉爽通风并有遮荫处。小型猪生长的适宜温度为18~25℃,相对湿度为40%~60%。性成熟月龄母猪为4~8月,公猪为 6~10 月，猪为全年性多发情动物，性周期 21d，妊娠期约为 4 个月，产仔数为 2~10 头，猪的平均寿命为 20 年。猪是一种十分爱清洁的动物，能在圈内固定地点大小便。猪具有翻拱天性，饲养时必须将每个圈内的料槽和水具固定好。小型猪是杂食动物，又是甜食动物，舌体味蕾能感觉甜味。

3.1.2 实验动物的选择

3.1.2.1 实验动物选择的考虑要点

实验动物的选择是开展动物试验研究首先要考虑的问题之一。不同种类的实验动物有不同的解剖、生理生化和生物学特点，根据不同试验的研究目的和不同要求，选择实验动物应考虑下列因素：

(1) 生物医学的相似性

相似性原则是指用动物与人类某些机能、代谢、结构及疾病特点的相似性来选择实验动物。一般来说，动物所处的进化阶段越高，其功能、结构、反应也越接近人类，如猩猩、猕猴、狒狒等非人灵长类动物是最类似于人类的。但非人灵长类动物属稀有动物，数量少，又需特殊饲养，这限制了它们的应用。哺乳动物之间，在组织结构上有许多相似点，可以使用在某些机能、代谢、结构及疾病特点方面与人类近似的其他哺乳类实验动物。

例如，猪的皮肤组织结构与人类的相似，其上皮再生、烧伤后的内分泌及代谢等类似人的上皮，故可选用小型猪做烧伤研究；犬的血液循环和神经系统较发达，毒理方面的反应和人类也比较接近，适于做试验外科学、药理毒理学、营养学等方面的研究；两栖类的蛙和蟾蜍，大脑很不发达，但适合做简单的脊髓反射弧试验。与人类一样，哺乳类动物心率、呼吸频率、体温三者也成正比关系，发热时心率和呼吸频率都增加，而两栖类、爬行类动物是变温动物，体温与外界温度有关。心脏形态方面，鱼类仅 1 个心房和 1 个心室，两栖类、爬行类有 2 个心房和 1 个心室，鸟类、哺乳类有 2 个心房和 2 个心室，在形态和机能上，与人的心脏最类似的动物是犬。脑的形态方面，越是低等动物嗅球所占比例越大，越是高等动物嗅球功能越弱。哺乳类的睡眠与觉醒是不断交替的，睡眠有深睡眠和动眼睡眠之分。哺乳类动物性成熟、妊娠期和寿命一般是成比例的，性成熟越晚，妊娠期越长，寿命越长。动物红细胞数目、红细胞压积和血红蛋白含量成正比。

肠道各部分长度与食性有密切关系。草食类动物日粮中粗纤维含量高，而肉食类动物日粮中粗纤维含量很低，草食类动物比肉食类动物肠道长得多，特别是盲肠。盲肠长度也与肠内菌群有关，同种动物中，无菌动物盲肠较大。动物体内的排出物有粪便、汗和尿液，哺乳类有各自排泄孔道，而鸟类粪便和尿液汇合于泄殖腔一同排出体外。尿液的排泄量和浓度与水的摄入量有关，饮水多时，尿多而淡，反之，则少而浓。尿液的酸碱度因动物食性不同而有差异，草食类动物尿液呈碱性、黏度高，而肉食类动物尿液呈酸性，且有特殊的臭味。

根据实验动物的组织、生理、病理特点可以用来研究与人体类似疾病局部或全部发病过程与特点。如突变系 SHR 大鼠，其自发性高血压的变化与人类相似，并伴有高血压性心血管病变；猫是寄生虫弓形虫的宿主，当然在弓形虫研究中是一个很好的材料；大鼠肝脏再生能力很强，切除60%～70%肝叶仍有再生能力，很适合肝外科试验研究，但是，许多实验动物都有胆囊，大鼠却无，因而也就不能用来做胆囊功能研究的试验。大鼠垂体—肾上腺系统功能发达，应激反应灵敏，而且卵巢易于摘除，适于做应激反应和内分泌试验研究。兔对体温变化十分灵敏，易产生发热反应，且反应典型、恒定，适于发热、解热和检查致热原的研究，相反，大、小鼠体温调节不稳定，就不宜选用。豚鼠易于致敏，适于做过敏性试验研究。由于其体内不能合成维生素C，必须从食物中摄取，还可做维生素C缺乏症的研究，豚鼠血清中补体含量多，效价高，常用于免疫学和生物制品的研究。大多数实验动物，猴、犬、大鼠、小鼠等是按一定性周期排卵，而兔和猫属典型的刺激性排卵动物，只有经过交配刺激，才能排卵，因此，兔和猫是避孕药研究的常用动物。

(2) 组织器官的特异性

特异性原则是指利用不同种系实验动物机体特殊构造或特殊解剖、生理特点来达到实验目的和要求。例如犬的甲状旁腺位于甲状腺表面，位置固定，故选用其做甲状旁腺摘除试验很合适，相反，兔的甲状旁腺则分布分散，除甲状腺周围外，还分布到主动脉弓附近。兔颈部的交感神经、迷走神经和主动脉减压神经分别存在，独立行走，而其他动物，如猪、犬、猫等的减压神经并不单独行走，而是行走于迷走、交感干或迷走神经中。如要观察减压神经对心脏作用时，需选用兔。猴等动物的气管腺数量较多，直至三级支气管中部仍有腺体存在，选用它做慢性支气管炎研究或研究去痰平喘药就很适宜，而小鼠、大鼠及豚鼠只有在喉部有气管腺，而支气管以下则无，在上述实验中就不宜选用。

不同药物或化合物，在不同种系动物上引起的反应也会有差异。如雌激素能终止大鼠和小鼠的早期妊娠，但不能终止人的妊娠；吗啡对家犬、兔、猴和人主要作用是中枢抑制，而在小鼠和猫则是中枢兴奋；家兔对阿托品极不敏感；苯胺及其衍生物对犬、猫、豚鼠和人产生相似的变性血红蛋白等病理变化，在兔则不易发生，在大、小鼠等啮齿类则完全不发生等。C3H、TA2等品系小鼠易致癌，而C57BL、TA1等不易致癌；AKR小鼠白血病自发率达65%，而C3H雌鼠乳腺癌自发率达90%以上。此外，不同品系动物，有的对同一刺激的反应差异很大，如DBA小鼠对声音刺激非常敏感，发生听源性痉挛，甚至死亡，而BALB/c、C57BL小鼠则不会出现。因此，试验时应充分了解动物特性，选择敏感性强、对试验结果干扰小的动物品系。

(3) 实验动物的标准等级

为了保证动物试验研究结果的准确性和重复性，使用标准化实验动物是极其重要的。标准化原则是指选用经遗传学、微生物学、环境及营养控制的实验动物，才能排除因遗传纯度低而造成的个体差异，排除微生物及潜在疾病对试验结果的影响。近交系动物由于遗传纯合度高，个体差异小，特征稳定，对试验反应一致性好。

用普通动物研究所获得的试验结果的一致性较差，故一般用于教学示范或操做练习。清洁动物是国内常用的标准实验动物，可用于一些试验研究。无特定病原体(SPF)动物是国际公认的标准实验动物，无疾病或病原的干扰，适用于科研试验、生物制品生产及检定。无菌动物体内无任何可检出的微生物，适用于微生物与宿主、微生物间的相互作用、免疫发生发展机制和放射医学等方面的研究。

还应考虑所选用的动物类别或级别要与实验条件、实验方法及试剂等相匹配。高精密度仪器、高纯度的试剂与高标准、高反应性能的动物相匹配，而精密度低的检测与高等级、高反应性能的动物相匹配会造成不必要的浪费。

(4) 实验动物的规格

规格化原则是指动物规格的选择要符合实验要求。不同动物对外界刺激的反应存在着个体差异，选择时，不但要注意动物的种类及品系外，还应考虑到动物的年龄、体重、性别、生理及健康状况等，这也是保证试验结果可靠性和可重复性的一个重要环节。

动物的解剖、生理特征和对试验因素的反应性随年龄的不同而有明显变化。一般而言，动物试验选用成年动物，幼龄动物较成年动物敏感，而老龄动物的代谢、各系统功能较为低下，反应不灵敏。选择动物时，要注意实验动物年龄选择，还可考虑动物年龄与人年龄的相应性，如 1 岁犬对应人的年龄约为 15 岁；2 岁犬约为 24 岁；5 岁犬约为 36 岁；8 岁犬约为 48 岁；10 岁犬约为 56 岁；12 岁犬约为 64 岁；14 岁犬约为 72 岁；16 岁犬约为 80 岁。实验动物年龄与体重一般呈正相关性，可按体重推算年龄。其他因素，如不同品种(系)、营养及饲养管理均影响动物体重，故选择时，既要考虑用体重符合要求的动物，又要注意其发育是否正常。动物的健康及发育状态会影响动物对各种外界刺激的反应性及耐受性。

动物不同性别对同一药物的敏感性差异很大，对外界刺激的反应也各不相同。例如氯仿对小鼠肾脏造成的损害，只在雄性动物中表现，雌性小鼠则不出现损害。试验若对动物性别无特殊要求，可选用雌雄各半。但雌性动物在性周期的不同阶段、妊娠及哺乳期，对试验的反应性有较大改变，所以要避免选用。

(5) 实验动物的购买和饲养管理

许多啮齿类实验动物，如小鼠、大鼠等，繁殖周期短，具多胎性，饲养容易，来源充足，遗传和微生物控制方便，而且这些动物来源充足，不同年龄、性别、体重的都容易得到。而猴、狒狒、猩猩等，繁殖周期长，饲养管理困难，价格昂贵，来源稀少。所以，尽量选用容易获得、价格便宜、饲养经济的动物。同时，还要考虑不同动物中心的动物质量、价格，动物的运输等因素。

3.1.2.2 常见动物试验中实验动物的选择

(1) 药理学研究中的选择

一般药理研究指主要药效作用以外广泛药理作用的研究。常选用的动物包括小鼠、大鼠、猫、犬等，为避免动物发情周期影响，宜用雄性动物。观察循环和呼吸系统时一般不宜用小鼠和兔，因家兔外周循环对外界环境刺激极敏感，血压变化大。家兔对高脂日粮诱发脂代谢紊乱极为敏感，动脉粥样硬化极易形成，但是，其动脉粥样硬化发病部位及病理改变情况与人的不一致。促智药、镇静催眠药研究一般使用健康成年的小鼠和大鼠，不选用幼鼠或老年鼠。对神经节传导阻滞影响的药物研究时，首选动物是猫，其颈神经前部和后部容易区分。研究药物对神经肌肉接点的影响时，常用动物是猫、兔、小鼠和蛙。对影响副交感神经效应器接点的药物进行研究时，首选大鼠。进行药物代谢动力学研究，选择动物时，必须选用成年健康的动物，常用的有大鼠、小鼠、兔、豚鼠、犬等。首选动物及其性别应尽量与药效学或毒理学研究所用动物一致。做药物动力学参数测定时，最好使用犬、猴等大动物，这样可在同一动物上多次采样，而使用小动物可能要采用多只动物的合并样本，应尽量避免。

（2）毒理学研究中的选择

进行药物的毒性试验研究，目的在于暴露药物的潜在毒性，了解毒性的特点及程度，以便在临床上应用时采取有效措施，慎用或禁用。一般认为，动物的进化程度越高，对药物毒性的敏感性越高。如兔和猫的中毒致死量比小鼠低数倍，犬和猴的中毒剂量又比兔和猫的低，人类则更为敏感。因此，毒理学研究中，在实验动物种类方面，要求至少使用两种动物进行试验，而且它们的种属差异越大越好。一般应包括一种啮齿类动物和一种大动物，如选用大鼠和犬，犬在毒理方面的反应和人类方面接近，在选用啮齿类动物时，多使用近交系动物。

不同种属动物对药物的毒性反应有一些区别。例如，苯可引起犬白细胞增多及脾脏和淋巴结增生，但对兔只能引起白细胞减少及造血器官发育不全；苯胺及其衍生物对犬、猫和豚鼠能引起与人类相似的病理变化，产生变性血红蛋白，但对兔却不易产生，对鼠类则完全不产生；降胆固醇药氯苯氧异丁酸乙酯对犬的毒性较大，而对大鼠、猴和人的毒性小；豚鼠对青霉素的敏感性很高，比小鼠高1 000倍；豚鼠和兔的皮肤对化学刺激反应近似于人，宜选做毒物对皮肤局部作用试验。

不同年龄动物对药物的毒性反应也不同。慢性毒理学研究要求选用未成年的较为合适，因为在动物迅速生长时期进行药物的毒性试验，可以发现药物对生长及各器官，包括性器官成熟的影响。慢性试验周期长，选择的小鼠年龄最好在2~3周、体重为8~9g；大鼠为3周，体重约50~60g。毒理学研究要求选择雌雄各半为宜，因为雌雄动物间对药物中毒性物质的反应存在差异。在实验动物数量方面，毒理学研究要求不宜太少。如亚急性试验的动物数，一般每个剂量组至少选用大鼠20只，雌雄各半。慢性毒性试验时，所选用数量可更多些。动物对致敏物质反应的灵敏程度依次为豚鼠、兔、犬、大鼠、小鼠、猫。豚鼠易于致敏，适于做过敏性试验研究。放射学试验研究常选大鼠、小鼠、沙鼠、犬、猪、猴等实验动物进行研究。不同动物对射线敏感程度差异较大，兔对放射线十分敏感，照射后常发生休克样反应并导致死亡，故不能选用兔进行放射医学研究，辐射损伤常用小鼠品系有C57BL、C3H等。

3.2 动物试验基本知识

动物试验前要进行一系列的准备工作，包括文献准备、动物管理准备、试验准备、预备试验。文献准备包括了解动物试验的基础理论知识、选题立项和设定假设、研究计划和方案的制订、实验方法的选择、技术参考文献查阅等。动物管理准备和试验准备包括实验动物的购入、实验场所和设施的配套、检测仪器设备的备置与校准、试剂药品的配制、器械的准备等。预备试验是在正式试验前的小规模试验，是为了确定试验条件和熟悉技术条件。

试验研究计划和方案的制订，是指对动物试验研究中的动物数量、分组、试验条件、实验方法的规划和安排。实验方法可分为整体水平、器官水平、细胞水平、亚细胞水平、分子水平等。无论选择何种实验方法，均应保证以下几点：①可行性，即切实可行；②必要性，能够与其他实验方法相互配合，从不同的角度说明问题，故也称先进性和协同性；③合理性，即保证动物数量、分组符合实验动物设计和统计学方法的要求。

3.2.1 动物试验的条件准备

动物试验前的条件准备的内容主要指准备好实验仪器、药品、试剂和实验动物等。条件准备的要求是尽可能使实验手段和实验方法标准化。在实验动物购入时，应注意以下几个方面问题：①动物笼盒数量、饲养室卫生及消毒情况等；②应向供应部门索取所用动物的动物品系、年龄、体重、遗传背景和微生物质量资料(动物质量合格证)；③相应数量的饲料和垫料；④需长途运输时，还应考虑到运输环境的温度、湿度、饮食等对动物的影响，尤其注意途中污染和窒息死亡等问题；⑤若是购入或领取清洁级以上实验动物，应采用带有空气过滤膜的无菌运输罐或带过滤帽的笼盒运输。

3.2.2 预备试验与试验设计

预备试验也称预试验、初试试验，是在动物试验前对正式试验进行初步试验。其目的在于检查各项准备工作是否完善，实验方法和步骤是否切实可行，测试指标是否稳定可靠，初步了解试验结果与预期结果的距离，从而为正式试验提供补充、修正的意见和经验。预备试验可使用少量动物进行。预备试验的结果原则上只能作为正式试验的参考。预试验着重应解决以下问题：①检查试验的观察指标是否客观、灵敏和可靠；②改进实验方法和熟悉实验技术；③探索受试物剂量大小和反应关系，确定最适受试物剂量。

试验的样本数反映在动物试验上就是同一处理条件使用的动物数。确定样本数的基本要求是在符合统计学原理的前提下，能够获得肯定的试验结论。其次是使用最少例数，即最大效果和最小成本。为观察某种受试物对动物的作用，剂量的准备与否是个很重要的问题，确定动物给药剂量时，要考虑因给药途径不同，所给剂量也不同。剂量太小，作用不明显；剂量太大，有可能导致动物中毒死亡，有条件时最好同时用几个剂量做试验，以便迅速获得关于受试物作用的较完整的资料。

确定动物试验的样本数主要根据两种方法，一是根据经验估计法，即在已有资料和经验的基础上，确定试验所需要的例数，在应用估计法确定试验的样本数时，需要留有一定的余地，以保证试验的成功；二是计算法，是根据统计学原理和计算方法确定的样本数，应具有一定的试验基础，或是已有的参考结果或预试验的结果，并考虑该试验所要求的精确度，及显著差异的要求。由于实验动物的种系和个体差异、实验环境差异、仪器的稳定性、药品的纯度、样本的大小等因素都可能产生试验误差，影响试验结果和样本的代表性。为此，动物试验设计要考虑如下因素：

①对照可比性 对照性原则是要求在试验中设立可与试验组比较，用以消除各种无关因素影响的对照组。要保证试验组与对照组之间除被研究的实验处理因素有所不同之外，试验对象、试验条件、试验环境、试验时间、药品、仪器、设备、操作人员等，均应力求一致，即在"同时同地同条件"下进行。可以采用同体对照，即同一动物在实施试验因素前后所获得的不同结果和数据各成一组，作为前后对照，或同一动物在实施试验因素的一侧与不施加试验因素的另一侧做左右的对照；也可采用异体对照，即两组的动物数应相等或相近，一组施加试验因素，一组不施加试验因素。不做任何试验处理或给生理盐水进行比较的对照组称"空白对照"或"阴性对照"；施行正常值、标准值处理进行比较的对照组称"标准对照"或"阳性对照"。

②重复性 重复性原则是指同一处理要设置多个样本例数，以保证试验结果能在同一个体或不同个体中稳定地重复出来。样本数过少，试验处理效应将不能充分显示；样本数过多，又会增加实际工作中的困难。重复的主要作用是降低试验误差对真实结果的干扰。最少的样本例数可按一般估测方法确定，也可通过统计学方法进行测算确定。一般估测的样本数，小动物（小鼠、大鼠）为每组10～30例；计量资料每组不少于10例，计数资料每组不少于30例，具体要根据试验的目的确定。

③随机性 随机性就是按照机遇均等的原则来进行分组。随机性分组是为了避免主观因素及尽量减少其他试验误差的影响。随机化的手段可用编号卡片抽签法，随机数字表或采用计算器的随机数字键。

3.2.3 实验动物的购入和动物试验室的准备

应用动物进行试验还要选择健康无病，遗传背景清楚的动物品种、品系。动物的品质和质量直接影响试验的结果。实验动物可从本单位或外单位实验动物中心处购得。

购入或领取动物时，应向供应部门索取所用动物相应等级的由国家主管部门所颁发的质量合格证书，并获得动物的遗传背景资料、动物微生物检查资料及动物年龄和健康等方面的资料。对于清洁级以上实验动物，应采用带有空气过滤膜的无菌运输罐或带过滤帽的笼盒运输，并严格检查其密封状况。通过检查动物的外观可以了解动物的健康，如：皮毛有无光泽、眼是否带有眼屎及流泪、四肢形态和活动是否正常、肛门有无下痢及血便等。在实验动物购入时，还应做好实验动物饲养的准备工作，如动物笼盒数量、饲养室卫生及消毒情况、足够数量的饲料和垫料等。

动物实验室对环境设施有一定的要求。根据对饲养动物的微生物控制程度和空气净化程度，可分为普通条件(conventional condition)、屏障条件(barrier condition)、隔离条件(isolation condition)3个类型：

①普通条件　设施不需要进行严格的环境控制和微生物控制，适合于饲养教学等用途的普通级动物。普通环境的基本要求是要有通风设施，饲料及垫料要合格，饮水要符合城市饮用水卫生标准。

②屏障条件　设施要求进入设施内的空气要经过滤器过滤，饲料、垫料要消毒，进入设施内的人和实验动物及其他物品都要进行严格的微生物控制。屏障环境适宜SPF动物的试验观察和饲养。

③隔离条件　设施采用无菌隔离装置以保持无菌和隔离外来污染源，主要用于无菌动物、悉生动物及SPF动物的试验观察和饲养，隔离装置内的空气、饲料、水、垫料和设备均应无菌。

饲养实验室内应有的一些基本设备包括动物笼器具、操作检查设备和洗擦消毒用具等。动物笼器具种类繁多，包括饲养笼（盒）、代谢笼、笼具架、移动式踏梯等，不同动物的笼器具的规格也不同，有不锈钢网式，也有塑料盒式。操作检查设备与用具包括电子天平、工作台、处置车、洗手台、动物捕捉手套等。洗擦消毒用具包括洗刷桶、消毒液、拖把、污物铲、灭菌设备等。饲养动物的器具等应在动物购入前准备好。准备的数量规格应根据动物的品种、每笼收养动物数和分组情况而定，垫料、饲料应按购入动物数量准备。各笼箱的编号及卡片、饲喂动物所用器材（如饲喂罐、饮水瓶、粪便托盘、搬运车、台秤等）也应准备放好。动物饲养室在启用前，应对设施、笼具及用具等统一进行彻底消毒。对于屏障饲养要求的则应调整好送排风系统、空气净化系统，控制好温度、湿度、风速、噪声等环境因素。

动物试验的一般环境和饲养的要求是：光照每天12h，温度18~29℃，湿度40%~70%，氨浓度≤15mg/m³，噪声≤60dB。大、小鼠的饲料必须符合营养标准：水分≤10%，粗蛋白≥18%，粗纤维≤5%，粗灰分≤8%，钙0.8%~1.8%，磷0.6%~1.2%，不合格及变质饲料不能饲用，要确保饲料在保质期内。

饲养室面积应根据所购入动物的数量来确定。实验室过小或通风不够，室内氨浓度超过15mg/m³以上时，长期试验的动物感染率及发病率会增加，最常见的是中耳炎，引起歪头，朝一侧旋转。动物试验室室温度波动大也易引起动物的采食量下降和发病率增加。笼具应便于清洗消毒，要定时冲洗，经常保持清洁卫生。试验结束后，要彻底打扫并消毒房间、笼具、饮水瓶等。使用的垫料必须灭菌，防止病原微生物带入，垫料需每日更换。对消毒笼具、饮水瓶及室内，若使用洗涤剂、消毒剂、除虫剂等要注意其对试验结果的影响。

动物试验期间，还应做好观察记录，注意观察每只动物出现的各种异常反应迹象，包括活动抑制、嗜眠、旋转等异常行为以及粪便、尿液或其他排出物的性质、量及颜色改变等，动物机体局部和整体的表观改变等，都应仔细观察和记录。要定期称重，小鼠在24h内体重减轻超过1g，大鼠超过5g是毒性反应典型表现之一。要记录好饮水量、食物耗量、死亡数及一般健康情况。

3.2.4 动物试验的基本技术

3.2.4.1 实验动物的抓取和固定

动物试验都要涉及到实验动物的抓取和固定，这是动物试验操作中一项最基本的操作。不同种类动物的抓取与固定方法不尽相同，同种动物不同实验者的操作上也存在着差异。无论采用何种抓取固定方法，都必须注意以下几点：①保证人员安全；②防止动物意外损伤；③禁止粗暴对待动物。在抓取固定动物过程中要避免使动物惊吓，要争取在动物感到不安之前抓取到动物，必要时实验人员可戴上手套等防护用具。

(1) 小鼠的抓取与固定

用手将小鼠尾中部或基部抓住（不可抓尾尖），也可用尖端带有橡皮的镊子夹住小鼠的尾巴提起小鼠。将小鼠放在笼盖（或表面粗糙的物体）上，轻轻向后拉鼠尾。然后在小鼠向前挣脱时，用另一只手（熟练者也可用同一只手）拇指和食指抓住两耳和颈部皮肤，无名指、小指和手掌心夹住背部皮肤和尾部，并调整好动物在手中的姿势。这类抓取方法多用于灌胃以及肌肉、腹腔和皮下注射等试验。

麻醉后的小鼠可置于固定板上（可用泡沫板或方木板自制），取仰卧位，用胶布缠粘四肢，再用针透过胶布扎在板上，从而将小鼠固定在小鼠固定板上。此方法常用做心脏采血、解剖、外科手术等试验。

进行尾静脉注射或抽血时，可用小鼠固定架，让小鼠直接钻入固定架里，封好固定架的封口，露出尾巴。也可采用一种简易的办法，即倒放一个烧杯或其他容器，把小鼠扣在里面，只露出尾巴，然后酒精擦拭，暴露血管，注射或采样。这种烧杯或容器的大小和质量要适当，既能够压住尾部不让其活动，同时起到压迫血管的作用。

(2) 大鼠的抓取与固定

张开左手虎口，迅速将拇、食指插入大鼠的腋下，虎口向前，其余3指及掌心握住大鼠身体中段，并将其保持仰卧位，然后调整左手拇指位置，紧抵在下颌骨上（但不可过紧，否则会造成窒息），即可进行试验操作；或者，用左手将动物按住抓起，将食指放在颈背部，拇指及其余3指放在肋部，食指和中指挟住左前肢，分开两前肢举起来，右手按住后肢。初学者最好戴防护手套（帆布或硬皮质均可)。抓取大鼠时,还应特别注意不能捉提其尾尖,因为尾尖皮肤易于拉脱,也不能让大鼠悬在空中时间过长,否则会激怒大鼠翻转咬人。和小鼠基本一样,大鼠可用木制或泡沫固定板和线绳固定。

(3) 家兔的抓取与固定

轻轻打开兔笼门,不要使兔受惊,然后用右手伸入笼内,从兔头前部把两耳轻轻压于手掌内,兔便卧伏不动,此时将颈背部被毛和皮肤一起抓住提起,并用左手托住兔腹部,使其体重主要落在这只手上。兔一般不咬人,但其爪锐利,因此,必须防备其四肢的活动。特别注意不能只提兔双耳或双后腿,也不能仅抓腰或提背部皮毛,以避免造成耳、肾、腰椎的损伤或皮下出血。

由助手用一只手抓住兔颈背部皮肤,另一只手抓住兔的两后肢,牢牢地固定在实验台上,此法适用于腹腔、肌肉等注射;或者,由助手坐在椅子上用一只手抓住兔颈背皮肤,同时捏住两个耳朵,不让其头部活动,大腿夹住兔的下半身,用另一只手抓住两前肢将兔固定,此法适合经口给药;还可采用盒式固定,这种固定方法常用做采血、注射、观察兔耳血管变化、兔脑内接种等试验操作。对于麻醉后的家兔,其四肢用粗棉绳活结绑住,拉直四肢,将绳绑在兔固定台四周的固定木块上,头以固定夹固定或用一根粗棉绳牵引兔门齿系在固定台铁柱上。这种固定方式常用做兔静脉采血、注射、测量血压、呼吸等和手术操作。

(4) 实验动物的编号和分组

①实验动物编号 动物试验分组时,需要进行实验动物编号与标记。标记的方法很多,不论采用何种标记方法,都要做到标记号码清楚、持久、简便、易认。常用的实验动物编号方法有:

a. 染色法 染色法是用化学剂在动物身体明显部位(如被毛、四肢等)处进行涂染,或用不同颜色等来区别各组动物。常用的标记液有苦味酸溶液(3%~5%,黄色),中性红或碱性品红溶液(0.5%,红色),硝酸银溶液(2%,咖啡色,涂后需光照10min),煤焦油酒精溶液(黑色)。染色涂写时,实验者最好戴上线手套,以免染色液沾到手上,使皮肤着色很难洗去。用标记笔蘸取上述溶液,在动物体表不同部位涂上斑点,以示不同号码。编号的原则是:先左后右,从前到后。一般把涂在左前肢上的记为1号,左侧腹部为2号,左后肢为3号,头顶部为4号,腰背部为5号,尾基部为6号,右前肢为7号,右侧腹部为8号,右后肢为9号。若动物编号超过10或更大数字时,可使用上述两种不同色的溶液,即把一种颜色作为个位数,另一种颜色作为十位数,交互使用来编号。例如,把红色的记为十位数,黄色记为个位,那么右后肢黄斑,头顶红斑,则表示是49号鼠,以此类推。染色法多用于试验周期较短,动物数量不多的情况。由于动物之间互相摩擦、舔毛、尿、水浸渍被毛或脱毛会导致颜色消褪,或因日久颜色自行消褪等原因,不宜用于长期的试验。

b. 打耳孔法 打耳孔法是专用于动物编号的耳孔机直接在动物耳朵上打孔或打成口编号的方法,用剪刀将耳缘剪缺口也可代替此方法。由打孔的位置和孔的数量来标示,一般习惯在耳缘内侧打小孔,按前、中、后分别表示为1、2、3

号,在耳缘部打成缺口,则分别表示4、5、6号,打成双缺口状则表示7、8、9号,右耳表示个位数,左耳表示十位数,再加上右耳中部打一孔表示100,左耳中部打一孔表示200,按此法可编至400号。打孔法应注意防止孔口愈合,可使用滑石粉涂抹在打孔口。

c. 挂牌法　这是一种替代方法。不在动物身上做标记,而在笼上挂牌作为编号。使用该方法应特别注意避免混乱。

d. 剪尾法　剪掉尾尖。此法不能给每只动物编号,仅限于两组动物之间的区分,主要用于大、小鼠的分组。

②实验动物分组　动物随机分组的方法很多,一般是使用随机数字表或计算器,也可用抽签、拈阄等方法。随机数字表上所有数字是按随机抽样原理编制的,表中任何一个数字出现在任何一个地方都是完全随机的,计算器内随机数字键所显示的随机数也是根据同样原理输入的,随机数字表使用简单。假设从某群体中要抽10个个体作为样本,那么可以在随机数字表上任定一点,然后可以向上(向下,向左,向右均可)依次找够10个数字。

动物随机分组的主要目的在于使某试验中的某主要指标平均分配到各个组中。实验动物分组时应注意各组动物的数量不可太少,各组动物至少6只,这样在对试验数据进行统计学处理时,才能确保试验结果具有统计学意义。若再考虑到试验过程中出现意外等情况,动物数量还需适当增加。实验动物分组时还应考虑到动物性别的影响,如果条件允许,可选择雌雄各半进行试验,但应保证雌雄动物的试验数据均应具有统计学意义,考虑到雌性动物的生理因素,一般选择雄性动物进行试验,但必须使用雌性动物进行的试验除外。

(5) 实验动物的染毒途径和剂量

在动物试验过程中,应根据不同的试验目的、动物种类、药物类型来决定动物的给药途径与方法。动物的给药方法主要分为注射法和摄入法两种,不同方法按给药途径又分为很多具体类型。注射法分为:皮下注射、肌内注射、腹腔注射、静脉注射、胸腔内注射、腰椎内注射、关节腔注射和心内注射。摄入法可分为:口腔内摄入、鼻腔内摄入、胃腔内摄入、肠管内摄入和气管内摄入。以下将各种动物的主要给药途径和方法作一一介绍。

①注射给药

a. 皮下注射　皮下注射是指将药液注射到皮下的疏松组织部位。注射部位常规消毒后,左手提起皮肤,右手持针,针头水平刺入皮下即可注射,使注射部位隆起,注意勿将药液注入皮内。一般皮下注射采用5号针头,不宜采用较大的针头,以免注入皮下的液体由针口溢出。

b. 皮内注射　皮内注射时需将注射部位局部脱毛、消毒,然后用左手拇指和食指按住皮肤并使之绷紧,在两指之间,用细针头紧贴皮肤表层刺入皮内,然后再向上挑起并再稍刺入;或先将针头刺入皮下,然后使针头向上挑起直至看到透过真皮为止,如在皮内,肉眼可见到针头的方向,然后即可缓慢注射,皮肤表面应马上出现白色橘皮样隆起,以此证明药液在皮内。

c. 肌内注射　肌内注射应选择肌肉发达、无大血管通过的部位，一般多选臀部或大腿内侧或外侧。注射时将针头迅速刺入肌肉，如无回血，即可进行注射。小鼠、大鼠等小动物肌内注射，常选用 5 号针头。

d. 腹腔注射　用大、小鼠做试验时，以左手抓住动物，使腹部向上，右手将注射针头于左（或右）下腹部刺入皮下，使针头向前推进 0.5~1.0 cm，再以 45°角穿过腹肌，固定针头，缓缓注入药液。腹腔进针速度不可过猛、过快，以免脏器无法避开针头。为避免伤及内脏，还可使动物处于头低位，使内脏移向上腹。

e. 静脉注射　大鼠和小鼠的尾部明显可见 4 条血管，上下两条为动脉，左右两侧为静脉。小鼠尾静脉较易注射，大鼠尾部因表皮角质较厚且硬，宜先用温水或乙醇使角质软化后再擦干进行静脉注射。注射时，先将其固定在鼠筒内或扣在烧杯中，使尾巴露出，消毒，在末端 1/3 或 1/4 处用左手指捏住尾巴，右手持注射器，针头与静脉尽量平行（角度小于 30°），缓慢进针，以左手拇指、食指将针头与鼠尾一起固定，试注入少许药液，如果注射部位皮肤不发白，并感觉进药阻力不大时，表示针头刺入静脉，若刺入部位不对，会导致药液外渗引起水肿，或血管被刺伤后引起痉挛等常使再次静注更难。注射完毕后把尾部向注射侧弯曲以止血，或拔出针头后随即以左手拇指按注射部位止血。一般注射量为 0.05~0.25mL/10g。

静脉注射时一定要注意局部的环境温度，一般局部环境温度在 30℃ 左右或以上时，较易进行静脉注射，环境温度低将增加尾静脉注射时的困难。尾部用 45~50℃ 的温水浸润 0.5min，有助血管扩张；也可用乙醇擦拭，使鼠尾部血管充血扩张。在尾末端 1/4~1/3 处皮薄易刺入，假如第一次穿刺失败可逐渐向鼠尾根部上移进行再次穿刺，静脉注射针头多为四号半。

家兔其耳缘血管为静脉，耳中间一条血管是动脉。注射部位去毛、热敷和消毒，待血管扩张后，以左手拇指与食指压住静脉耳根端使静脉充盈，将四号半针头平行刺入静脉，抽动针管，见有回血即可推注。注射完毕后，拔出针头，用手或药棉压迫针眼片刻。耳内缘静脉较深、不易固定，故一般不用或少用；外缘静脉较浅、易固定，故常用。

豚鼠耳缘静脉注射时，用酒精棉球涂擦注射部位，并用手指轻弹或搓揉鼠耳，使静脉充血，然后用左手食指和中指夹住静脉近心端，拇指和小指夹住耳边缘部分，以左手无名指、小指垫在耳下，待静脉充分暴露后，右手持注射器尽量从静脉末端顺血管平行方向刺入，保证针头斜面全部进入血管即可，刺入静脉后见有血后，放松对耳根处血管的压迫，固定针头缓缓注入药物。注射后用棉球压迫针眼数分钟，以防流血。每只一次注射量不超过 2mL，静脉注射多用四号半针头。

f. 眼角膜注射　由助手抓住豚鼠，在其左眼角滴入麻醉剂（一般使用 2% 盐酸可卡因）。5min 后，助手将已麻醉的豚鼠平卧桌面，左眼向上，头部面对操作者，固定好动物。操作者手持注射器，针头由眼角巩膜连接处的眼球顶部斜刺入,用力刺入约 3mm 深后,暂停(由于眼球的转动,角膜可能转到下眼睑内),待眼球恢复原状后,再用力刺入,达到试验要求的深度后缓缓推注药液,一次注入量为 5mL。若针头刺入正确,注入的药液应在角膜上形成直径 2~3mm 的浑浊。拔出针头后不需做任何处理。

②经口给药

a. 灌胃给药　在小鼠和大鼠动物试验中,经口给药多用灌胃法。此法操作也简便,可反复给药,溶液或混悬液均可灌服。一般使用 1~5mL 注射器和金属圆钝针头灌胃,针头可用 18~24 号腰穿针或用输血针磨去针尖,末端焊锡,用砂纸打磨成光滑椭圆形,也可用专用的鼠类灌胃器银头或用特制的塑料毛细管作为导管。灌胃时将灌胃针头安在注射器上,吸入药液,左手抓住鼠背部及颈部皮肤,将动物固定,注意颈部皮肤不宜向后拉得太紧,以免勒住气管,将鼠的背部皮肤和尾巴固定在操作者手腕大鱼际上,使小鼠头部和躯干伸直,并呈垂直体位。右手持注射器将针头由口腔而插入,避开牙齿(或由嘴角将针头插入),沿咽后壁徐徐插入食道下段,遇有阻力时,可轻轻上下滑动,不可强行插入,待小鼠吞咽时贲门肌肉松弛,一旦感觉阻力突然消失有落空感觉,即表明针头已进入胃内;如动物出现强烈挣扎,进针阻力很大或呼吸困难,可能是插入气管内,此时不可硬往里插,需立即退出针头重插。

动物灌胃前一般应禁食 4~8h,以免胃内容物太多增加注入物质的阻力和影响注入物的吸收速率。灌胃针头插入长度,小鼠为 2.5~3.5cm,大鼠为 3.5~5.5cm。常用的灌胃量,小鼠为 0.2~1mL,大鼠为 1~5mL。

b. 随饮食给药　把药物溶于饮水中或在配制饲料过程中加入,让动物在自由饮食中摄取。因动物状态和个体差异不同,其饮水和饲料的摄取量会不同,因此不能保证给药量的一致和准确。该方法一般适用于疾病的防治、药物的毒性观察、与食物有关的功能等方面。

③经皮给药　为了鉴定药物或毒物经皮肤的吸收作用、局部作用、致敏作用、光敏作用等,均需采用经皮肤给药方法,如用豚鼠进行化妆品的刺激、致敏作用试验等。经皮给药具有避免肝脏首过效应和药物在胃肠道的降解,恒速释药,降低药物胃肠不良反应等特点,但药物经皮吸收率低是这种方法的主要缺点。

大鼠、小鼠常采用浸尾法经皮肤给药。主要目的是定性地判断药物的经皮肤吸收作用,给药前先将动物放入特定的固定器内,尾巴露在外面,然后将尾巴通过小试管软木塞小孔,插入装有药液或受检液体的容器内,浸尾时间根据药物的作用而定,一般为 2~6h,并观察其中毒症状。试验时要特别注意避免因吸入受检液所形成的有毒蒸汽而中毒。为此,可将受检液表面加上一层液体石蜡。为了完全排除吸入的可能性,可在通风橱的壁上钻一个相当于尾根部大小的小孔,将受检液置于通风橱内,动物尾巴通过小孔进行浸尾试验,而身体部分仍留在通风橱以外。注意固定器与药物容器都要做好固定。

兔、豚鼠的给药部位一般在脊柱两侧的背部皮肤,大鼠有时选用腹部皮肤。

常用涂药面积：家兔约 10cm×15cm，大鼠和豚鼠约 4cm×5cm，小鼠约 2cm×2.5cm；去毛面积占体表面积的 10%~15%。用脱毛剂去除局部毛发，脱毛过程中应特别注意不要损伤皮肤。脱毛后待 24h（或过夜）后使用。涂药前，仔细检查处理过的皮肤是否有腐蚀性损伤、炎症、过敏等现象，如有，应暂缓使用。如皮肤准备合乎要求，便可将动物固定好，在脱毛区覆盖一面积相仿的钟形玻璃罩，罩底用凡士林、胶布固定封严，用移液管沿罩柄加入一定剂量（mg/kg 或 mg/cm²）的药物，塞紧罩柄上口，待受检液与皮肤充分接触并完全吸收后解开（一般 2~6h），然后将皮肤表面仔细洗净，观察时间视试验需要而定。若受试物是膏剂或液体，可直接试验；若受试物是固体粉末，则需用适量水或适宜赋形剂（如羊毛脂、凡士林、橄榄油等）混匀，以保证受试物与皮肤良好接触。将受试物均匀涂于脱毛区，并用无刺激性纱布、胶布或网孔尼龙绷带加以固定。药物与皮肤接触的时间根据药物性质和试验要求而定，最后用温水或无刺激溶剂除去残留的受试物。

(6) 实验动物生物材料的采集

在动物试验中需对不同组织器官，如血液、肠、肝、肾等进行病理或生化检查，故必须掌握实验动物生物样品的采集的操作技术。

①血液的采集　实验动物的采血方法很多，按采血部位不同，可分为：尾部采血、耳部采血、眼部采血、心脏采血、大血管采血等。采血时，要注意以下几点：采血场所有充足的光线；室温夏季最好保持在 25~28℃，冬季 20~25℃ 为宜；采血用具和采血部位一般需进行消毒；若需抗凝血，应在注射器或试管内预先加入抗凝剂；所需采血量应控制在动物的最大安全采血量范围内，一次采血过多或连续多次采血都可能影响动物健康，甚至导致贫血或死亡，实验动物的最大安全采血量与最小致死采血量在小鼠为 0.1 和 0.3mL；大鼠为 1 和 2mL。

大鼠、小鼠的血液采集方法可包括：

a. 眶静脉丛（窦）采血　当需要多次重复采血时，常使用本法。小鼠为眶静脉窦，大鼠为眶静脉丛。首先，用乙醚将动物浅麻醉，采用侧眼向上固定体位。然后，左手拇指、食指从背部较紧地握住小鼠或大鼠的颈部（应防止动物窒息）。取血时，左手拇指及食指轻轻压迫动物的颈部两侧，使头部静脉血液回流困难，眼球充分外突，眶静脉丛（窦）充血。右手持带 7 号针头的 1mL 注射器或硬质毛细玻璃管与鼠成 45°角，在泪腺区域内用采血管由眼内角在眼睑和眼球之间向喉头方向刺入。若为针头，其斜面先向眼球，刺入后再转变 180°角使斜面对着眼眶后界。刺入深度：小鼠约 2~3mm，大鼠约 4~5mm。当达到蝶骨感到有阻力时，再稍后退 0.1~0.5mm，边退边抽。然后将采血管保持水平位，稍加旋转并后退吸引。由于血压的关系，血液即自动流入玻璃管中。得到所需的血量后，即除去加于颈部的压力，同时拔出采血管。为防止术后穿刺孔出血，用消毒纱布压迫眼球 30s。一般来说，体重 20~30g 小鼠每次可采 0.2~0.3mL 血，体重 200~300g 大鼠每次可采 0.4~0.6mL。左右眼交替，可反复采血。间隔 3~7d 采血部位大致可以修复。

b. 眶动脉和眶静脉取血　摘眼球法所采血液为眶动脉和眶静脉的混合血，多用小鼠。操作时，首先用左手抓住小鼠颈部皮肤，并将动物轻压在实验台上，取稍侧卧位，左手拇指、食指尽量将动物眼周围皮肤往眼后压，使动物眼球突出充血后，用弯头眼科镊迅速夹去眼球，并将鼠倒置，头向下，让血液流入盛器，直至流完。该法可避免断头取血时因组织液混入所导致的溶血现象，而且取血过程中动物未死，心脏还在跳动，因此取血量多于断头法。

c. 尾静脉采血　需少量血时，常采用尾静脉采血，该方法主要用于大、小鼠。把动物固定或麻醉后，露出尾巴，将尾巴置于45～50℃热水中，浸泡数分钟，也可用酒精或二甲苯反复擦拭，使尾部血管扩张，擦干，剪去尾尖（小鼠约1～2mm，大鼠5～10mm），血自尾尖流出，让血液滴入盛器或直接用吸管吸取。也可采用切开尾静脉的方法采血，两根尾静脉可交替切割，并自尾尖向尾根方向切开，每次可取血0.2～0.3mL，这种方法在大鼠进行较好，可以在较长的间隔时间内连续采血。也可直接针刺尾静脉采血，在尾尖部向上数厘米处用拇指和食指抓住，对准尾静脉用注射针刺入后立即拔出让血流出取血。

d. 心脏采血　小动物因心脏搏动快，心腔小，位置较难确定，故较少采用心脏采血。操作时，将动物仰卧固定在板上，在胸骨左缘外第3～4肋间隙，选择心跳最明显处穿刺。当针头正确刺入心脏时，由于心搏的力量，血会自然进入注射器。采血中回血不好或动物躁动时应拔出注射器，重新确认后再次穿刺采血。经6～7d后，可以重复进行心脏采血。也可麻醉后剖开胸腔，将注射器针头刺入右心室后抽血。

e. 大血管采血　大、小鼠可从颈动（静）脉、股动（静）脉或腋下动（静）脉等大血管采血。在这些部位顺血管平行方向刺入，抽取所需血量，或先将大血管分离出来再针刺取血，注意避免直接用剪刀剪断大血管，防止血液喷溅。小鼠、大鼠还可以从腹主动脉采血。操作时，先对动物进行深麻醉，然后将动物仰卧位固定在板上，打开腹腔，将肠管向左或向右推向一侧，然后用手指轻轻分开脊柱前的脂肪，暴露出腹主动脉，平行刺入抽血。

兔、豚鼠的血液采集方法可包括：

a. 兔耳中央动脉采血　家兔耳中央有一条较粗、颜色较鲜红的动脉。采血时，用手固定兔耳，沿着动脉平行的方向刺入动脉，刺入方向应朝向近心端，不要在近耳根部进针，因耳根部组织较厚，位置较深，易刺透血管造成皮下出血。一般用6号针头采血，一次可抽取10～15mL，取血完毕后注意止血。兔耳中央动脉发生痉挛性收缩会影响抽血，若注射针刺入后尚未抽血，血管已发生痉挛性收缩，应将针头放在血管内固定不动，待痉挛消失血管舒张后再抽，若在血管痉挛时强行抽吸，会导致管壁变形，针头易刺破管壁，形成血肿。

b. 耳缘静脉采血　将兔固定，选静脉较粗、清晰的耳朵，剪去采血部位的被毛，消毒。为使血管扩张，可用手指轻弹或用二甲苯涂擦血管局部，沿耳缘静脉远心端刺入血管，一般用6号针头，也可以用刀片在血管上切一小口，让血液自然流出即可。取血后，用棉球压迫止血，此法可反复采用，一次可采血

5~10mL。

c. 心脏采血 将家兔或豚鼠仰卧固定，在左侧胸部心脏部位去毛，消毒。用左手触摸左侧第3~4肋间，选择心跳最明显处穿刺，一般由胸骨左缘外3mm处将注射针头插入第3~4肋间隙，当针头正确刺入心脏时，由于心搏的力量，血会自然进入注射器。采血中回血不好或动物躁动时应拔出注射器，重新确认后再次穿刺采血。经6~7d后，可以重复进行心脏采血。

d. 颈动(静)脉采血 颈动脉采血量较大，用戊巴比妥钠将家兔或豚鼠麻醉，仰卧位固定，以颈正中线为中心广泛剃毛，消毒，从距头颈交界处5~6cm的部位用直剪剪开皮肤，将颈部肌肉用无钩镊子推向两侧，暴露气管，即可看到平行于气管的白色迷走神经和桃色的颈动脉，颈静脉位于外侧，呈深褐色。分离一段颈动脉或颈静脉，结扎远(近)心端，并在近(远)心端放一缝线，在缝线处用动脉阻断钳夹紧动(静)脉，在结扎线和近(远)心端缝之间用眼科剪刀作"V"形剪口，并将尖端呈斜形的塑料导管经切口处向心脏方向插入1~2cm。结扎近(远)心端缝线，将血管与塑料管固定好，将塑料管的另一端放入采血的容器中。缓慢松开动脉夹，血液便会流出。

②脏器摘出 将已麻醉或已处死的实验动物置于仰卧位。沿腹壁正中线切开剑状软骨至肛门之间的腹壁，再沿左右最后一节肋骨把腹侧壁至脊柱部切开。这样腹腔脏器全部暴露，可以检查腹膜是否光滑、腹腔液的量和性状、腹腔内器官的位置表观是否正常等。

a. 腹腔及骨盆腔脏器摘出 可由膈处切断食管，由骨盆腔切断直肠，将胃、肠、肝脏、胰脏、脾脏一起摘出，分别检查，也可按脾脏、胰脏、胃、肠、肾、肝、膀胱、生殖器官的次序分别摘出。在腹腔左侧很容易见到脾脏，一手用镊子将脾脏提起，一手持剪刀剪断韧带，可采出脾脏。胰脏靠近胃大弯和十二指肠，在胰脏的周围有很多脂肪组织，与脂肪组织不易区别，可将胰脏连同周围的脂肪组织一同摘出。在摘出胃肠时，先在食道与贲门部做双重结扎，然后用镊子提起胃贲门部，切断靠近贲门的食道，一边牵拉，一边切断周围韧带，使胃同周围组织分离，然后按着十二指肠、空肠、回肠的顺序，切断这些肠管的肠系膜根部，将胃肠从腹腔内一起摘出，动作要轻，以免拉断肠管。在肾脏上方可见被脂肪组织包围的肾上腺，用镊子剥离肾上腺周围的脂肪，然后将肾上腺摘出；先用镊子剥离肾脏周围的脂肪，然后将肾脏摘出。用镊子夹住门静脉的根部，切断血管和韧带，可将肝脏摘出，肝脏摘出操作时要小心，避免造成损伤。

b. 胸腔脏器摘出 用镊子夹住胸骨剑突，剪断横膈膜与胸骨的连接，然后提起胸骨，在靠近胸椎基部，剪断左右胸壁的肋骨，将整个胸壁取下。打开胸腔后，注意检查胸腔液、胸膜、心包、心包内的液体、肺脏色泽、弹性。采取胸部器官时，首先要摘出胸腺，然后摘出心脏和肺脏。沿心脏的左纵沟切开左右心室，然后用镊子轻轻牵引，切断心基部的血管，取出心脏。用镊子夹住气管向上提起，剪断肺脏与胸膜的连接，将肺脏摘出。

(7) 实验动物的处死方法

在动物试验中除了试验设计需要处死实验动物外，有一些情况也需要将动物处死，例如因为中断试验而需要淘汰动物的；因为试验结束后需要做进一步检查的；因为保护健康动物而需要处理患病动物的。实验动物常用的处死方法有：颈椎脱臼法、放血法、断头法、药物法等。选择哪种处死方法，要根据动物的品种（系）、试验目的、对脏器和组织细胞各阶段生理生化反应有无影响来确定。在操作中应尽量避免动物产生惊恐、挣扎，尽可能地缩短致死时间。要注意实验人员安全，特别是在使用挥发性麻醉剂（乙醚、三氟乙烷）时，一定要远离火源；要注意避免污染周围环境，还要在指定的地方放置和处理动物尸体。下面列举一些常用的处死方法：

①颈椎脱臼法　颈椎脱臼法就是将动物的颈椎脱臼，使脊髓与脑髓断开，致使动物死亡。此方法容易操作，致死时间短，破坏脊髓后，动物内脏未受损坏，可以直接用来取样。颈椎脱臼法最常用于小鼠、大鼠。小鼠颈椎脱臼的方法是，首先将小鼠放在饲养盒盖上，一只手抓住鼠尾，稍用力向后拉，另一只手的拇指和食指迅速用力往下按住其头部，或用手术剪刀或镊子快速压住小鼠的颈部，两只手同时用力，使之颈椎脱臼，脊髓与脑髓断离，小鼠就会立即死亡。大鼠颈椎脱臼的方法基本上与小鼠的方法相同，但是需要较大的力，并且要抓住大鼠尾的根部（尾中部以下皮肤易拉脱），或按住大鼠的尾部。

②放血法　放血法就是一次性放出大量的血液，致使动物死亡的方法。由于采取此法，动物十分安静，痛苦少，同时对脏器无损伤，对活杀采集病理切片也很有利。小鼠、大鼠可采用摘眼球大量放血致死。豚鼠、兔、猫可一次采取大量心脏血液致死。

③断头法　断头法是指在动物颈部将其头剪掉，致使动物大量失血而死亡。动物的痛苦时间不长，并且脏器含血量少，便于采样检查。断头法同时可以用来采取血样。断头法适用于小鼠、大鼠等动物。小鼠的断头方法具体操作：用左手拇指和食指夹住小鼠或沙鼠的肩胛部将其固定，右手持剪刀垂直剪去其头部。大鼠断头方法具体操作：操作者戴上棉纱手套，用右手握住大鼠头部，左手握住背部，露出颈部，助手用剪刀在鼠颈部将鼠头剪掉。

④药物法

a. 药物吸入　药物吸入是将有毒气体或挥发性麻醉剂，被动物经呼吸道吸入体内而致死。适用小鼠、大鼠等小动物。药物吸入常用的气体、麻醉剂有CO_2、乙醚、氯仿等，由于CO_2的密度是空气的1.5倍，不燃，无气味，对操作者很安全，动物吸入后没有兴奋期即死亡，处死动物效果确切，所以对小动物特别适用。

b. 药物注射　将药物通过注射的方式注入动物体内，使动物致死。常用的注射药物有氯化钾、巴比妥类麻醉剂等。药物注射法常用于较大的动物，如豚鼠、兔、猫、犬等。氯化钾采取静脉注射的方式，使动物心肌失去收缩能力，心脏急性扩张，致心脏弛缓性停跳而死亡；巴比妥类麻醉剂一般使用苯妥英钠，也可使用硫喷妥钠、戊巴比妥等麻醉剂，常用静脉和心脏内给药，也可腹腔内给药。

3.3 动物伦理和动物福利

动物研究如同生物学和医学研究一样涉及有生命的物体，因此要受伦理道德的约束。虽然很多研究仅仅是对动物的自然习性进行观察，但是有些研究必须对动物进行人为操作。例如，研究时需将动物进行笼养，并且在必要的时候进行人为操作或手术，而对野生动物的研究则会扰乱它们的生活，尤其在采用饲喂、捕获、做标记等实验手段时更是如此，这些都会引起道德方面的争论。关于动物研究道德方面的争论往往会发展为两个极端：一方认为动物研究对医治疾病的发展是必要的，应大力支持；而另一方则认为动物试验是残忍的，应该找到其他的替代方法来促进科学的发展。反对动物试验的观点如下：①动物与人类在生理结构上是不同的，因此由动物试验得到的结果并不能准确地应用于人类。此外，不同动物物种相互间也有极大的差异，因此，动物模型的使用价值是非常值得怀疑的，而监禁、伤害等经历则会进一步扩大实验动物之间的差距。②从事动物试验研究时，动物会遭受非自然的疾病、伤害、惊吓等不良刺激，扰乱它们的正常生存。③动物试验是没有必要的，可以用代替的方法，如采用细胞试验或计算机模型。支持动物试验的观点是：①动物尤其是哺乳动物，与人类是非常相似的，如哺乳动物的特定器官（如心脏、肺或肝脏）与人类是非常相象的。在动物上进行的医药研究对人类疾病的了解和控制起了很重要的作用，包括白喉（用马进行研究）以及糖尿病（用狗进行研究）。而持续这种的研究对于癌症以及艾滋病的研究也是十分重要的。②动物与人类虽然并非完全相同，但有时正是动物与人的这种差异，可为我们提供关键的研究思路，如科学家们可对猴进行研究，考察究竟是由于何种机制使得它们对艾滋病有抵抗力。这样的发现将有助于人类对HIV的免疫的研究。③细胞试验和计算机模型可作为动物研究的一个补充，但是并不能取代动物活体的研究。④从动物试验研究中动物也将获益，有益于提高对动物疾病的防治水平，如科学家们已经找到了治疗狂犬病的方法。

虽然有种种反对的观点，动物研究的发展不断受到威胁，但动物研究还是获得广泛支持。

1988年，我国颁布了《中华人民共和国野生动物保护法》，明确了野生动物的法律地位。同年还颁布了我国第一部实验动物法规《实验动物管理条例》，其中第六条要求人们爱护动物，不要虐待动物，但没有关于动物福利的具体内容。2001年11月，我国的《实验动物管理条例》修改工作已经启动，其中最为引人关注的内容是增加了生物安全和动物福利两个章节。动物福利首次写入国家法规："实验人员要爱护动物、不得虐待、伤害动物；在符合科学原则的情况下，开展动物替代方法研究；在不影响试验结果的情况下，采取有效措施避免给动物造成不必要的不安、痛苦和伤害；试验后采取最少痛苦的方法处置动物。" 2005年1

月1日，《北京市实验动物管理条例》正式实施，其中第七条"从事实验动物工作的单位和个人，应当维护动物福利，保障生物安全，防止环境污染"；第二十六条"从事动物试验的人员应当遵循替代、减少和优化的原则进行试验设计，使用正确的方法处理实验动物"。

3.3.1 动物伦理

动物试验对生物学、医学及行为科学的发展是十分重要的。动物试验不仅使人们对一些生命现象和特定的生命过程机制增加了解，还改进了人类和动物疾病的预防、诊断和治疗方法。因此，通过动物试验，动物对人类的健康发展作出了贡献。要充分了解动物试验的意义，正确运用实验者的使用权力，加强动物试验管理和动物保护措施。

第一，要加强动物试验管理，所有人员都有责任保证不进行没必要的动物试验，避免给动物造成不必要的疼痛和死亡或浪费。动物试验有关的人员都要接受培训，以了解与动物试验有关的基本知识，包括正确的选择动物方法，正确的动物试验操作方法，正确的清洁、消毒方法及程序，疾病预防的意义和方法等。要考虑动物的群居性，群居性生活的动物对非群居饲养，以及饲养人员和研究人员的抓取与固定等都产生应激反应。特别是啮齿类动物，群居性强，用于研究时必须使其适应新的实验环境及新接触的有关人员。在抓取时也要尽量柔和和减轻其痛苦和紧张。实验动物必须采用标准的饲养管理，建筑设施、笼器具应舒适、安全，同时还要重视动物的社会行为需求。尽量减少由于设施、笼器具不合适所造成的刺激，不同单位在动物建筑设施的设计方面虽然不尽相同，但都要达到一定要求，如保证适当的通风要求，防止有害动物和宠物的进入等。

第二，强化研究人员的继续教育，使研究人员懂得如何选择合适的动物模型，如何设计一个好的动物试验，对所用动物的生物学特性和营养要求等基本知识也要有所了解。还应使他们掌握足够的动物试验操作技术，如注射器和针头的正确使用，动物口服给药的剂量和给药方法。如果涉及动物手术，还要求具备进行外科手术及相关技术的能力，包括正确的镇静、麻醉、止痛方法及术后护理，必须最大限度地减轻动物的痛苦。

第三，人道地使用动物。尽管人们由于国家不同，文化背景和宗教信仰各异，对待动物的态度千差万别，但是使用动物开展科学研究时，都必须采取认真负责的态度，以合乎人道的方式对待使用动物。粗暴地对待动物是要被谴责的行为，应尽量避免这种现象发生。

第四，要设立动物管理委员会并发挥其职能。动物使用管理委员会的主要任务是：保证本单位动物设施符合要求，有关人员得到必要培训，试验设计合理，并遵守伦理道德的原则对待动物。任何动物试验研究项目的申请书或计划任务书中涉及到使用动物的，必须经过管理委员会批准，只有得到批准后才可以安排动物试验。对于那些确信与人类试验相悖的研究，不能批准其使用动物。项目书中应包括以下内容：研究者姓名、使用动物的种类、数量、项目经费来源、主要研究人员及动物研究技术人员姓名。对使用动物的过程应详细描述，使委员会的每个成员都能理解到底用动物来做什么。

3.3.2 动物福利

动物福利，是指让动物在康乐的状态下生存，其标准包括动物无疾病、无行为异常、无心理紧张压抑和痛苦等。动物福利定义为"动物与它的环境相协调一致的精神和生理完全健康的状态"，也就是使动物能够健康快乐舒适而采取的一系列的行为和给动物提供的外部条件。至于康乐的标准，即动物心理愉快的感受状态，包括无任何疾病、无行为异常、无心理紧张压抑和痛苦等，也就是动物作为一种生命形式同人类一样有着基本生存需要和高层次的心理需要，人为地改变或限制动物的这些需要会造成动物的行为和生理方面的异常，影响动物健康。动物的福利主义者认为动物应享有五大自由：享有不受饥饿的自由；享有生活舒适的自由；享有不受痛苦伤害和疾病的自由；享有生活无恐惧和悲伤感的自由；享有表达天性的自由。只有上述动物需求得到满足时，才能保证动物的身心健康。具体在动物试验中，动物福利包括物质和精神两个方面。物质方面一般是指食物和饮水，要保障供给及时、量足、营养丰富、清洁卫生；精神方面包括适宜的生活环境，免受疼痛之苦，免受惊吓、不安和恐惧等精神上的刺激。

在考虑动物的福利时要想到以下几点：

①从哲学的角度　动物被人类所掌控着，动物福利理所当然应该建立在人类的道德良知上；

②从科学的角度　实验动物不再是自然的动物，经过多年的驯化和改良，已丧失在野外的生存能力。因而要根据不同动物的需求科学地建立动物福利规范；

③从现实的角度　动物福利的实施必须配合现况，应尽量顺应时代的趋势与现有的限制，面对现实来做改善；

④从动物的角度　动物福利必须从动物的各种角度设想，尽量避免由饲养和试验带来的限制和危害；

⑤从现实的角度　提高动物保护的意识，不断增强动物福利观念，杜绝虐待动物的事件发生。

在进行有关动物福利的决策时，要依照以下7方面的指导方针：

①必须遵守有关实验动物的法律规定，研究者对用于研究以及教学活动的动物的饲养管理以及福利负有责任；

②应选择最适用于该研究的物种；

③应使用最少量的动物来实现研究目的，这可通过预试验、良好的试验设计，以及合理的统计方法来尽量减少试验的被试数量；

④选择有良好声誉的动物来源处；

⑤在运输途中应保证给予动物足够的食物、水、通风条件以及生活空间；

⑥在饲养中还要保证动物所居住的环境舒适以及安全；

⑦试验中厌恶刺激或剥夺可导致动物的痛苦，要控制这种剥夺或厌恶刺激的

程度不应高于达到试验目的所需的必要水平。

在动物饲养中心，动物饲养管理中对影响试验动物福利的因素，如人员因素、设备因素、环境因素、饮食因素、污物处理因素等要进行规范管理：

①工作人员持证上岗，严格执行实验动物管理条例，对从业人员进行职业资格培训，充分理解和掌握各种实验动物的生活习性、生理、生态等。从道义和情感上尊重和善待、爱惜实验动物，进行科学养殖，并提高对职业性感染的防范意识，建立安全管理制度。

②具备相应的环境设施、设备条件，为保证实验动物具备一个健康体质和稳定的基础生物学特性数据，就应根据不同等级、不同种类的实验动物提供相应的环境设施、设备条件，以给予相应的饲育空间、饲养密度、空气洁净度、定期更换垫料及保持良好的通风、换气、光照，同时保持恒温、恒湿、安静的饲养条件。

③保证实验动物足够量的营养供给是维持动物健康和提高动物福利的重要因素，动物的生长、发育、繁殖、增强体质和抗御疾病以及一切生命活动无不依赖于饲料和决定于营养。不同的实验动物对各种营养的要求也不一致，因而应根据其营养要求和饲料种类、适口性给予科学合理的饲料配方；霉烂、变质、虫蛀、污染的饲料不得用于饲喂实验动物，饲料应定期存放保持新鲜；直接用做饲料的蔬菜、水果等要经过清洗消毒，并保持新鲜；尽量减少饲料的农药残留，避免重金属污染；另外，注意饮水的安全性。

④严格做好废弃物处理，废弃物处理是饲养管理工作中不可缺少的部分，每周换去的垫料、动物尸体及排泄物应择地焚烧和掩埋，污物堆积场所与动物饲养室应保持一定距离，并注意防止蚊虫滋生。

⑤由于实验动物本身的特殊性，要搞好它的福利，就必须执行严格的健康管理标准；严格搞好遗传学控制，防止遗传背景的改变；严格搞好微生物控制，防止外源微生物侵入。在做好消毒灭菌工作的同时，尽量采用低毒、低残留的消毒剂，以减少消毒剂、紫外线等对实验动物的侵害。这样就可以进一步确保实验结果的准确性、重复性，从而减少实验动物用量，搞好实验动物福利。

⑥加强信息交流，实现试验结果与资料的共享程度，国际国内实验动物资料（包括背景资料和生物特性数据的正确使用和处置方法等）的有偿和无偿交流，有助于把握国内外相关动态，共享相关信息，减少试验的重复性和盲目性，减少实验动物用量，防止实验动物遭受不必要的痛苦。

3.3.3 "3R"理论及其在食品安全性评价中的应用

在人们通过大量的动物试验进行生物医学、毒理学研究中，认识到不同种动物对化学物质的体内代谢并不相同，有些动物试验不能准确地预示对人体的危害；使用大量的实验动物获得的急性毒性的 LD_{50}，也不能反映人类临床用药的情况；采用最小毒性剂量进行致癌性试验并不能预示人类在日常低剂量暴露下引起癌症的危险性；动物种属对麻醉药和镇痛药的毒作用的不一致性而不能普遍外推等问题。从科学和经济角度考虑，完成一种化学物质的全部毒理学检测需要大量的实验动物，试验期限长，试验影响因素多，饲养动物的环境设施、营养供给要求高，耗资大；从保护动物权益的角度而言，使大量动物遭受不应有的痛苦和牺牲也是不人道的。因此，提倡利用离体的动物和人的细胞、组织培养等替代方法。

1959年，英国动物学家William M. S. Russell和微生物学家Rex L. Butch出版了《人道试验技术的原则》（*Principles of Human Experimental Technique*），其中他们提出了"3R"概念，即替代（replacement）、减少（reduction）、优化（refinement）。替代，就是在保证实验结果可靠的前提下，使用非生命材料代替有生命材料、用低等动物代替高等动物、用动物的部分组织器官代替整体动物等；减少，指实验中通过反复利用或不同试验连续使用一批动物，相对减少动物的用量，尽量减少试验中动物的痛苦等；优化，就是通过优化试验设计，在做动物试验过程中，要做动物试验伦理审查，减少试验使用动物的数量，减少非人道试验程序的影响程度和范围。要求毒理学科研人员以试管法替代动物；借助统计方法减少动物的数量；使试验更优化给动物带来较小的痛苦。科研人员尽管有按照自己独特的方法开展研究的权利，但他们只能在动物权利法规的范围内享有学术自由和最优化地使用动物。拟定和申请研究方案许可证的整个过程已成为良好科研实践的重要组成部分。过去，人们强调"3R"主要是出于对动物保护的考虑，近年来，"3R"在概念上发生明显变化。人们逐渐认识到应用"3R"不仅是适应动物保护主义的一种需要，而且也是生命科学发展的要求。"3R"原则经数十年的发展，已逐渐为欧盟国家、美国及其他许多国家的科研工作者所接受，"3R"概念在普及推广。但应看到，在食品安全性评价的毒理学检测中推行和使用"3R"原则，要有很长的路要走，体外评价试验和整体动物试验的一致性问题要得到很好的解决，法规毒理学的使用者和相关法规、政策的制定者对离体的动物和人的细胞、组织培养等替代方法的安全性评价结论必须获得广泛的接受。即便这样，完全离开动物试验的安全性评价也是不现实的，在现有的条件下，提倡"3R"原则在食品安全性毒理学评价中的应用是我们毒理学工作者的努力方向。

3.3.3.1 替代

替代是指在不使用活的脊椎动物进行试验和其他科学研究的条件下，采用一些替代的方法，达到某一确定的研究目的。常用的替代方法有两种：相对替代和绝对替代，前者指应用体外培养的动物细胞、组织或器官等，用有生命的物体代替动物进行研究，而后者则是完全不使用动物，用数理化方法模拟动物进行研究，如计算机模型等。替代可用：

①用有生命的物体代替动物进行研究，如用系统发育树较下游的动物代替哺乳动物和高等动物；用海洋无脊椎动物和脊椎动物早期发育胚胎代替哺乳动物进行神经系统的生理学研究、致畸胎试验等；用果蝇等低等动物代替进行遗传学研究和致畸、致突变等生殖毒性研究；用微生物代替动物。著名的Ames氏试验就

是用鼠伤寒沙门氏菌培养物来测定化学药物的致突变、致癌性。

②用离体培养的器官、组织、细胞培养物及提取物、短期维持的组织切片、细胞悬液和灌注器官以及亚细胞结构部分等代替动物。用这些培养物及提取物，通过体外试验方法进行单克隆抗体的生产、病毒疫苗制备、效力及安全试验、药物细胞毒性筛选、细胞膜研究等，特别是各种类型的人类细胞的广泛应用，不仅是动物的良好替代，而且极大地缓解了物种外推的困难。

③用数理化方法模拟动物进行研究，用物理学或机械学方法模拟动物，甚至高等动物，如在医学基础教学中用此方法示教心肺复活等病理过程；用化学方法模拟动物，如采用免疫化学方法用结合力很高的抗体来搜寻抗原，鉴定毒素的存在，代替了大量小鼠的接种；采用酶化学方法测定特定酶和底物的结合特性，了解其毒性。

④用数学和计算机模型模拟，如定量的结构—活性关系模型、计算机制图应用、生物医学过程模拟等，把复杂的生物学现象分解为很多互相关联的数学公式，然后再输入待检信息或其他信息，观察其所引起的反应，加以翻译，转换为相应的生物信息。

在替代问题中，首先要考虑的是动物试验能否被代替。目前，多数人认为所谓的"替代"实际上是动物试验方法的补充。从生物医学研究的整体来讲，替代的方法和技术可作为动物研究的补充，有助于减少使用动物的数量和改进以后的研究工作，但不可能完全取代整体动物试验。以毒理学研究和危险评价试验中采用的细胞培养物为例，尽管它具有可用不同类型的细胞（包括人类细胞）和来自特定组织的细胞研究靶器官特性的优点，但它不能像整体动物模型那样作为完整的生物系统，用于评价不同途径（如吸入、摄入、皮肤接触）和长期染毒的后果，以及用来预测某些毒性作用的可逆性等。

3.3.3.2 减少

减少是指如果某一研究方案中必须使用实验动物，同时又没有可靠替代方法，则应把使用动物的数量降低到实现科研目的所必需的最小量。在伦理上，是使遭受疼痛和不安的动物数目减至最少；在经济上，可避免动物、药品和实验用品等资源的无谓浪费。

减少使用动物数量的途径大致有 4 种：

①尽量使动物一体多用　例如，在处死或已死亡的动物身上进行外科手术实习，或在病理解剖时提供器官或组织。

②用低等动物代替高等动物　如尽量使用大量无脊椎动物来代替一只非人灵长类，减少高等动物的用量。

③尽量使用高质量动物　若遗传背景不一致，健康状况不良，都可影响动物试验结果的准确性。只能以质量代替数量，不可以数量代替质量；

④做好试验设计和统计学计算　用尽量少的动物试验去得到准确和有意义的结果。动物试验结果得到的差异有组内差异和组间差异两类。试验设计要尽量减

小组内差异，这类差异包括非控制的遗传差异（如远交系）、动物生理或行为的差异以及测试误差等引起的差异。组内变异影响反映真实处理效果的组间差异。通过利用标准饲养环境，同基因型健康动物，同年龄和体重，可达到最小的组内差异并获得最大的统计确定度。

3.3.3.3 优化

优化是指通过改善动物设施、饲养管理和试验条件、优化试验操作技术减少试验过程对动物机体的不必要伤害，使动物试验得出科学的结果。

改善试验设施条件，提高动物试验质量。这样不但减少对动物的生理活动的干扰，而且能使研究有持续性和重复性。

动物饲养或研究过程中的某些笼养制度（如过度拥挤或不当隔绝）、动物之间咬斗引起的应激反应或伤害、以及由交叉传染引起的疾病等，都会造成动物的痛苦以及行为生理的异常改变，进而干扰动物对试验处理的反应。为减少动物在试验过程中产生的痛苦，便于试验操作可使用必要的麻醉剂、镇痛剂或镇静剂。改进动物试验操作技术，正确而熟练的抓取和固定动物，动物就不会剧烈反抗，并可被训练调教在特定情况下接受各种不同程序处理，而突然地强迫它们接受这些程序时，它就受到强烈的应激与痛苦；不正确地固定或不熟练的操作可使动物产生强烈的应激反应，甚至引起窒息和尾部皮肤剥落（如大、小鼠等），进而导致神经内分泌系统、免疫系统功能的异常影响试验结果。善待动物是动物试验中花费最小、最易获得、最安全有效的手段。

在动物试验设施中使用光纤和电子等仪器，用导管、导线等获取数据，减少动物的痛苦，如动物脑的电生理试验。遥控、遥测装置还可以把试验全过程通过电视或录像记录下来。同样，一旦获得样品，使用先进仪器设备可使微量样品获得大量参数。如有的试验诊断，只需要 $1\mu L$ 血样即可进行大量诊断检验。由于需用较少血样，因此可选用体型小的动物，使用数量也可减少，避免大量处死动物来获得分析血样。从已有数据中捕捉信息，是为了相关的新发现而筛选大量的信息，对优化使用动物也很有帮助。例如，有人调查了与杀虫剂有关的数十年的工业数据并得出结论，认为小鼠和大鼠对某种化合物的确是十分敏感的，因此以后没有必要再用犬来进行试验，至少70%的犬试验都可以免用。

此外，随着新技术的应用，如基因组学、蛋白组学以及代谢组学的发展和运用，必将产生新的方法用于替代动物试验，提高动物福利。化学物质的高通量体外筛选，药物的构效研究可用高通量的仪器分析及受体配体测定；作用机理探索可在体外试验进行。动物试验主要集中在化学物质的常规毒理研究、药物代谢、免疫反应、遗传毒理等试验研究。

思考题

1. 实验动物的概念是什么？
2. 简述小鼠、大鼠的生物学特性。
3. 简述小鼠、大鼠、豚鼠、地鼠、兔、猫、犬等实验动物主要品种、品系。
4. 简述小鼠、大鼠、豚鼠、地鼠、兔、猫、犬等实验动物的应用领域。
5. 如何依据不同的试验目的正确地选择实验动物？
6. 简述药理学试验中实验动物的选择和应用。
7. 举例说明动物试验3种注射给药的方法。
8. 举例说明动物试验3种采血方法。
9. 简述动物伦理的意义和实施办法。
10. 在进行有关动物福利的决策时，要依照哪些指导方针？
11. 动物福利指明动物具有哪几种自由？
12. "3R"理论及其在食品安全性评价中的应用？

第4章
生物性污染与食品安全

重点与难点 主要介绍了食品毒理学的基本评价方法。阐述了毒理学试验的三大原则及毒理学试验的设计方法，包括体外毒理学试验设计和体内毒理学试验设计。结合基本的毒理学试验逐一介绍一般毒性作用中的系统毒性和局部毒性的研究。并通过分类、作用机制及试验评价等方面的描述使大家对与一般毒性相对应的特殊毒性，即致癌作用、致突变作用、发育和致畸毒性等有更加全面的认识。概述了毒理学的3个分支，即神经行为毒理学、免疫毒理学的概念、作用特点及毒性试验。

4.1 毒理学试验的设计
4.2 常用的毒性试验

4.1 毒理学试验的设计

毒理学试验的目的就是利用在一定条件下获得的受试物的整体动物试验资料和体外试验资料，外推于人，得到安全性的评估结果。动物试验的结果可以外推到人是建立在几个基本假设前提下的：

第一个前提：①人是最敏感的动物物种；②人和实验动物的生物学过程（包括化学物质的代谢），与体重（或体表面积）相关。这两个假设也是全部实验生物学和医学的前提。以单位体表面积计算在人产生毒作用的剂量和实验动物通常相近似，而以体重计算则人通常比实验动物敏感，差别可能达 10 倍，因此可以利用安全系数来计算人的相对安全剂量。

第二个前提：实验动物必须暴露于高剂量，这是发现对人潜在危害的必需的和可靠的方法。毒理学试验中，一般要设 3 个或 3 个以上剂量组，以观察剂量-反应（效应）关系，确定受试化学物质引起毒效应及其毒性参数。

第三个前提：成年的健康（雄性和雌性未孕）实验动物和人可能的暴露途径是基本的选择。选用成年的健康（雄性和雌性未孕）实验动物是为了使试验结果具有代表性和可重复性。以成年的健康（雄性和雌性未孕）实验动物作为一般人群的代表性试验模型，而将幼年和老年动物、妊娠的雌性动物、疾病状态作为特殊情况另作研究，这样可降低实验对象的多样性，减少试验误差。

在试验设计时，要规定试验条件，严格控制可能影响毒效应的各种因素，实施质量保证，降低试验误差。只有这样，才能保证试验结果的准确性和可重复性，不能重复的试验结果是没有任何科学价值的。

用实验动物的毒理学试验资料外推到人群接触的安全性时，会有很大的不确定性。这是因为，外源化学物质的毒性作用受到许多因素的影响。首先，实验动物和人对外源化学物质的反应敏感性不同，有时甚至存在着质的差别。虽然在毒理学试验中通过用两种或两种以上的动物，并尽可能选择与人对毒物反应相似的动物，但要完全避免物种差异是不可能的。而且，实验动物不能述说涉及主观感觉的毒效应，如疼痛、腹胀、疲乏、头晕、眼花、耳鸣等，这些毒效应就难以或不可能发现。第二，在毒理学试验中，为了寻求毒作用的靶器官，并能在相对少量的动物上就能得到剂量-反应或剂量-效应关系，往往选用较大的染毒剂量，这一剂量通常要比人实际接触的剂量大得多。有些化学物质在高剂量和低剂量的毒性作用规律并不一定一致，如大剂量下出现的反应有可能是由于化学物质在体内超过了机体的代谢能力，这就存在高剂量向低剂量外推的不确定性。第三，毒理学试验所用动物数量有限，那些发生率很低的毒性反应，在少量动物中难以发现。而化学物质一旦进入市场，接触人群往往会很大。这就存在小数量实验动物到大量人群外推的不确定性。第四，实验动物一般都是实验室培育的品系，一般选用成年健康动物，反应较单一，而接触人群可以是不同的人种、种族，而且包括年老体弱及患病的个体，在对外源化学物质毒性反应的易感性上存在很大差异。以上这些都构成了从毒理学动物试验结果向人群安全性评价外推时的不确定因素,因此,利用动物试验结论在外推到人时一定要慎重。

4.1.1 体内毒理学试验设计

毒理学试验懂得设计必须遵循统计学的基本原理,保证随机、对照和重复的原则。体内毒理学试验有时也称为整体动物试验,设计的时候要考虑剂量分组、动物例数和试验期限等。随机设计不是随便设计,可以通过随机数字表或统计软件进行动物的随机化分组。在试验开始前,除了要观察的因素外,其他条件在实验组间都均衡,做到有可比性。

毒理学试验的主要目的之一是研究剂量-反应(效应)关系,要获得试验结果的可靠性,在毒理学试验中,一般至少要设高剂量、中剂量;低剂量3个剂量组。原则上,高剂量组应出现明确的有害作用,或者高剂量组剂量已达到染毒的极限剂量;低剂量组应不出现任何可观察到的有害作用,但低剂量组剂量应当高于人可能的接触剂量,至少等于人可能的接触剂量;中剂量组的剂量介于高剂量组和低剂量组之间,应出现轻微的毒性效应。高、中、低剂量组剂量一般按等比例计算,剂量间距应为 2 或 $\sqrt{10}$,低剂量组剂量一般为高剂量组剂量的 1/10 ~ 1/20。毒理学安全性评价试验各组动物数取决于很多因素,如试验目的和设计,要求的敏感度、实验动物的寿命、生殖能力,经济的考虑及动物的可利用性,各组动物数的设计应考虑到统计学的要求。

对照是获得比较的前提,毒理学试验常用的对照有 4 种:

①未处理对照组 有时也称为空白对照,即对照组不施加任何处理因素,不给受试物也不给以相应的操作。

②阴性对照 不给处理因素但给以必须的试验因素,如溶剂或赋形剂,以排除此试验因素的影响,阴性对照作为与染毒组比较的基础。没有阴性对照组就不能说明受试物染毒与有害作用之间的关系。

③阳性对照 用已知的阳性物,如致突变物,检测试验体系的有效性。阳性对照组最好与受试物用相同的溶剂、染毒途径及采样时间。在遗传毒理学试验、致畸试验和致癌试验中都使用了阳性对照组,阳性对照组是用已知的致突变物、致畸物或致癌物染毒,应该得到肯定的阳性结果。

④历史性对照 由本实验室过去多次试验的对照组数据组成,上述 3 种对照都可构成相应的历史对照。历史对照的最好用途是通过同质性检验检查试验体系的稳定性,即进行实验室质量控制和保证。由于试验毒理学的各种参数至今尚没有公认的参考值,因此历史性对照均值及其范围在评价研究结果时至关重要。

不同试验的试验期限不同,某些试验,如致畸试验和多代生殖试验,试验期限是由受试实验动物物种或品系而决定的,而其他毒性试验的期限在某种程度上由定义所决定。如急性毒性是一次或1d内多次染毒观察14d;亚慢性毒性试验规定为染毒持续至实验动物寿命的10%,对大鼠和小鼠为90d,对狗应为 1 年;慢性毒性试验或致癌试验一般规定为持续至实验动物寿命的大部分。

4.1.2 体外毒理学试验设计

体外毒理学试验的设计原则上与体内设计一致，必须符合生物统计学的基本原理。在安全性评价试验中，体外毒理学主要涉及的内容是遗传毒理学体外试验。此处以遗传毒理学体外试验为例，对试验设计中必须考虑影响结果的几个主要问题是受试物溶解性、试验最高剂量、代谢活化、阳性对照和重复。

试验前，应该测定受试物在试验介质中的溶解性，最好能获得该受试物的溶解性限度，即出现沉淀的最低浓度。体外试验的微环境对离子浓度和渗透压比较敏感，过高剂量的受试物浓度（如高于10mmol/L时）可因高渗透压在哺乳动物细胞引起损伤或人工假象，对细菌则要考虑抑菌浓度。对于有毒性的受试物，在细菌试验中的最高浓度应该是明显显示毒性的剂量，对哺乳动物细胞试验最高剂量，应该是基因突变试验达到10%~20%存活率，染色体畸变试验达到50%存活率。

提供体外试验代谢活化环境有利于检测出潜在的致突变物，提高检测的效率。代谢活化常规使用多氯联苯、苯巴比妥和β-萘黄酮联合诱导制备肝混合功能氧化酶系统。对体外哺乳动物细胞试验，还可利用大鼠肝原代培养细胞等作为代谢活化系统。体外试验设计阳性对照组既可以作为试验质量控制的措施，也能构成历史性资料，是必须要设的。关于重复，由试验的结果和开展工作的实验室的质量控制条件而定，一般而言，由质量控制良好的试验得到明确的阴性结果和阳性结果，不强调要求重复。可疑结果则应重复试验，最好改变剂量范围或剂量间隔、改变S9浓度或改变试验方法进行重复。

4.2 常用的毒性试验

毒理学是一门试验科学，本节介绍最基本的毒理学试验，包括系统毒性和局部毒性的研究。基础毒性是与特殊毒性相对应的，特殊毒性主要是指致癌作用、致突变作用、致畸和生殖毒性等。基础毒性研究是化学品安全性评价和危险性评价的重要组成部分。对外源化学物质系统毒性研究可能发现其毒作用的靶器官，为进一步的靶器官毒理学研究和中毒机制研究提供线索。

4.2.1 急性毒性试验

4.2.1.1 急性毒性概念

急性毒性是指实验动物一次接触或24h内多次接触某一化学物质所引起的毒效应，甚至死亡。对于概念中的"一次"是在经呼吸道与皮肤染毒时，指在一个规定的期间内使实验动物持续接触化学物质的过程。而"多次"的概念是指当外源化学物质毒性很低时，即使一次给予实验动物最大染毒容量还观察不到毒性作用，同时该容量还未达到规定的限制剂量时，便需要在24h内多次染毒，从而达到规定的限制剂量。

急性毒性通常包括经口、吸入、经皮和腹腔注射的急性毒性,以 LD_{50} 来评价急性毒性的大小。急性毒性试验是毒理学研究中最基础的工作,是获得急性毒效应表现、剂量-反应关系、靶器官和可逆性的基础性工作,是了解外源化学物质对机体产生的急性毒性的根本依据。

4.2.1.2 急性毒性试验的目的

通过外源化学物质的急性毒性试验,可以得到一系列的毒性参数,包括:①绝对致死剂量或浓度(LD_{100} 或 LC_{100});②半数致死剂量或浓度(LD_{50} 或 LC_{50});③最小致死剂量或浓度(MLD,LD_{01} 或 MLC,LC_{01});④最大耐受剂量或浓度(MTD,LD_0 或 MTC,LC_0),或称为最大非致死剂量(MNLD)。以上 4 种参数是外源化学物质急性毒性上限参数,以死亡为终点。

急性毒性试验的目的有:①评价化学物质对机体的急性毒性的大小、毒效应的特征和剂量-反应(效应)关系,并根据 LD_{50} 值进行急性毒性分级;②为亚慢性、慢性毒性研究及其他毒理试验接触剂量的设计和观察指标的选择提供依据;③为毒作用机制研究提供线索。

4.2.1.3 经典急性致死性毒性试验

(1) 霍恩氏(Horn)法

①预试验 可根据受试物的性质和已知资料,选用下述方法:一般多采用 10、100、1 000 mg/kg 体重的剂量,各以 2~3 只动物预试。根据 24h 内死亡情况,估计 LD_{50} 的可能范围,确定正式试验的剂量组。也可简单地采用一个剂量,如 215 mg/kg 体重,用 5 只动物预试,观察 2h 内动物的中毒表现。如症状严重,估计多数动物可能死亡,即可采用低于 215 mg/kg 体重的剂量系列;反之症状较轻,则可采用高于此剂量的剂量系列。如有相应的文献资料时可不进行预试。

②正式试验 将动物在实验动物房饲养观察 3~5d,使其适应环境,证明其确系健康动物后,进行随机分组。给予受试物后一般观察 7 或 14d,若给予后的第 4d 继续有死亡时,需观察 14d,必要时延长到 28d。记录死亡数,查表求得 LD_{50},并记录死亡时间及中毒表现等。

③该方法的优缺点 优点是简单易行,节省动物;缺点是所得 LD_{50} 的可信限范围较大,不够精确。但经多年来的实际应用与验证,同一受试物与寇氏法所得结果极为相近。因此,对其测定的结果应认为是可信与有效的。

(2) 寇氏(Korbor)法

①预试验 除另有要求外,一般应在预试中求得动物全死亡或 90% 以上死亡的剂量和动物不死亡或 10% 以下死亡的剂量,分别作为正式试验的最高与最低剂量。

②正式实验 除另有要求外,一般设 5~10 个剂量组,每组 6~10 只动物为宜。由预试验得出的最高、最低剂量换算为常用对数,然后将最高、最低剂量的对数差,按所需要的组数,分为几个对数等距(或不等距)的剂量组。

③试验结果的计算与统计：

a. 列试验数据及其计算表　包括各组剂量(mg/kg 体重，g/kg 体重)，剂量对数(X)，动物数(n)，动物死亡数(r)，动物死亡百分比(P，以小数表示)，以及统计公式中要求的其他计算数据项目。

b. LD_{50} 的计算公式　根据试验条件及试验结果，可分别选用下列 3 个公式中的一个，求出 $\lg LD_{50}$，再查其自然数，即 LD_{50}(mg/kg，g/kg)。

按本试验设计得出的任何结果，均可用式(4-1)得出：

$$\lg LD_{50} = \frac{1}{2}(X_i + X_{i+1})(P_{i+1} - P_i) \tag{4-1}$$

式中：X_i 与 X_{i+1} 及 P_{i+1} 与 P_i——分别为相邻两组的剂量对数以及动物死亡百分比。

按本试验设计且各级间剂量对数等距时，可用式(4-2)得出结果：

$$\lg LD_{50} = XK - \frac{d}{2}(P_i + P_{i+1}) \tag{4-2}$$

式中：XK——最高剂量对数，其他同式(4-1)。

若试验设计的各组间剂量对数等距时，且最高、最低剂量组动物死亡百分比分别为 100(全死)和 0(全不死时)，则有式(4-3)：

$$\lg LD_{50} = XK - d(\sum P - 0.5) \tag{4-3}$$

式中：$\sum P$——各组动物死亡百分比之和，其他同式(4-2)。

标准误与 95% 可信限的计算公式为：

$\lg LD_{50}$ 的标准误(S)：

$$S_{\lg LD_{50}} = d\sqrt{\frac{\sum P_i(1 - P_i)}{n}} \tag{4-4}$$

95% 可信限(X)：

$$X = \lg^{-1}(\lg LD_{50} \pm 1.96 \cdot S_{\log LD_{50}}) \tag{4-5}$$

④该方法的优缺点　此法易于了解，计算简便，可信限不大，结果可靠，特别是在试验前对受试物的急性毒性程度了解不多时，尤为适用。

(3)机率单位——对数图解法

①预试验　以每组 2~3 只动物找出全死和全不死的剂量。

②正式试验　一般每组不少于 10 只，各组动物数量不一定要求相等。一般在预试得到的两个剂量组之间拟出等比的 6 个剂量组或更多的组。此法不要求剂量组间呈等比关系，但等比可使各点距离相等，有利于作图。

a. 作图计算。

b. 将各组按剂量及死亡百分率，在对数概率纸上作图。除死亡百分率为 0 及 100% 者外，也可将剂量化成对数，并将百分率查概率单位表得其相应的概率单位作点于普通算术格纸上，0 及 100% 死亡率在理论上不存在，为计算需要：

$$0 \text{ 改为 } \frac{0.25}{N} \times 100\% \quad 100\% \text{ 改为 } \frac{(N - 0.25)}{N} \times 100\%$$

N 为该组动物数,相当于 0 及 100% 的作业图用概率单位。

c. 画出直线,以透明尺目测,并照顾概率。

d. 计算标准误计算公式为式(4-6):
$$SE = 2S/\sqrt{2N'} \qquad (4-6)$$

式中:N'——概率单位 3.5~6.5(反应百分率为 6.7%~93.7%)各组动物数之和;

SE——标准误;

$2S$——LD_{84} 与 LD_{16} 之差,即 $2S = LD_{84} - LD_{16}$(或 $ED_{84} - ED_{16}$)。

相当于 LD_{84} 及 LD_{16} 的剂量均可从所作直线上找到。也可用普通方格纸作图,查表将剂量换算成对数值,将死亡率换算成概率单位,方格纸横坐标为剂量对数,纵坐标为概率单位,根据剂量对数及概率单位作点连成线,由概率单位 5 处作一水平线与直线相交,由相交点向横坐标作一垂直线,在横坐标上的相交点即为剂量对数值,求反对数致死量(LD_{50})值。

(4)急性毒性试验的其他方法

①固定剂量法(fixed dose procedure) 固定剂量法是由英国毒理学会 1984 年提出,经济合作与发展组织(OECD)于 1992 年正式采用。这种方法与以往方法不同的是它不以动物死亡作为观察终点,这个方法可以利用预先选定的或固定的一系列剂量染毒,从而观察化学物质的毒性反应来对化学物质的毒性进行分类及分级。试验选择的剂量范围是 5、50、500mg/kg,而最高限量是 2 000mg/kg。首先用 50mg/kg 的受试物给予 10 只实验动物(雌、雄各半),如果存活率低于 100%,则再选择一组动物给予 5mg/kg 的受试物,如果存活率仍低于 100%,则将该受试物归于"高毒"类,反之归于"有毒"类;如果给予 50mg/kg 受试物后存活率为 100%,但有毒性表现,则不需进一步试验而将其归于"有害"类;如果给予 50mg/kg 后存活率为 100%,而且没有毒性表现,继续给另外一组动物 500mg/kg 的受试物,如果存活率仍为 100%,而且没有毒性表现时,则给予 2 000mg/kg 受试物进行观察,如果仍然 100% 存活,将受试物归于"无严重急性中毒的危险性"类。

②上、下移动法(up/down method)或阶梯法 该法可用于观察不同的终点,第二个动物接受化学物质的剂量由第一只动物染毒后的反应决定,如果动物死亡,则下一个剂量降低;如果动物存活则下一个剂量增高,但是试验需要选择一个比较合适的剂量范围,使得大部分的动物所接受的化学物质剂量都会在真正的平均致死剂量左右。如果剂量范围过大,则需要有更多的动物来进行观察。对于该法进行改进以后,上、下移动法则只需要 6~9 只动物。Lipnick 等(1995)比较了上下法、固定剂量法和经典 LD_{50} 法,根据 EEC 分级系统对化学品急性毒性分级,上下法和经典法一致性为 23/25,上下法与固定剂量法一致性为 16/20,上下法需一个性别 6~10 只动物,少于另两种方法。

③限量试验 如受试物的毒性很低,可用限量试验。一般啮齿类(大鼠或小鼠)20 只,也有用 10 只,雌雄各半,单次染毒剂量不必超过 5g/kg 体重,也有认为剂量一般不超过 2g/kg 体重,对于食品毒理学试验限量可为 15g/kg 体重。可

能的结果为：a. 如果实验动物无死亡，结论是最小致死剂量（MLD）大于该限量；b. 如果死亡动物数低于 50%，结论是 LD_{50} 大于限量；c. 如果死亡动物数高于 50%，则应重新设计，进行常规的急性毒性试验。根据二项分布，20 只动物死亡 5 只，死亡百分率的 95% 可信区间为 9%~49%。因此，保守的观点认为如果死亡动物数为 5 只或 5 只以下，结论是 LD_{50} 大于限量；如死亡为 6 只或 6 只以上，即应重新设计试验。用 10 只大鼠或小鼠进行试验，如无死亡或死亡动物数仅为 1 只，才可认为 LD_{50} 大于限量。急性毒性剂量分级如表 4-1 所列。

表 4-1 急性毒性（LD_{50}）剂量分级表

级 别	大鼠口服 LD_{50}/(mg/kg)	相当于人的致死量	
		mg/kg	g/人
极毒	<1	稍尝	0.05
剧毒	1~50	500~4 000	0.5
中等毒	51~500	4 000~30 000	5
低毒	501~5 000	30 000~250 000	50
实际无毒	5 001~15 000	250 000~500 000	500
无毒	>15 000	>500 000	2 500

4.2.2 亚慢性和慢性毒性试验

4.2.2.1 亚慢性和慢性毒性试验的概念和目的

（1）概念

亚慢性毒性（subchronic toxicity）是指实验动物连续（通常 30~90d）重复染毒外源化学物质所引起的毒性效应；慢性毒性（chronic toxiciy）是指实验动物长期染毒外源化学物质所引起的毒性效应。在实际工作中，从经济的角度考虑，把慢性试验和致癌性试验有时合并进行。

（2）亚慢性和慢性毒性试验目的

亚慢性毒性试验的目的：当评价某受试物的毒作用特点时，在了解受试物的纯度、溶解特性、稳定性等理化性质和有关毒性的初步资料之后，可进行 30d 或 90d 喂养试验，以提出较长期喂饲不同剂量的受试物对动物引起有害效应的剂量、毒作用性质和靶器官，估计亚慢性摄入的危害性。90d 喂养试验所确定的最大未观察到有害作用剂量可为慢性试验的剂量选择和观察指标提供依据。当最大未观察到有害作用剂量达到人体可能摄入量的一定倍数时，则可以此为依据外推到人，为确定人食用的安全剂量提供依据。

慢性毒性试验和致癌性试验目的：在动物的大部分生命期间，经过反复给予受试物后观察其呈现的慢性毒性作用及其剂量-反应关系，尤其是进行性的不可逆毒性作用及肿瘤疾患。并确定受试物的未观察到有害作用剂量（NOAEL），作为最终评定受试物能否应用于食品的依据。

(3) 亚慢性和慢性毒性试验方法

①实验动物选择和染毒期限　亚慢性和慢性毒性试验一般选择两种实验动物。一种是啮齿类，一种是非啮齿类，常用大鼠和狗。选择两种实验动物是为了降低外源化学物质对不同物种动物的毒作用特点不同所造成的将试验结果外推到人的偏差。在亚慢性经皮毒性试验时，也可考虑用兔或豚鼠。一般情况下，亚慢性和慢性试验选用雌雄两种性别。慢性毒性试验的期限应依受试物的具体要求和实验动物的物种而定，工业毒理学要求 6 个月，环境毒理学和食品毒理学要求 1 年以上，OECD 要求慢性毒性试验大鼠染毒期限至少 1 年。如慢性毒性试验与致癌试验结合进行则染毒期限最好接近或等于动物的预期寿命。

②染毒途径　外来化合物的染毒途径，应当尽量模拟人类接触受试化学物质的方式(途径)，并且亚慢性与慢性毒作用研究的染毒途径应当一致。亚慢性和慢性毒性试验常用经胃肠道、经呼吸道、经皮肤染毒 3 种途径，食品毒理学一般要求经胃肠道给予受试物。

③试验分组和剂量设计　在亚慢性和慢性毒性试验中，为了要得出明确的剂量-反应关系，一般至少应设 3 个剂量组和 1 个阴性(溶剂)对照组。高剂量组应能引起较为明显的毒性，中剂量组应该为观察到有害作用的最低剂量(LOAEL)，低剂量组应相当于未观察到有害作用剂量(NOAEL)。亚慢性毒性试验高剂量的选择，可以参考两个数值，一种是以急性毒性的阈剂量为该受试物的亚慢性毒作用的最高剂量，另一种是取受试物 LD_{50} 的 1/20～1/5 为最高剂量。高、中、低 3 个剂量间组距以 3～10 倍为宜，最低不小于 2 倍。慢性毒性试验剂量选择，高剂量可以选择亚慢性毒效应的 NOAEL 或其 1/5～1/2 为慢性毒性研究的最高剂量；各剂量组间距以差 2～5 倍为宜，最低不小于 2 倍。

④观察指标

a. 一般性指标　动物的外观、活动及对周围环境、食物、水的兴趣，动物体重、动物的饲料消耗、食物利用率。

b. 实验室检查指标　血、尿等体液的实验室检查，包括红细胞计数、血红蛋白含量、白细胞计数及分类、血小板计数、凝血时间等。血液生化检查主要为血清天冬氨酸氨基转移酶(AST)、丙氨酸氨基转移酶(ALT)、碱性磷酸酶(ALP)、尿素氮、肌酐、总蛋白、白蛋白、血糖、总胆固醇、总胆红素等。尿液检查包括外观、pH 值、蛋白、糖、潜血(半定量)和沉淀物镜检等，可提供与毒物有关的中间代谢产物及靶器官毒性的证据。

c. 解剖检查指标　试验结束，活杀实验动物。采血进行上述实验室检查，并系统解剖，测定脏器质量，进行肉眼和病理学检查。病理学检查是试验毒理学的基础，确定受试物的安全性，最终的依据通常是靠病理组织学检查。

d. 特异性指标　由于生物学标志对研究外源化学物质对人体的毒作用具有重要的意义，因此，亚慢性和慢性毒性试验在可能时应考虑安排这方面的研究。

(4) 亚慢性毒性和慢性毒性试验的评价

对亚慢性毒性进行评价时，应包括 3 个步骤：

①明确化学物质的毒效应，通过全面观察、准确检测和综合分析，对接触化学毒物的个体和群体出现与对照组相比有统计学差异的有害效应以及剂量-反应关系或剂量-效应关系作出判断，确定机体出现的各种有害效应；

②根据在试验早期和最低剂量组出现有统计学意义的指标变化，确定毒效应的敏感指标，并依据指标出现变化的情况来确定阈剂量和最大无作用剂量；

③根据阈剂量和最大无作用剂量，对化学毒物的亚慢性毒性作出评价。慢性毒性评价的原则、内容与亚慢性毒性评价基本相同。

根据毒作用的敏感指标，确定慢性阈剂量和/或最大无作用剂量以及慢性毒作用带，在毒性评价过程中，必须对整个试验期间的全部观察和检测结果，包括恢复期的观察和检测结果，进行全面的综合分析，结合化学毒物的理化性质、化学结构，应用生物学和医学的基本理论进行科学的评价，为阐明化学毒物的亚慢性毒性和慢性毒作用性质、特点、毒作用类型、主要靶器官及中毒机制提供参考。

4.2.3 遗传毒理学试验

遗传毒理学试验是通过直接检测遗传学终点或检测导致某一终点的DNA损伤过程伴随的现象来确定受试物产生遗传物质损伤并导致遗传改变的能力。遗传损伤的类型，根据DNA改变牵涉范围的大小，在遗传毒理学中可分为基因突变、染色体畸变及基因组突变。

4.2.3.1 基因突变

基因突变（gene mutation）指在基因中DNA序列的改变。基因突变是分子水平的变化，在光学显微镜下无法看见，一般是以表型（如生长、生化、形态）的改变为基础进行检测，也可通过核酸杂交技术、DNA单链构象多态分析（SSCP）及DNA测序等方法检测DNA序列的改变来确定。基因突变可分为以下几种基本的类型：

①碱基置换　DNA序列上的某个碱基被其他碱基所取代。碱基置换又可分为转换和颠换两种，转换指嘌呤与嘌呤碱基、嘧啶与嘧啶碱基之间的置换；颠换则指嘌呤与嘧啶碱基之间的置换。转换和颠换发生后的后果取决于是否在蛋白质合成过程中引起编码氨基酸的错误。如果碱基置换导致了编码氨基酸信息的改变，在基因产物中，一个氨基酸被其他的氨基酸所取代，称为错义突变。错义突变有可能使基因产物失活，也可能仅对基因产物的功能产生一定的影响或无影响，这取决于置换的氨基酸及其在蛋白质中的位置和作用。

②移码突变　指改变从mRNA到蛋白质翻译过程中遗传密码子读码顺序的突变，通常涉及在基因中增加或缺失一个或两个碱基对。DNA链碱基排列及密码的阅读是连续的，在基因中一处发生移码突变，会使其以后的三联密码子都发生改变，有时还会出现终止密码，所以，移码突变往往会使基因产物发生大的改变，引起明显的表型效应，常出现致死性突变。

③整码突变 又称为密码子的插入或缺失,指在 DNA 链中增加或减少的碱基对为一个或几个密码子,此时基因产物多肽链中会增加或减少一个或几个氨基酸,此部位之后的氨基酸序列无改变。

④片断突变 指基因中某些小片段核苷酸序列发生改变,这种改变有时可跨越两个或数个基因,涉及数以千计的核苷酸。主要包括核苷酸片段的缺失、重复、重组及重排等。缺失指基因中某段核苷酸序列的丢失,缺失范围小,也称为小缺失;重复指基因中增加了某一段重复的核苷酸序列,缺失和重复都可能打乱基因的读码顺序,引起移码突变;重组指两个不同基因的局部片段的相互拼接和融合;重排则指 DNA 链发生两处断裂,断片发生倒位后再重新接上。

根据突变后基因产物功能的改变,基因突变可分为正向突变及回复突变。正向突变(forward mutation)是导致基因产物正常功能丧失的突变,回复突变(reverse mutation)则指使基因产物的功能恢复的突变。

4.2.3.2 染色体畸变

染色体畸变(chromosome aberration)是指染色体结构的改变。染色体畸变牵涉的遗传物质改变的范围比较大,一般可通过在光学显微镜下观察细胞有丝分裂中期相来检测。染色体结构改变的基础是 DNA 链的断裂,所以把能引起染色体畸变的外源化学物质称为断裂剂(clastogen)。染色体畸变可分为染色单体型畸变(chromatid-type aberration)和染色体型畸变(chromosome-type aberration),前者指组成染色体的两条染色单体中仅一条受损,后者指两条染色单体均受损。细胞在 DNA 复制前受电离辐射的作用,可引起染色体型畸变,在 DNA 复制后受电离辐射作用则引起染色单体型畸变。大多数化学断裂剂一般是诱发 DNA 单链断裂,经过 S 期进行复制后,在中期相细胞表现为染色单体型畸变。但也有少数断裂剂可引起 DNA 双链断裂,如果细胞在 G_1 期或 G_0 期受这些断裂剂作用,经 S 期复制到中期可表现染色体型畸变,若作用于 S 期复制后及 G_2 期,在中期相则出现染色单体型畸变,此类化学物质称为拟放射性断裂剂(radiomimetic clastogen)。染色单体型的畸变在经过一次细胞分裂后,会转变为染色体型畸变。

染色体或染色单体受损发生断裂后,可形成断片,断端也可重新连接或互换而表现出各种畸变类型。在一条染色单体或两条染色单体上出现无染色质的区域,但该区域的大小等于或小于染色单体的宽度称为裂隙(gap)。在制备染色体标本过程中,会因各种因素的影响形成裂隙,故认为裂隙并非染色质损伤,所以,在计算染色体畸变率时通常不考虑裂隙。畸变类型主要有以下几种:

①断裂(break) 无染色质区域的大小大于染色单体的宽度。

②断片(fragment)和缺失(deletion) 染色体或染色单体断裂后,无着丝粒的部分可与有着丝粒的部分分开,形成断片,有着丝粒的部分称为缺失。发生在染色体或染色单体末端的缺失称为末端缺失,发生在臂内任何部分的缺失称为中间缺失。

③微小体(minute body) 中间缺失形成的断片有时很小,成圆点状,称为微

小体。

④无着丝点环(acentric ring)　无着丝粒的染色体或染色单体断片连在一起呈环状。

⑤环状染色体(ring chromosome)　染色体两条臂均发生断裂后，带有着丝粒部分的两端连接起来形成环状。通常伴有一对无着丝点的断片。

⑥双着丝点染色体(dicentric chromome)　两条染色体断裂后，两个有着丝粒的节段重接，形成双着丝点染色体，属于不平衡易位。

⑦倒位(inversion)　在一条染色体或染色单体上发生两处断裂，其中间节段旋转180°后再重接。如果被颠倒的是有着丝点的节段，称为臂间倒位；如被颠倒的仅是长臂或短臂范围内的一节段，称为臂内倒位。

⑧易位(tranlocation)　当两条染色体同时发生断裂后，互相交换染色体片段。如果交换的片段大小相等，称为平衡易位(balanced translocation)。

⑨插入(insertion)和重复(duplication)　一条染色体的断片插入到另一条染色体上称为插入。当插入片段使染色体具有两段完全相同的节段时，称为重复。

⑩辐射体　染色单体间的不平衡易位可形成3条臂构型或四条臂构型，分别称为三辐射体(triradial)及四辐射体(quadrirdial)。在3个或多个染色体间的单体互换则可形成复合射体(complex radial)。

4.2.3.3　基因组突变

基因组突变(genomic mutation)指基因组中染色体数目的改变，也称为染色体数目畸变(numerical aberration)。每一种属，其机体中各种体细胞所具有的染色体数目是一致的，具有两套完整的染色体组，称为二倍体(diploid)。生殖细胞在减数分裂后，染色体数目减半，仅具有一套完整的染色体组，称为单倍体(haploid)。在细胞分裂过程中，如果染色体出现复制异常或分离障碍就会导致细胞染色体数目的异常。染色体数目异常包括非整倍体和整倍体。

①非整倍体(aneuploid)　指细胞丢失或增加一条或几条染色体。缺失一条染色体时称为单体(monosome)，增加一条染色体时称为三体(trisome)。染色体数目的改变会导致基因平衡的失调，可能影响细胞的生存或造成形态及功能上的异常。如21三体导致先天愚型(Down氏综合征)。

②整倍体(euploid)　指染色体数目的异常是以染色体组为单位的增减，如形成三倍体(triploid)、四倍体(tetroploid)等。在人体，三倍体为69条染色体，四倍体为92条染色体。在肿瘤细胞及人类自然流产的胎儿细胞中可有三倍体细胞的存在。发生于生殖细胞的整倍体改变，几乎都是致死性的。

4.2.3.4　常用的致突变试验

(1)细菌回复突变试验(Ames试验)

细菌回复突变试验是利用突变体的测试菌株，观察受试物能否纠正或补偿突变体所携带的突变改变，判断其致突变性。常用的菌株有鼠伤寒沙门氏菌和大肠杆菌。

鼠伤寒沙门菌突变试验是应用最广泛的检测基因突变的方法。它是由 Ames B. N. 于1979年建立，常称 Ames 试验。其原理是人工诱变的突变株在组氨酸操纵子中有一个突变，突变的菌株必须依赖外源性组氨酸才能生长，而在无组氨酸的选择性培养基上不能存活，致突变物可使其基因发生回复突变，使它在缺乏组氨酸的培养基上也能生长。已知 Ames 试验菌株有不同的突变菌株，其检出能力也不一，因此在试验中菌株也要配套。我国普遍采用1983年由 Maron 和 Ames 推荐的组合菌株，即 TA100、TA98、TA97 和 TA102。Ames 试验的方法有平板掺入法、点试法及预培养法等。正向突变试验可检测座位内的碱基置换、缺失、移码和重排等点突变。

(2) 微核试验

微核(micronucleus)与染色体损伤有关，是染色体或染色单体的无着丝点断片或纺锤丝受损伤而丢失的整个染色体，在细胞分裂后期遗留在细胞质中，末期之后，单独形成一个或几个规则的次核，包含在子细胞的胞质内，因比主核小，故称微核。在细胞质中微核来源有二：断片或无着丝粒染色体在细胞分裂后期不能定向移动，而遗留在细胞质中；有丝分裂毒物的作用使个别染色体或带着丝粒的染色体环和断片在细胞分裂后期被留在细胞质中。微核试验(micronucleus test, MNT)是观察受试物能否产生微核的试验。其主要可检出 DNA 断裂剂和非整倍体诱变剂。微核试验的灵敏度与细胞遗传学试验基本相同，但它观察技术简易而省时，故发展迅速。

(3) 染色体畸变分析

观察染色体形态结构和数目改变称为染色体畸变分析(chromosome aberration analysis)，又称细胞遗传学试验(cytogenetic assay)。因为它将观察细胞停留在细胞分裂中期相，用显微镜检查染色体畸变和染色体分离异常。对于染色体畸变，它可观察到裂隙、断裂、断片、无着丝粒环、染色体环、双或多着丝粒染色体、射体和染色体粉碎。关于缺失，除染色单体缺失外，需做核型分析或用流式细胞仪做电脑图像分析才能作出判断。关于倒位、插入、重复以及易位(除生殖细胞非同源染色体相互易位外)均需显带技术检查。对于染色体分离异常，需在染毒后经过一次细胞分裂才能发现，但此时一些不稳定的染色体畸变往往消失。故试验中观察时间应是多次，且注意致突变物可能在细胞周期的不同时期所起的作用。

(4) 姐妹染色单体交换试验

姐妹染色单体交换(sister-chromatid exchange, SCE)指染色体同源座位上DNA 复制产物的相互交换，其频率与 DNA 断裂和修复有关。姐妹染色单体交换试验的原理：对于分裂的细胞，如将 5-溴脱氧尿嘧啶核苷(5-BrdU)加入合成DNA 的原料中，经过两个分裂周期后，两条染色单体，其中一条 DNA 链的双股内的胸腺嘧啶核苷均被 BrdU 取代，另一条只有一股被取代。此时，用染色剂(如吉姆萨)和光处理，使双股含 BrdU 的染色单体着色浅淡，而单股含 BrdU 的染色单体着色深。在普通光学显微镜下，可清晰分辨出交换的染色单体，计数 SCE 数。借此判断受试物对 DNA 是否有损伤作用。

(5) 果蝇伴性隐性致死试验

果蝇伴性隐性致死试验(sex-linked recessive lethal test，SLRL)是利用隐性基因在伴性遗传中具有交叉遗传特征，选择黑腹果蝇为实验动物，给予雄蝇受试物，如雄蝇的 X 染色体有突变，传给 F1 代雌蝇，再通过 F1 代雌蝇传给 F2 代雄蝇，使位于 X 染色体上的隐性基因在半合型雄蝇表现出来。

SLRL 是果蝇各种测试系统中最敏感的试验，果蝇具有世代周期短、繁殖率高、饲养方便、经济、判断突变终点客观、不需活化等优点，其不足之处是它与哺乳动物差异较大，对其结果外推应慎重。一般认为，果蝇试验的阳性结果有高度的实用价值，而阴性结果在没有真核系统试验支持前不能完全认为无致突变性。SLRL 能检出点突变、小缺失、重排等几种遗传变异的类型。

(6) 显性致死试验

显性致死试验(dominant lethal test)是一种体内试验，用于检测整体哺乳动物生殖细胞遗传性损伤，如单纯的染色体断裂所导致的大缺失或重复，或者同时还有因染色体重排所形成的不平衡染色体分离或不分离，即非整倍体。显性致死突变是指哺乳动物生殖细胞染色体发生结构和数目变化，出现的受精卵在着床前死亡和胚胎早期死亡。本试验是对雄性动物染毒，观察一个精子发育周期中各个阶段雌鼠胚胎早期死亡发生率的变化，进而判断受试物有无对雄性生殖系统的损害及损害发生的敏感阶段，是否具有致突变作用。它是评价化学毒物对雄性动物的生殖细胞遗传毒性较好的方法之一，还可进一步确证体外试验或其他试验系统获得的阳性结果。

本试验多选用小鼠，也可用大鼠、仓鼠、豚鼠、果蝇等。它在哺乳动物体内进行，不需特殊设备条件，是一种较为实用的方法。其不足之处是灵敏度差和使用动物数量大，且要求一定的受孕率。

(7) 程序外 DNA 合成试验

正常细胞需经过细胞周期达到增殖的目的，细胞周期包括 G_1 期、S 期、G_2 期和 M 期，在 S 期的 DNA 合成是按固定程序进行的，称为程序性 DNA 合成(scheduled DNA synthesis)。当 DNA 损伤时，即会发生在 S 期半保留 DNA 程序合成之外的 DNA 合成，称为程序外 DNA 合成(unscheduled DNA synthesis)，它是机体为保证其遗传特征的高度稳定而对 DNA 双链上出现的变异或损伤进行修复合成的过程。

程序外 DNA 合成试验是观察分离或培养的细胞，加入标记 DNA 合成原料，如 ^3H-胸苷，在 S 期外是否有 DNA 合成发生，即是以 ^3H-胸苷掺入细胞量的增加，判断受试物是否造成 DNA 损伤。它具有经济、快速、操作简便、无需昂贵设备和复杂技术的特点。

(8) 单细胞凝胶电泳(SCGE)试验

又称彗星试验(comet assay)，是一种近年发展起来的在单细胞水平上检测有核细胞 DNA 损伤与修复的方法。增加的 DNA 迁移是和增加 SSB（单链 DNA 断裂）的水平有关，可进行体外试验和体内试验。基本方法为：获得细胞悬液，制作好含有细胞的琼脂糖的载玻片；裂解细胞以释放 DNA；在碱性溶液中（pH 13）获得单链 DNA，在碱性条件下电泳，中和碱，DNA 染色和彗星显像，计数彗星。与其他遗传毒性试验相比，此方法的优点为：检测低水平 DNA 损伤的敏感性高，对样品的细胞数要求少，适应性高，低花费，操作简便，使用的试验物质相对少，完成试验所需的时间较短。

(9) 组合试验项目

由于一种致突变试验通常只能反映一个或两个遗传学终点。实际工作中，没有一种致突变试验能涵盖所有的遗传学终点，故需用一组试验配套进行检测。用何种方法来评价化学毒物，主要取决于受试物的种类。在食品毒理学评价中，遗传毒性试验的组合应该考虑原核细胞与真核细胞、体内试验与体外试验相结合的原则。从 Ames 试验或 V79/HGPRT 基因突变试验、骨髓细胞微核试验或哺乳动物骨髓细胞染色体畸变试验为首选，在 TK 基因突变试验、小鼠精子畸形分析或睾丸染色体畸变分析试验中分别各选一项。显性致死试验、果蝇伴性隐性致死试验，非程序性 DNA 合成试验作为其他备选遗传毒性试验。

4.2.4　致癌试验

致癌的因素有遗传因素和环境因素（化学性、物理性及生物性因素）等。化学物质致癌作用的研究已有多年的历史。近几十年来，化学致癌问题引起了广泛的关注。国际癌症研究所在 1970 年指出，80%~90% 的人类癌症和环境因素有关，其中主要是化学因素，约占 90% 以上。化学致癌（chemical carcinogenesis）是指化学物质引起正常细胞发生恶性转化并发展成肿瘤的过程，具有这种作用的化学物质称为化学致癌物。化学致癌物的判别包括两个方面证据：一是人群流行病学调查，此项中必须具备两项以上由不同研究者在不同地点、不同对象中以不同调查方法获得的结论相符的证据；二是动物试验证据，要求至少也有两项按现行常规设计进行，符合 GLP（good laboratory practice），在不同物种动物中所得结果一致的动物致癌物鉴定资料。由于肿瘤是一种后果严重的毒性效应，因此化学致癌物的判别是一项极其重要、慎重而复杂的工作。它需要充足的时间、充分的研究和肯定的证据。上述两类证据，经严格评审后，证据可分为证据充足、证据有限和证据不足 3 类，以此评定化学物质的致癌性。

哺乳动物长期致癌试验是目前公认的确认动物致癌物的经典方法，又称哺乳动物终生试验。化学致癌的一个最大特点是潜伏期长。如利用人类流行病学调查资料，一般需要人类接触受试物 20 年后才能进行。利用大鼠致癌试验，试验期为 2 年，相当于人类大半生的时间，克服了潜伏期长的难题，同时，动物试验可严格控制试验条件，可以提高效率，但是该方法的最大局限性是动物试验结果外推到人存在不肯定性。

4.2.4.1 动物选择

肿瘤易感性可在物种、品系、年龄和性别等方面有不同的表现,在致癌试验中选择动物最重要依据是对诱发肿瘤的易感性,一般而言,针对受试物可能有特定的靶器官的敏感性筛选动物的种类更为重要。例如,大鼠对诱发肝癌敏感,小鼠对诱发呼吸道或肺肿瘤敏感,金黄地鼠或犬对诱发膀胱癌敏感,而大、小鼠对诱发膀胱癌均不敏感。如果无法知道受试物的靶器官时,可选用两种啮齿类动物,如大、小鼠。在选择物种和品系时,应考虑自发肿瘤率。在年龄方面,选用断乳或断乳不久的动物。性别选择一般是雌雄各半。除非已证明该受试物结构近似的致癌物有易感性性别差异,才有依据选择易感的一种性别。致癌试验一般每组动物数为雌雄各50只。

4.2.4.2 剂量设计

一般设3个染毒剂量组和1个对照组,必要时另设1个溶媒对照组。3个染毒剂量组包括无作用剂量组、阈剂量组、发生肿瘤的剂量组(此为最高剂量组),以求出明确的剂量-反应关系。为了在每组动物数不太大的条件下,使染毒组的肿瘤发生率显著地高于对照组的肿瘤自发率,一般认为最高剂量应尽可能加大,这样才不至于漏检致癌物。

4.2.4.3 试验期限与染毒时间

原则上试验期限要求长期或终生。致癌试验通常与慢性毒性试验结合起来进行。所谓长期,因不同物种寿命长短不一,观察时间要求不同。一般情况下小鼠最少1.5年,大鼠2年。

4.2.4.4 结果的观察、分析和评定

试验过程观察基本同慢性毒性试验。重点是观察指标与结果评价不同。致癌试验常用的指标如下:

①肿瘤发生率 它是最重要的指标,可计算肿瘤总发生率、恶性肿瘤总发生率、各器官或组织肿瘤发生率和恶性肿瘤发生率,以及各种类型肿瘤发生率。

②多发性肿瘤 肿瘤多发性是化学致癌作用的又一特征。多发性指一个动物出现多个肿瘤或一个器官出现多个肿瘤。一般计算每一组的平均肿瘤数,有时还可计算每一组中出现2个、3个或多个肿瘤的动物数或比例。

③潜伏期 通常用各组第一个肿瘤出现的时间作为该组潜伏期。其局限性是只适用于能在体表观察的肿瘤,如皮肤肿瘤和乳腺肿瘤等。对于内脏肿瘤的潜伏期,则须分批剖杀,计算平均潜伏期。

分析肿瘤发生率、肿瘤多发性、潜伏期3种指标时首先注意有无剂量-反应关系,染毒组应与对照组做显著性检验。假如存在剂量-反应关系,并与对照组差异显著时,判定为阳性结果。如染毒组发生对照组未出现的肿瘤类型,也做阳

性结果，但需对照组的历史资料。假如仅在较高剂量才出现与对照组显著性差异，其毒理学意义不如在较低剂量下或在人类可能实际接触的剂量出现显著性差异的意义重大。因为，大剂量出现阳性结果存在无法肯定的问题，一是实际上是否有接触可能的问题；二是机体是否出现代谢饱和或出现低剂量时没有的活化途径。对于阴性结果的认定应非常慎重。注意试验设计的最低要求：2个物种动物，2种性别，至少3个剂量水平且其中1个接近最大耐受量，每组有效动物数至少50只（动物数量与其自发肿瘤率成正比，即自发率高，动物数量多）。

4.2.5 发育毒性与致畸作用

发育毒性指出生前经父体和（或）母体接触外源性理化因素引起的在子代到达成体之前出现的有害作用，包括结构畸形、生长迟缓、功能障碍及死亡。能造成发育毒性的物质称为发育毒物（developmental toxicant），发育毒物应是在未诱发母体毒性的剂量下产生发育毒性的物质。发育毒理学研究发育生物体在受精卵、妊娠期、出生后、直到性成熟的发育过程中，由于出生前接触导致异常发育的理化因素或环境条件后的发病机制和结果。致畸性和致畸作用是指妊娠期（出生前）接触外源性理化因素引起后代结构畸形的特性或作用。在妊娠期接触能引起子代畸形的理化因素称为致畸物（teratogen）。如果诱发的畸形是在无明显母体毒性剂量下出现的，那么该物质就是一种真正的或选择性致畸物。

评价化学毒物对后代的安全性，可以通过进行环境流行病学调查，动物发育毒性试验和体内外替代试验而获得。动物毒性试验的优点在于容易控制接触条件、接触动物数量、年龄、状态以及选择检测效应指标（终点），甚至一些轻微的效应。对新的化学物质或产品，不可能进行流行病学研究，必须先靠动物试验来预测它们的生殖发育毒性。国际上对发育毒性的评价基本上采用 OECD 为代表的试验程序和美国环境保护署（EPA）发布的改进版的发育神经毒性程序，前者提供了检测人用医药产品生殖毒性的 ICH 3 阶段实验指南，包括动物种（系）选择、给药途径、剂量水平、给药次数和间隔、暴露期间、试验的样本大小、观察技术、统计分析和报告要求的指南，程序的改进包括将给药期延伸到发育的较早或较后的时间点，将观察期延伸到出生后并且选用较复杂的终点；后者提供的大鼠试验的程序，包括观察出生后的生长，青春期的发育界标（包皮腺分离、阴道开口），直到出生后第 60d 不同年龄的运动性，听觉惊愕，学习记忆和神经病理学的发育标记。研究的目的不仅在于明确受试物是否有生殖发育毒性，而且要在已知其具有发育毒性时，确定其对后代的 NOAEL 及剂量-反应关系。我国《食品安全性毒理学评价程序和方法》主要采用的是这两个程序的一部分，称为致畸试验。

4.2.5.1 致畸试验

致畸试验的原理是母体在孕期受到可通过胎盘屏障的某种有害物质作用，影响胚胎的器官分化与发育，导致结构和机能的缺陷，出现胎仔畸形。因此，在受孕动物的胚胎着床后，并已开始进入细胞及器官分化期时投与受试物，可检出该物质对胎仔的致畸作用。

(1) 实验动物

常用实验动物为大鼠。选用健康性成熟(90~100d)大鼠，雌性未交配过的大鼠80~90只，雄性减半。

(2) 试验方法

至少设3个试验组。高剂量原则上应使部分孕鼠(或胎鼠)出现毒性作用，如体重减轻等，低剂量组不应引起明显的毒性作用；各剂量组可采用1/4、1/16、1/64的LD_{50}剂量；或以亚急性毒性试验的最大未观察到有害作用剂量为高剂量组，其1/30左右为低剂量组，在其间设一组。性成熟雌、雄大鼠按1:1(或2:1)同笼后，每日早晨观察阴栓(或阴道涂片)，查出阴栓(或精子)，认为该鼠已交配，当日作为"受孕"零天。如果5d内未交配，应更换雄鼠。检出的"孕鼠"随机分到各组，并称重和编号，在受孕的第7~16d，每天经口给予受试物(按0.5~1.0 mL/100g计)。

(3) 观察指标

于大鼠妊娠第20d直接断头处死，剖腹取出子宫称重，记录并检查吸收胎、早死胎、晚死胎及活胎数。进行活胎鼠检查、胎鼠骨骼检查、胎鼠内脏检查。

(4) 结果判断

应能得出受试物是否有母体毒性和胚胎毒性、致畸性，最好能得出最小致畸剂量。为比较不同有害物质的致畸强度，可计算致畸指数。以致畸指数10以下为不致畸，10~100为致畸，100以上为强致畸。为表示有害物质在食品中存在时人体受害概率，可计算致畸危害指数，如指数大于300说明该物对人危害小，100~300为中等，小于100为大。

致畸指数和致畸危害指数的计算公式见式(4-7)和式(4-8)。

$$致畸指数 = \frac{雌鼠 LD_{50}}{最小致畸剂量} \qquad (4-7)$$

$$致畸危害指数 = \frac{最大不致畸剂量}{最大可能摄入量} \qquad (4-8)$$

4.2.5.2 发育毒性的替代试验

以整体动物试验来检测、研究化学毒物的发育毒性既费钱又费时间，用简单、快速的体内、外试验方法来评价化学毒物的发育毒性和探讨其作用机制是近年来研究的重点，通过广泛的研究，主要有3个体外的胚胎毒性试验：大鼠全胚胎培养试验、大鼠胚胎肢芽细胞微团培养试验和小鼠胚胎干细胞试验。这些试验不论是作为相应的筛选试验还是用于解释发生机制的研究，均可与整体动物试验相结合，提供有价值的资料并间接减少所用动物的数量。

(1) 大鼠全胚胎培养

大鼠全胚胎培养(whole embryo culture, WEC)是从孕期第9~10d大鼠子宫取出胚胎，剥去 Reichert 膜，放入培养液中加入受试物，在含 O_2、CO_2、N_2 的环境中，旋转培养。观察胚胎发育情况，记录胚胎存活，检测胚芽、卵黄囊直径、体节和体长等。以胚胎的心跳和血液循环是否存在作为胚胎存活的指标；以卵黄囊直径、颅臀长和头长、体节数和胚胎重作为胚胎生长发育的指标；根据 Brown 评分对器官形态分化作出评价。可以筛试化学物质的发育毒性、探讨其剂量-反应关系和作用机制。

(2) 胚胎细胞微团培养

胚胎细胞微团培养(micromass cuhure)是从第 11d 的大鼠胚胎取得代表 CNS 的原代中脑细胞微团、肢芽区或其他区的细胞微团，在培养瓶中分别加入不同浓度的受试物共同培养 5d；用中性红染色判断细胞存活；用 Alcian 蓝染色判断肢芽软骨细胞分化数量；苏木素染色判断 CNS 细胞分化数量。对结果进行处理，求出影响终点的 IC_{50}。比较受试物组与对照组数据，评价化学毒物的细胞毒性和发育毒性。

(3) 小鼠胚胎干细胞试验

小鼠胚胎干细胞试验(the mouse embryonic stem cell test，EST)是将小鼠胚泡内细胞团衍生的胚胎干细胞(embryonic stem cells，ES 细胞)在特定条件下，可定向分化为机体多种细胞，因此可作为生物测试系统，用于哺乳动物细胞分化、组织形成过程的发育毒性研究。

4.2.6 神经行为毒性试验

神经毒性是指由于接触物理、化学或生物因素而引起神经系统的结构或功能改变，主要研究毒物对人的神经系统毒性效应，包括神经毒物的代谢、毒物的损伤效应及特性，并研究生化及分子生物学机理，以及神经细胞学。

化学毒物对神经系统的作用多种多样，神经毒性可发生于生命周期中从受孕到老年的任何阶段。根据神经系统的结构特点，神经毒性作用特点可有：①神经毒性表现可随年龄的增长有所不同；②神经系统中的神经元自身不能增殖，一旦受到损伤，它们是不能再生的；③有些神经细胞最初是过量存在的，因此对损伤具有一定的缓冲作用，神经细胞少量损失不会影响神经功能和行为活动；④由于在后半生神经细胞的减少和神经系统的其他改变，神经毒性可以随着年龄衰老逐步增强；⑤神经毒性反应的表现可能是进行性的，轻微的功能损伤也可能变得异常严重；⑥某些物质特别是各种药物在不同剂量下，神经系统可产生不同的反应；⑦化学物质的联合接触会产生相互作用。

行为毒性是指各种各样的化学物质对行为方面所产生的有害影响，通常是指感觉、学习和记忆、运动等中枢神经系统的功能障碍。神经行为毒理学主要研究外源化学物质特别是低剂量慢性接触对人的神经行为，即人的心理功能的毒性效应。行为毒性的发生机制与其他一般毒性的发生机制是不同的。通常，一般毒性是器质性的损伤而引起明显的功能性变化。而仅仅停留在功能性改变，并未明显地出现器质性障碍的情况下，可以依靠行为检测方法来进行评价。近十几年来，神经生化学、神经生理学等学科的日新月异发展，促进了行为异常发生机制的探讨和研究。使得在环境和食品中存在的许多具有潜在的神经毒性的化学物质，在低剂量，无明显形态学改变的条件下，对其毒性的评价成为可能。

神经系统的复杂性使人们很难准确指出一种化合物何时并且是否已经对神经系统引起了损伤。神经毒理学的研究方法很多，可以说任何研究神经科学的方法，如神经生物学、神经生理学、神经生化学、神经病理学、神经药理学、分子神经生物学等，都适用于研究神经毒理学。病理学研究提供了最初的、单一的描述毒物效应的方法。利用组织的常规制备和不同的染色方法，如 Golgi 和其他金属浸渗、嗜碱性尼氏体染色、Weiger 髓鞘方法等，与生物学知识的联合应用已经提供了许多有关神经毒物的证据。随着现代免疫组化方法、放射自显影方法、细胞化学方法和分子生物学方法的发展，对细胞内的小分子、蛋白质和核酸进行定位和定量已成为可能。在体外，人们可以建立特定类型的细胞系，利用电生理学方法、图像和分子终点法来阐明神经毒理学机制。

4.2.6.1 神经毒性试验

用动物建立神经系统疾病模型是研究和评价受试物对神经系统影响的有效方法之一，鸡作为某些有机磷中毒后引起迟发性神经病（OPIDN）的模型已被国际学术界公认。世界上许多国家（包括我国在内）的管理部门已用此模型筛选和鉴定有机磷农药和其他农药的迟发性神经毒性，求出迟发性神经毒性无作用剂量。实验动物选用遗传背景明确、健康、步态正常的母鸡。每剂量组母鸡数量应保证在观察结束时存活至少有 6 只。一般设 3 个不同剂量的试验组，一个阳性对照组和一个空白对照组。高剂量组一般采用 LD_{50} 剂量，观察期结束时可引起实验动物胆碱酯酶活性下降，以及部分动物死亡；低剂量组根据预试验确定，可能引起或不引起迟发性神经毒症状，其剂量一般为高剂量的 1/5~1/10；中剂量组在高低之间，其症状在 II 级以上，少部分动物可达 IV 级。阳性对照组用 500mg/kg TOCP（三邻甲苯磷酸酯）。空白对照除不接触试验农药外，其他各种条件与试验组相同。急性试验观察期一般为 21d，如未见异常反应或有可疑反应时，须再次给药，继续观察 21d，亚慢性试验连续给药 13 周并观察，停药后再观察 1 周。给药后每天观察记录实验鸡的外观体征、行为活动，特别是鸡的站立和运动姿势及运动失调程度。必要时可强迫母鸡活动，如爬楼梯等，以便观察迟发性神经毒性的最小反应。一般迟发性神经毒性反应在第 7~10d 开始出现并逐渐加重。

4.2.6.2 行为毒性试验

行为毒性试验进入受试物的安全性评价有一个发展的过程，20 世纪 80 年代，美国先后在新生产化学物质的安全性毒性评价试验方法指南中增加了"行为功能观察指标测试试验组（FOB）和活动量"等行为测试方法，把行为毒理学方法作为一种敏感的化学物质安全性评价手段，逐渐列入化学物质安全性评价法规中。最近，美国环境保护署制定和颁布的实验指南中，明确指出了发育神经毒性评价的重要性,并规定对准备登记、注册的杀虫剂、杀菌剂等农药必须进行啮齿类动物行为毒理学试验,包括运动、惊厥反应、学习记忆等方面。这样,行为毒理学由产生到发展至今天,经历了20年左右的发展历程。

由于比较肯定的动物神经系统疾病模型很少,作为这些方法的补充,一组以行为学为终点的方法也被用于反映神经毒性。食品毒理学中的行为毒性试验所选择的实验动物要与人类更接近,同时也要既容易获得,又经济的动物,如狗、兔、鼠等。目前国际上最通用的动物是大鼠和小鼠。给予方式一般为经口等方式,给予的时间及其时间的长短,取决于试验的目的。动物年龄的选择,是针对不同的受试物来选择。

一般行为毒理学主要包括:①一般行为;②学习能力;③感觉功能;④活动能力;⑤药理学反应性;⑥神经运动能力等6个方面。测定行为的方法作为神经系统功能的敏感测量方法,也是反映神经系统整合的输出情况。行为方法多是运用运动行为和一组被称为功能观测组合的试验来进行,在这些检测终点的改变对于评价毒物引起的广泛的、综合的行为学改变是有益的。有针对人体的学习记忆、人体运动协调、注意力集中的组合;从试验毒理学方面,则以实验动物为观察对象,观察分析实验动物在接触外来化学物质之后的应答性行为。目前所用方法以条件反射方法为基础,在试验前先经过训练,使实验动物建立获得性行为。有对动物的学习记忆的组合;有观察动物的运动、活动组合;也有超过24种参数组成的总的功能观测组合,其中包括水平、垂直和总的活动,如痉挛、震颤、刻板(重复的)行为、呼吸方式、步态、排尿、应激反应、竖毛反应、瞳孔大小和对光反应、流涎、过多的发声、流泪、握力、肌张力等。功能观测组合通常能提供神经毒物作用机制的重要线索。

受试物对人体的神经和行为功能的影响是评价受试物神经行为毒性的最有效的资料,是动物试验必要的补充,但是研究与动物试验方法不同,有的研究方法,如组织病理学检查中枢神经系统及周围神经系统的变化,仅能在死后进行。另外,神经毒性化学物质不可能在人体进行观察其毒性效应等,因此人体的研究仅能在人体接触毒物后,在临床观察神经系统某些功能的改变,如感觉功能、运动功能、心理功能、神经病学临床检查。电生理检查,如EEG(脑电图)、EMG(肌电图)、ENG(神经电图)等,利用CT核磁共振、PET等观察脑定位的损伤等。

4.2.7 免疫毒性试验

免疫毒理学(immunotoxicology)是毒理学的一个分支学科,主要研究外源化学物质和物理因素对人和实验动物免疫系统产生的有害作用及其机制。免疫毒理学是在免疫学和毒理学基础上发展起来的学科。研究食品中化学物质的免疫毒性是免疫毒理学的重要内容之一。

在对食品进行安全性评价时,常常是根据一般毒理学的检查,如急性毒性、蓄积毒性、亚慢性或慢性毒性检测,包括动物的生长率或功能障碍、重要器官的质量及功能变化、血液生化指标的改变、遗传学指标及行为、神经等方面的指标改变。但有时在长期小剂量接触某种化学物质后，虽然不足以引起以上各方面的变化，但却可表现出对免疫系统的作用。所以，研究外源性化学物质（包括食品中化学物质）对免疫功能的影响，一方面可对它们的毒性作出全面的评价，另外还可以从对免疫功能的检查中寻求外源性化学物质对机体损害的早期指标。免疫功能变化是十分灵敏的，通常产生变态反应效应的剂量绝大多数比出现毒性作用剂量低若干个数量级。

4.2.7.1 免疫毒性影响的表现

食品中的某些化学物质，如食品添加剂、食品中污染物、农药残留等都可以影响的免疫功能具体表现有以下几个方面：

①使免疫功能受到抑制或产生免疫缺损 很多化学物质可以对免疫功能（包括体液免疫功能和细胞免疫功能）产生抑制作用，实验动物在接触某些化学物质后，其免疫功能抑制的程度取决于所接触化学物质的剂量。

②改变宿主的防御功能，降低机体抵抗力 机体在接触外源性化学物质后，可以改变其对细胞、病毒、寄生虫及可移植肿瘤和自发肿瘤的抵抗力，一般来说由于细胞介导免疫（cell mediated immunity，CMI）或体液免疫（humoral mediated immunity，HMI）严重抑制而造成宿主对一些感染因子敏感性增加，抵抗力下降。

③产生变态反应 变态反应是病理性免疫反应，当机体受抗原刺激后产生异常的体液或细胞免疫反应，导致生理功能紊乱或组织损伤。

外源性化学物质对免疫功能作用可通过直接作用机制和间接作用机制。直接作用表现在食品中存在的某些化学物质的细胞毒性作用，它们可以直接作用于免疫器官以及免疫细胞，如食品污染物 TCDD 可以对体液免疫、细胞免疫及宿主抵抗力都产生抑制作用，TCDD 直接作用于胸腺，使其发生严重萎缩，在皮层的胸腺明显减少。某些化学物质还可直接作用于淋巴细胞、浆细胞以及一些辅助细胞。间接作用主要是内分泌的作用，营养缺乏是其中一个重要原因。营养不良常常会增加对感染的易感性及降低免疫力。儿童缺乏蛋白质及大鼠营养缺乏时血清中肾上腺皮质激素可升高，皮质激素的升高可抑制体液免疫功能。B 族维生素和矿物质缺乏可造成细胞免疫功能降低以及对传染病的抵抗力下降。

4.2.7.2 免疫毒性试验方案

由于免疫毒性涉及机体的多个免疫体系和影响机体的多个方面，在免疫毒性的检测方案上，不同的国家和学术机构提出了不同的测定方案，比较有代表性的是美国国家毒理学计划（NTP）推荐的小鼠免疫毒性检测方案和荷兰 NIPHEH 推荐的大鼠免疫毒性检测方案。前者把检测项目分成筛选（一级）和广泛研究（二级）；后者在免疫病理学（一级）的基础上，把所有的免疫方面的检测都列入二级。具体检测方案见表4-2和表4-3。免疫毒性试验结果的复杂性，使得人体研究变成必要的补充。20世纪80年代由美国国家研究委员会（national research council，

NRC)提出的人群免疫毒性检测方案分为3个阶段，所有接触免疫毒物的人均需进行第1阶段检测，在第1阶段检测中发现有异常的人及选择部分接触人群进行第2阶段检测，第3阶段检测是在第2阶段中发现有异常的人中进行。世界卫生组织(WHO)也对人群免疫毒性检测提出建议，在WHO推荐的方案中包括7个方面：血液学检查、体液免疫、细胞免疫、非特异性免疫、淋巴细胞的表面标记、自身抗体、临床化学检查等。表4-4为WHO提出的人群免疫毒性检测方案。

表4-2 美国国家毒理学计划(NTP)推荐的小鼠免疫毒性检测方案

检测项目	检测内容
筛选(一级)	
免疫病理	血液学——白细胞总数及分类
	脏器质量——体重、脾脏、胸腺、肾、肝
	细胞学——脾脏
	组织学——脾脏、胸腺、淋巴结
体液免疫	对T淋巴细胞依赖性抗原(SRBC)产生IgM空斑细胞数
	对有丝分裂原LPS反应
细胞免疫	对有丝分裂原ConA反应及混合淋巴细胞反应
非特异性免疫	自然杀伤(NK)细胞活性
广泛研究(二级)	
免疫病理	脾脏中T、B淋巴细胞数
体液免疫	对SRBC的IgG抗体形成细胞数
细胞免疫	细胞毒T细胞(CTL)的溶细胞效应及迟发型变态反应(DTH)
非特异性免疫	巨噬细胞——腹腔巨噬细胞数及吞噬能力(静止及活化)
宿主抵抗力的攻击模型	同基因型肿瘤细胞
(观察终点)	PYB6肉瘤(肿瘤发生率)
	B16F10黑色素瘤(肺部肿瘤的结节数)
	细菌模型
	李斯特菌(死亡率)
	链球菌(死亡率)
	病毒模型
	流感病毒(死亡率)
	寄生虫模型
	疟原虫(寄生物血症)

表4-3 荷兰NIPHEH推荐的大鼠免疫毒性检测方案

项目	检测内容
一级	
免疫病理学	常规血液学(白细胞分类、计数)
	血清IgM、IgA、IgG浓度
	骨髓细胞构成
	器官质量(胸腺、脾脏、淋巴结)
	组织病理学(胸腺、脾脏、淋巴结、肠系膜淋巴结、支气管相关淋巴组织)
	选择指标：淋巴组织免疫细胞化学和流式细胞计数

(续)

项目	检测内容
二级	
细胞介导免疫	对T淋巴细胞依赖性抗原(如卵蛋白、结核菌素、李斯特菌)的敏感性及皮肤激发试验
	对特异性抗原(李斯特菌)的淋巴细胞增殖反应;有丝分裂原(ConA、PHA)
	对T淋巴细胞的刺激作用
体液免疫	对T淋巴细胞依赖抗原(卵清蛋白、破伤风类毒素、旋毛虫)反应的血清IgM、IgG、IgA、IgE的浓度
	对非T淋巴细胞依赖性抗原LPS反应的血清IgM浓度
	对B淋巴细胞有丝分裂原LPS的淋巴细胞增殖反应
巨噬细胞功能	脾黏附细胞和腹腔巨噬细胞在体外对李斯特菌的吞噬和杀伤作用
	脾黏附细胞和腹腔巨噬细胞对YAC-1淋巴瘤细胞的溶解作用
自然杀伤细胞功能	脾非黏附细胞对YAC-1淋巴瘤细胞的溶解作用
宿主抵抗力	对旋毛虫的激发效应(肌肉幼虫计数及幼虫驱出),对李斯特菌的激发反应(脾脏和肺脏的清除)

表4-4 WHO推荐的人群免疫毒性检测方案(WHO,1992)

1　全血细胞计数及分类

2　抗体介导免疫(检测一项或多项)

　　对蛋白抗原的初次抗体反应

　　血清中免疫球蛋白水平(IgM,IgG,IgA,IgE)

　　对蛋白抗原的二次抗体反应(白喉、破伤风或脊髓灰质炎)

　　对回忆抗原的增殖反应

3　用流式细胞仪分析淋巴细胞的表型

　　分析淋巴细胞表面标记Cly3,CD4,CD8,CD20

4　细胞免疫

　　用试剂盒检测皮肤迟发型过敏反应

　　对蛋白抗原(KLH)的初次DTH反应

　　对血型抗原的天然免疫(如抗A,抗B)

5　自身抗体和炎症

　　C-反应蛋白

　　自身抗体滴度

　　对过敏原产生的IgE水平

6　非特异性免疫的检测

　　NK细胞数(CD56或CD60)或对K562细胞的溶解性

　　吞噬作用(NBT或化学发光)

7　临床化学指标检测

思考题

1. 毒理学试验的三大原则分别是什么?
2. 为什么实验动物的毒理学试验资料外推到人群接触的安全性时会有很大的不确定性?
3. 为什么在毒理学试验中一般至少要设高剂量、中剂量、低剂量3个剂量组?
4. 毒理学体内试验常用的对照有哪几种?
5. 什么是急性毒性?
6. 急性毒性试验的目的是什么?通过外源化学物质的急性毒性试验,可以得到哪些毒性参数?
7. 简述经典急性致死性毒性试验的要点。
8. 为什么用急性毒性试验的资料难以预测慢性毒性?
9. 亚慢性和慢性毒性试验的目的是什么?
10. 美国ILSI风险科学研究所提出选择最高剂量和较低剂量的5个原则分别是什么?
11. 对亚慢性毒性的评价包括哪些步骤?
12. 简述蓄积系数法主要的两种具体实验方案。
13. 在什么样的情况下可不考虑做皮肤刺激试验?
14. 什么是皮肤致敏?皮肤致敏性试验的目的是什么?
15. 已经验证的局部毒作用的体外试验有哪些?
16. 简述基因突变的几种基本类型。
17. 什么是染色体畸变?染色单体型畸变和染色体型畸变有什么区别?
18. 直接修复主要包括哪几种?修复机制分别是怎样的?
19. 什么是切除修复?它与直接修复有何区别?
20. 为什么遗传毒理学评价程序通常为一组体内、外遗传毒理学试验?
21. 遗传毒理学成套观察项目中有哪些试验可入选的原则?
22. 什么是应用最广泛的检测基因突变的方法?简述其原理。
23. 什么是微核实验?
24. 什么是姐妹染色单体交换?简述其试验的原理。
25. 简述实验动物致癌性资料证据的评价标准。
26. 化学致癌物的判别的两个方面证据分别是什么?
27. 有哪3类细胞可应用于细胞转化试验?
28. 在致癌试验中选择动物都有哪些注意事项?
29. 人群流行病学调查有何意义,它是如何进行的?
30. 什么是致畸性和致畸作用?
31. 简述致畸作用的机制。
32. 根据神经系统的结构特点,神经毒性作用特点有哪些?
33. 一般行为毒理学主要包括哪6个方面?
34. 行为毒理学的一般评价原则是什么?
35. 免疫毒理学包括哪几方面的研究内容?
36. 食品中化学物质对免疫功能有什么影响?
37. 根据变态反应出现的快慢及抗体是否存在可把变态反应分成哪些类型?
38. 进行免疫毒理学体内试验设计时有哪些注意事项?
39. 简述NK细胞活性测定方法。

第5章 危险性评估

重点与难点 主要介绍了危险性分析的相关概念与主要内容，重点介绍了不同食源性危害因素危险性评估的框架和具体步骤。危险性分析由危险性评估、危险性管理和危险性信息交流3部分组成。危险性评估包含4个科学步骤，即危害的识别、危害特征的描述、暴露评估和危险性特征的描述。

5.1 概 述
5.2 危险性评估
5.3 食品中化学性污染因素的危险性评估
5.4 食品中生物性污染因素的危险性评估

5.1 概述

长期以来，安全性评价的结果是政府部门管理化学物质的主要依据，通常是根据动物试验资料来估计人的未观察到有害作用剂量(NOAEL)及制订人的每日允许摄入量(ADI)，以此为基础与基准制定各种卫生标准。1960年美国国会通过的 Delaney 修正案确定了"凡是对人和动物有致癌作用的化学物质不得加入食品"的条款，按此进行管理就提出了致癌物零阈值(zero threshold)的概念。到了20世纪70年代的后期，发现的致癌物也越来越多，而其中一些(如二噁英)是难以避免或无法将其完全消除的，或在权衡利弊后尚无法替代的化学物质。于是，零阈值的概念演变成可接受危险性(acceptable risk)的概念，以此对外源性化学物质进行危险性评估，即接触某化学物质终生所致的危险性减低到可接受危险性。随之，危险性评估与预测的方法应运而生，并已经从化学物质的致癌作用扩展到了生殖发育和内分泌危害、神经精神危害和免疫危害、甚至生物性因素(如微生物感染)领域的危险性分析。

危险性分析(risk analysis)由3部分组成，即危险性评估、危险性管理和危险性交流，其中最关键的环节就是危险性评估。危险性评估是指食源性危害(化学的、生物的、物理的)对人体产生的已知的或潜在的对健康不良作用可能性的科学评估，系统性科学地分析因接触危害因素或条件而引起的对健康和/或生态环境有害作用的过程，是通过使用毒理数据、污染物残留数据分析统计手段、暴露量及相关参数的评估等系统科学的步骤，决定某种食品有害物质的危险，是人体接触食源性危害而产生的对健康已知或潜在的不良作用进行科学评价，是对科学技术信息及其不确定性信息进行组织和系统研究的一种方法，用来回答有关健康危害的危险性中的具体问题。它包括以下几个步骤：①危害识别；②危害特征的描述；③暴露评估，特别是摄入量评估；④危险性特征的描述。

危险性评估的目的是确定可接受的危险性，为政府管理部门正确地制定相应的管理法规和卫生标准提供科学依据。危险性评估是危险性分析的核心，也是危险性管理和信息交流的基础。从20世纪70年代开始，美国率先应用危险性评估。危险性评估的诞生，反映了人们对如何管理和控制有害因素的认识过程。1983年，美国科学院(NRC)在其"红皮书"里公布了危险性评估的框架，较详细地描述了危险性评估的各个步骤，包括危害识别、剂量-反应关系评定、接触分析和危险性刻划等，危险性评估中所用的研究资料主要包括3个方面：①实验室和现场对健康影响的研究观察资料；②有关从高剂量到低剂量和从动物向人外推方法及其基础研究资料；③现场接触水平的测量或测定，以及有关接触人群特征的资料。危险性评估的主要目标是：①权衡外源物(如药物、农药等)的"利"与"害"；②确立安全接触水平，如食品污染、水污染等；③根据危险性大小，分轻重缓急来管理和控制各种潜在危害；④评估危害控制或治理的效果，以及治理后依然存在的危险性。

5.2 危险性评估

5.2.1 危害鉴定

危害鉴定(hazard identification)又称为危害认定或危害识别，是危险性评估的第一阶段，属于定性评估。所谓危害鉴定是指对食品中可能存在的影响人体健康的生物、化学、物理因素或状况等科学资料的确认，如细菌、真菌和真菌毒素、病毒和寄生虫、有毒动植物、潜在的环境有毒污染物等。危害鉴定的目的在于确定人体摄入外界因素的潜在不良效应，对这种不良效应进行分类和分级。危害的认定时，毒性分类常采用证据加权法，必要时进行毒性分级，以便于管理。其依据必须汇集现有资料并评价其质量，在权衡后做出取舍或有所侧重，特别是注意对人的作用和影响。往往由于资料不足，在进行危害的认定时常采用证据加权的方法。

危害鉴定的依据，按重要程度的顺序为：流行病学研究、动物毒理学研究、体外和短期毒性试验以及定量的结构与活性关系的研究。阳性的流行病学资料以及临床资料对于危害的识别十分有用，但是由于流行病学研究的费用较高，对于大多数危害的研究而言提供的数据有限，因此实际工作中，危害鉴定一般采用动物和体外试验的资料作为依据。

5.2.1.1 流行病学研究

人群流行病学调查资料能直接反映特定的外界因素与机体接触后所造成的损害作用，不存在毒理学动物试验的种属外推问题，所以不确定因素少，容易确定因果关系。流行病学调查所发现的人群接触与化学物质效应之间的阳性关系，可为危险性评估中的危害鉴定提供最有价值的信息，是人类危险性评估中最有说服力的科学证据。危险性评估中常用的流行病学调查方法，主要有横断面研究、队列研究和病例-对照研究三大类。从根本上说，流行病学方法都是根据已知或假定的接触，以非接触者作为对照，或者用已发生的"病例"与没有这类效应的个体比较。这无疑会有一定的局限性，特别是探索性的流行病学调查，一般来说研究假说都不够有说服力，有关接触的资料常是回顾性的，且大都比较粗糙。如果是探索潜伏期(从接触到发病的时间)较长的毒性效应，这种情况就更为突出。同时，流行病学研究需要面对现实，常常作出迫不得已的选择，如在小样本获得详细资料与大样本收集有限资料之间决定取舍等。此外，个体差异、生活方式(如吸烟、节食)等混杂因素，也会对流行病学研究的结果产生不同程度的影响。

在流行病学研究设计或应用阳性流行病学数据过程中，必须考虑人群的以下因素：人敏感性的个体差异、遗传的易感性；与年龄相关的；与年龄和性别相关的易感性；以及其他受影响的因素，如社会经济地位、营养状况和其他可能的复杂因素的影响。

5.2.1.2 动物毒理学研究

由于理想的人群流行病学资料较难获得,毒理学试验资料常被用做危险性评估的主要依据。毒理学试验的最大优点是可以人为控制试验条件,排除其他混杂因素的干扰,获得比较确定的受试物与机体损害效应之间的剂量-反应关系和因果关系,在此基础上评价和预测对人体造成危害的可能性。

危险性评估的大部分毒理学数据来源于整体动物试验研究,这就要求这些动物试验必须遵循科学界广泛接受的标准化试验程序。现在尽管存在许多这类标准化试验程序,如联合国经济合作发展组织(OECD),美国环境保护署(EPA)等,但没有适用于食品安全风险评估的专用程序。无论采用哪种程序,所有研究都应当遵循良好实验室操作规范(GLP)和标准化质量保证/控制系统(QA/QC)。一般情况下,食品安全风险评估使用充足的最小量的有效数据应当是可以的,包括规定的品系数量、两种性别、正确的选择剂量、暴露路径以及充足的样品数量。一般而言,数据的来源(发表的研究、未发表的研究、工厂的数据等)并不重要,只要研究有足够的透明度,并且能够证明遵照 GLP 和 QA/QC 执行就可以了。

整体动物试验资料是危害鉴定的重要资料,常用啮齿类实验动物进行慢性甚至终身试验。在进行慢性毒性试验时,应当着眼于有意义的主要的毒理学作用终点,包括肿瘤、生殖/发育毒性、神经毒性、免疫毒性等。一般地讲,不论是致癌试验,还是发育毒性或其他非致癌毒性效应的生物测试,所采取的接触(暴露)途径都应尽可能地与预测(或实际)的人类接触途径相近或相同。到目前为止,人们仍然假定所有引导实验动物肿瘤的化学物质,也会引起人类的肿瘤。现已证实,所有已知的人类化学致癌原,至少对一种实验动物模型有致癌作用。因此,尽管化学物质诱发实验动物肿瘤与引起人类肿瘤之间的联系尚未完全确立,但在缺乏充分的人类资料的情况下,一般都慎重地认为那些已肯定对动物致癌的化学物质,对人类也可能有潜在的致癌危害。

5.2.1.3 体外和短期毒性试验

危害鉴定中应用较多的另一类方法是体外试验和短期毒性测试。这类试验方法的种类很多,范围很广,从较简单的体外细菌突变试验到比较复杂的体内短期试验,如小鼠皮肤涂敷试验和改良的大鼠肝 foci 测试等。在危险性评估中这些测试结果的外推,以致突变和致癌性为试验终点的各种方法相对成熟。美国国家毒理学项目(NTP)用分析预测试验的结果证实,短期致突变和致癌性测试方法能较好地预测有遗传毒性的致癌物,而其他毒性终点测试结果的应用和外推,尚研究不够。

由于体外和短期测试方法快速、经济,并且可能提供有关毒效应机制方面的信息,故危险性评定中如何设计、应用和验证短期测试的结果,就显得特别重要。某些短期试验系统中所获得的毒性机制的资料,已被应用在某些化学物质的危险性评定,如美国 EPA 对 TCDD - Ah 受体的研究等。但是,建立和验证一种新的体外或短期毒性试验方法，必须先确定它的敏感性、特异性和毒性终点的预测值，方能科学合理地使用在危险性评估的过程。但是，体外试验的数据不能作为预测对人体危险性的唯一资料来源。

体外和短期毒性试验必须遵循良好实验室规范或其他广泛接受的程序。

5.2.1.4 结构-活性关系(SAR)

结构-活性关系的研究对于提高人类健康危害鉴定的可靠性也是有一定作用的。受试化学物质的结构、溶解度、稳定性、pH 敏感性、亲电子程度以及化学反应性等，均可为危害鉴定提供有价值的信息。事实上，一些国家的管理机关已经或正在应用有关结构-活性关系资料作为化学物质危害管理和控制的科学依据。例如，美国职业安全与健康署公布的 14 种职业致癌原中，有 8 种属于芳香胺族类化合物，故芳香胺类化合物的关键分子结构就为管理机关提供了便于获得的用来评估潜在危害的信息。再如，美国 EPA 的有毒化学物质办公室就是主要利用 SAR 资料来及时回复有关新化学物质上市的预登记申请。将危害物质的化学特性与已知的致癌原(或致病原)做比较，可以知道此危害物质潜在致癌力(致病力)，从许多试验资料显示致癌力确实与化学物质的结构种类有关。这些研究主要是为了更进一步证实潜在的致癌(致病)因子，以及建立对致癌能力测验的优先顺序。已有资料表明，N-亚硝胺或芳香胺类化合物、胺基偶氮染料结构的化合物，以及有菲环(Phenan-threne nucleus)结构的化合物，都提示需要进一步全面评价它们有无致癌作用。有关发育毒性的结构-活性关系的资料不多，已有研究表明，与二丙基醋酸和视黄酸结构类似的化合物可能需要详细地评定其发育毒性。对于同一类化学物质(如多环芳烃、多氯联苯、二噁英)，可以根据一种或多种化合物已知的毒理学资料，采用毒物当量的方法来预测其他化合物的危害。

5.2.2 危害特征的描述

危害特征的描述(hazard characterization)是对可能存在于食品中的可导致不利于健康的生物、化学和物理因素进行定性和/或定量评价。其核心是剂量-反应关系的评价。对化学因素，应进行剂量-反应关系评价；对生物或物理因素，如何获得相应数据，也应进行剂量-反应关系的评价。这一部分是危险性评估的第二阶段，为定量危险性评估的开始，是对危险性特征的分析过程。其目的是在认定待评物质具有危险性的基础上，阐明不同剂量水平的待评物质与接触群体中出现最为敏感的关键性有害效应发生率之间的定量关系，确定特定接触剂量下评价人群危险性的基准值。

剂量-反应的评定方法包括有阈值和无阈值两类评定方法。传统上前者用于非致癌效应终点的剂量-反应评定，后者则用来评定化学物质致癌效应的剂量-反应关系。在危险性评定过程中，由于多数情况下可利用的人群资料有限，剂量-反应关系评价主要基于动物试验的结果。但外源性化学物质(包括食品添加剂、农药、兽药和污染物)在食品中存在的含量往往很低，通常为微量(mg/kg 或 μg/

kg），甚至更低（如二噁英为 ng/kg 或 pg/kg），一般均低于动物毒理学试验中所设计的剂量下限，故建立由高剂量向低剂量、由动物效应向人的危险性外推的方法成为剂量-反应关系评价的主要内容。

5.2.2.1 有阈值的剂量-反应关系评价

主要通过评价确定待评物质的 NOAEL 和 LOAEL，作为基准值来评价危险人群在某种接触剂量下的危险性，并估算该物质在各种环境介质中最高容许浓度。

NOAEL 本身是不起有害效应"显著"升高的最高剂量，"显著"在这里包含生物学和统计学两方面的意义。NOAEL 值是危险性评定中应用最多的一个重要参数（指标），主要有两种用法。

（1）参考剂量（reference dose，RfD）

要确定待评物质的 RfD，应首先对人群流行病学调查资料与毒理学动物试验结果进行分析，明确剂量-反应关系，确定 NOAEL，计算公式为：

$$RfD[mg/(kg \cdot d)] = NOAEL/(UF \times MF)$$

式中：UF 和 MF 分别为不确定系数和校正因子。

由于人对于多数毒物的毒性反应要比动物敏感，在由动物试验结果向人外推的过程中，存在许多不确定因素，会造成误差。故在计算 RfD 时，应把实验动物的 NOAEL 缩小一定倍数来确保安全。因此，RfD 是用来作为安全系数以反映种属内和种属间差异，从短期接触到长期接触的外推，弥补实验动物数量不足以及试验结果的其他局限性。如果需要根据毒性机制、毒代动力学、动物"效应"与人类相关性等资料来调整不确定系数，就另外再用校正因子。

下列几项内容可影响 UF 的数值：

①个体敏感的变异带来的不确定性，取 10 倍系数。这是由于毒代动力学和毒效动力学两方面的差异所致，两者的作用相等。因此，将 10 倍系数等分为 2 个分系数，即表示毒代动力学和毒效动力学的系数各为 3.2（$10^{0.5}$）。

②从实验动物外推到人的不确定性，取 10 倍系数。这也由于毒代动力学和毒效动力学两方面的差异所致。但现有资料证明，人和实验动物在毒代动力学方面的差异大于毒效动力学方面的差异。所以，将表示前者的分系数定为 4（$10^{0.6}$），将表示后者的分系数定为 2.5（$10^{0.4}$）。

③从亚慢性毒性试验资料推导慢性毒性资料的不确定性，最大可取 10 倍系数。

④当用于推导的资料库不完整（如受试物种太少，缺乏生殖毒性资料等）时，最大可取 10 倍系数。

（2）计算获得"接触界限"（margin of exposure，MOE）或"安全界限"（margin of safety，MOS）

MOE 实际上是动物 NOAEL 与人可能接触剂量之比值，两者均以 mg/(kg·d)表示。例如，如果饮用水中含铅 1mg/L，一名体重 50kg 妇女每日饮水 2L，则这名妇女的每日接触量是 0.04mg/(kg·d)，假定动物经口接触神经毒性的 NOA-

EL 是 100mg/(kg·d)，则 MOE 为 2 500 [即 100mg/(kg·d)÷0.04mg/(kg·d)]，即人经口接触产生神经毒性的接触界限。MOE 的计算不考虑种属差异、动物的敏感性以及从动物外推到人的不肯定性等。接触界限值越小，表示人的实际接触水平越接近于实验动物的 NOAEL。目前，美国管理机关把 MOE 值低于 100 作为需要进一步全面评价的"警戒限"。

如果动物试验中没有获 NOAEL，而只有 LOAEL 值，则一般另加一个 10 倍系数使其可与 NOAEL 比较。但是，以发育毒性为观察终点资料的转换，LOAEL 再加 10 倍系数则可能过大。美国在制定铅和其他常见空气污染物的标准时，因为要考虑现实的技术可行性，所以实际上是选用了接近 LOAEL 的剂量，而并没有真正采用 MOE 方法。

但是，使用 NOAEL 方法也有明显的缺陷和局限性。例如，严格地讲 NOAEL 必须是一个试验剂量，一旦 NOAEL 确定，就往往忽视剂量-反应曲线的其他含义；用少数动物和较大剂量所得 NOAEL 值大，容易误导人们寻求这类可靠性差的 NOAEL 值，而不是寻求更客观但不易得到的 NOAEL 值；由于 NOAEL 方法并不是检出 NOAEL 水平的"各种反应"，故据此所得危险性值可能相差较大。

为了克服 NOAEL 方法的局限性，近年来开始较多地应用"基准剂量"（benchmark dose，BMD）替代 NOAEL 或 LOAEL 计算 RfD。BMD 是一个可使化学毒物有害效应的反应率稍有升高的剂量的 95% 可信限下限值，该反应率可以人为确定，通常选择 1%、5% 或 10%，此时，计算 RfD 的公式变为：

$$RfD[mg/(kg·d)] = BMD/(UF \times MF)$$

从目前的研究情况看，BMD 的主要优点在于：①全面评价整个剂量-反应曲线，而不是像 NOAEL 方法那样仅着眼于某一个剂量；②应用可信限来测量和考虑变异因素；③应用试验范围内的各种"反应"，而不是单纯"外推"到低剂量；④在不同的试验研究中，可以应用同一个综合剂量-反应（效应）水平来计算每日参考接触量等。

5.2.2.2 无阈值的剂量-反应关系评价

一般认为，致突变和致癌作用是无阈剂量的毒性效应。在危险性定量评定中，如果假定不存在阈剂量，这种剂量-反应的评定就可以在其剂量-反应曲线的低剂量区域设定各种外推的曲线。而化学毒物的致突变和致癌效应主要靠毒理学评价程序来鉴定，在把毒理学动物试验的结果应用于人时，不仅存在种属差异，而且存在高剂量向低剂量外推的差异。许多化学毒物在高、低剂量下的毒效应是不一样的。如高剂量的糖精在尿中析出结晶，则会刺激膀胱内皮细胞异常增生，引发膀胱癌，但低剂量糖精却无此效应。即便是效应性质相同的毒物，在低剂量区的剂量-反应关系曲线也有不同的形式，如超线性、线性、次线性等，而毒理学试验结果往往不能提供这些资料，设定这些低剂量区域的曲线，目前是用各种无阈剂量-反应模型外推。这些模型有统计学模型（概率分布）和机制模型两大类。近年来，又有些更适用毒理学研究的外推模型，如时间-肿瘤反应模型、毒代动力学模型等相继问世,并推广应用。改进和发展无阈剂量-反应评定中各种模型及其应用,将是今后危险性评价的研究发展方向之一。在使用不同模型对同一毒物的致癌危险性外推时,由于它们对毒理学动物试验资料的拟合方式和拟合程度的差异,各结果之间可相差几个甚至十几个数量级。因此,根据已有的资料情况来选用适宜的模型对于正确评价毒物的致癌危险性至关重要。

5.2.3 暴露评估

暴露评估(exposure assessment)是危险性评估的第三阶段,目的是确定危险人群接触待评物质的来源、类型、程度和持续时间等,为危险性评价提供可靠的接触数据或估测值。暴露评估是危险性评价的一个关键步骤,是整个危险性评价工作中不肯定因素较集中的一个领域。如经此阶段认定待评物质与人群无接触或虽有接触但不能引起健康危害,则危险性评价可不必再继续进行。

暴露评估涉及环境有害物质与接触人群两方面的研究。对于待评物质,要弄清其来源、在环境中存在的总量以及在不同介质(水、空气、土壤、食物等)中的分布、转运、转化的情况和消长规律。对于接触人群,不仅要掌握人数、构成、范围等资料,而且要特别注意抽样的代表性问题。如果样本的代表性差,会带来很大的不确定性。

暴露评估的关键,是要首先确定与危险性有关的所有接触途径,然后把每一途径的接触都定量化,最后把各个途径的接触相加,计算得出总接触量。美国EPA公布了几个接触评定的指导原则,这些计算接触的方法不仅可计算求得特定人群的总接触量,同时也可计算个体的高剂量接触。由于"个体最大接触法"在每一步评估中都过于保守,所以目前在接触评定中的应用已逐渐减少。目前推荐应用的计算接触方法是"高限接触估算"(high-end exposure estimates, HEEE)和"理论上限估算"(theoretical upper-bound estimates, TUBE)。HEEE计算是用来评估接触人群中90%以上个体的接触上限,是一种较好的接触估算方法;而TUBE是"范围计算"(bounding calculation),其设计是表示超过接触分布的所有个体的实际接触剂量水平,并假定限制了所有的接触变异。在接触分布接近中间区域的个体接触水平的计算称为"中位估算"。终生平均日接触剂量(lifetime average daily dose, LADD)的计算公式为:

LADD =(毒物在接触媒介中的浓度×接触数量)÷(体重×终生接触时间)

5.2.4 危险性特征的描述

危险性特征的描述(risk characterization)是危险性评价的最后总结阶段。通过对前三阶段的评定结果进行综合、分析、判断,估算待评物质在接触人群中引起危害概率(即危险性)的估计值,并以文件的形式阐明该物质可能引起的公众健康问题,为政府管理机构决策提供科学依据。

5.2.4.1 有阈值的危险性特征的描述

对绝大数的非致癌的外源化学物质而言,毒性都是有阈值的,常用的有阈值的分析方法有：

①估计接触剂量达危险水平的人数　一般以 RfD 为衡量标准。接触剂量如大于 RfD 者，可认为出现危险的可能性较大，由此求出达到危险水平的总人数。

②高危人群总接触量估计值（estimated exposure dose，EED）与 RfD 比较，EED 为来自各条途径的化学物质的总接触剂量。如 EED 小于或等于 RfD，出现危险的可能性小，反之则大。

③用接触界限值表示　接触界限值（margin of exposure，MOE）的计算公式为：

$$MOE = NOAEL \text{ 或 } LOAEL/EED$$

④用 MOE 推导 RfD 的 UF 与 MF 的乘积比较　如 MOE 大于或等于该乘积，说明出现危险的可能性小；反之则可能性大。

用危险性估计值表示：即根据 RfD 和 EED 计算接触人群的终生危险性。公式为：

$$R = (EED/RfD) \times 10^{-6}$$

式中：R——发生某种健康危害的终生危险性；

10^{-6}——与 RfD 对应的可接受的危险性水平。

5.2.4.2　无阈值的危险性特征的描述

主要指致癌物的危险性特征描述，包括计算超额危险性（excess risk）和超额病例数（numbers of excess cases）两部分内容。

①计算终生（以 70 岁计）超额危险性 R

$$R = 1 - \exp[-(q_1^*(\text{人}) \times D)] \text{ 或 } R = 1 - \exp[-(Q \times D)]$$

式中：R——因接触致癌物而生癌的终生概率（数值为 0~1）；

D——个体日均接触剂量率，mg/(kg·d)；

q_1^*——危害程度，即特定阶段中细胞发生癌变的比例；

Q——q_1^* 的 95% 的可信上限。

当 $q_1^*(\text{人}) \times D$ 的值小于 0.01 时，上面的公式可简化为：

$$R = q_1^*(\text{人}) \times D \text{ 或 } R = Q \times D$$

②计算人均年超额危险性 $R_{(py)}$

$$R_{(py)} = R/70$$

式中：70——指 0 岁组人群的期望寿命为 70 岁；

$R_{(py)}$——因接触致癌物平均每年生癌的概率。

③计算特定人群的年超额病例数 EC

$$EC = R_{(py)} \times (AG/70) \times \sum P_n$$

式中：AG——标准人群平均年龄（根据近期人口普查资料确定）；

P_n——指平均年龄为 n 的年龄组人数；

EC——指因接触致癌物平均每年生癌的人数。

5.2.5 危险性评估中的不确定性因素

在危险性评估过程中,不论是人体毒性资料,还是动物试验资料均存在着大量不确定因素,在进行定性和定量评价时应特别注意。

5.2.5.1 人体毒性资料

人体毒性资料主要涉及流行病学调查所得资料。由于取得可靠资料的种种限制与困难,以及有时出于方法学的失误,无论获得的是阳性结果、阴性结果以及阈剂量都有可能存在问题。当然如果取得志愿者同意进行人体试验,则可准确控制接触水平和严格排除干扰因素,获得应用价值很高的资料。但通常该类试验往往仅涉及急性或亚急性接触,且受检物对人体损害轻微并可在短时间内恢复正常,这是因为人道主义和法律等方面的限制使然。

(1) 流行病学调查阳性结果的不肯定性

流行病学调查的因果关系和毒理学试验一样,主要建立在剂量-反应关系的存在,而且在某一剂量以上各组与对照组的差异显著。但是剂量-反应关系即使能拟合成一条统计学上有显著意义的回归线,也仅能说明反应与剂量存在着关系,不一定是因果关系。这是因为在人群中存在着很多混杂因素,也许真正致病因素的强度随着受检物的剂量增加而增强。另一方面,作为对照组与被观察对象的差异应当仅仅是不接触受检物,而其他方面则应有高度的可比性。有时选择合适的对照组是困扰调查者的最大难题,而稍一放宽条件即有可能成为假阳性的主要原因。基于上述两个原因,对于严重的有害效应(如肿瘤),人们常希望有两个阳性结果的流行病学调查报告相互验证,或者有动物试验结果予以支持。

(2) 流行病学调查阴性结果的不肯定性

一些流行病学调查报告常见的缺陷是忽视不同剂量对发病率(或效应强度)所起的作用,未经剂量-反应关系分析,就根据与对照组的发病率(或效应强度)差异无显著性做出阴性结论。但其小低剂量的接触者,特别是当其人数比例较大时,其低发病率(或低效应强度)可能是造成阴性结果的原因。所以,这类未作剂量-反应分析的阴性报告是不能肯定的、有疑问的、不能下结论的调查结果。

(3) 流行病学调查结果中的阈剂量

阳性结果的调查资料(或与另一在剂量上衔接的阴性结果的调查资料结合起来)中,刚使发病率显著高于对照组的剂量水平按理就应是阈剂量。阈剂量的高低,对于同一受检物来说,明显受到样本含量大小的影响,如加大样本含量,可使阈剂量下降。这种现象在小规模的调查与动物试验中尤其明显。因此,绝对不能把阈剂量当做固定不变的数值,况且除样本含量以外,还有其他环境因素和接触人群感受性等因素的影响。

5.2.5.2 动物毒性资料

虽然在反应性上,动物或其他生物,特别是哺乳类实验动物在大多数情况下在质和量上与人比较接近,因此才常常用以支持、验证,甚至代替流行病学调查所得的对人的毒性资料,但是反应的质和量并非绝对没有问题,而且除此以外,还有其他不肯定因素。

(1) 物种差异

物种差异是应用动物毒性资料时最大的难题,这种差异既表现在量的方面,也表现在质的方面。目前动物试验结果外推于人时,在量的方面可用生理药物动力学方法从血流量、组织器官体积,以及其他有关生理生化参数进行变换,有可能补救动物与人之间的物种感受性的量的差异。人与动物间物种感受性在质方面的差异更使人困惑,难以判定。这种质的差异除了因能否活化或解毒而产生以外,还有其他显而易见的原因。例如,人与动物的胎盘结构的巨大差异有可能在致畸作用和发育毒性方面,使人与动物的反应有质的差异。又如致癌作用涉及癌基因和抑癌基因,这些基因在动物物种间和人与动物间都可能不完全一致,因而对致癌物的反应有质的不同。

1960~1961年在许多国家出现大量短肢畸形,经临床流行病学调查提示为孕妇服用沙立度胺所致。但经多种动物试验后,仅在对家兔与灵长类动物进行试验才得到验证。至于已确认的2 500多动物致畸物中仅30多种被承认为人致畸物。应当看到,许多化学物质不一定能像沙立度胺那样为大量孕妇在妊娠最初3个月内接触,因而不易证实动物致畸物对人也致畸。应当首先予以肯定的是动物物种间以及人与动物间对致癌物反应存在质的差异。这两方面的差异混淆在一起,使得动物致癌试验结果外推于人,或流行病学调查结果用动物试验验证时都有障碍。

(2) 个体差异与群体的同源性

任何物种对毒作用的感受性都存在物种内的个体差异,即使是近交系仍然存在这种个体差异。个体差异可用剂量-反应关系曲线的斜率反映出来,斜率越小表明该物种(或品系)对该化学物质感受性的个体差异越大。Stara (1983) 提出,如果从该受试群体反应的 LD_{50} 降低3个概率单位(即降至 $LD_{0.13}$) 时,此 $LD_{0.13}$ 剂量可能就是该受检物对受试群体中最敏感亚群产生效应的剂量。所以,用 $LD_{0.13}$ 或 LD_5、LD_{10} 等低反应概率剂量评价和比较不同化学物质的毒性更准确。

(3) 从小样本外推到大样本

将使用小量动物的试验结果外推至广大人群时,实际上是以小样本代替大样本。使用较少动物的试验所得出的无作用剂量很可能在使用大量动物的试验时成为有害作用的剂量。也就是说,随着使用的动物数增多,阈剂量越来越低,无作用剂量也随之降低。

因此在危险性评定中,不能把试验所得的阈剂量或NOAEL当做固定的数值,应参考试验中所用的动物数量。

(4) 从高剂量外推到实际接触的低剂量

鉴于毒理学试验中每组动物数常为20~50,很少超过100只,为避免由于样本含量小而致最大无作用剂量升高使试验呈阴性结果，故对于严重损害的效应，如肿瘤、畸胎等，常要求以染毒方案（指急性、亚急性和慢性染毒及其染毒途径）相对应的最大耐受量作为试验的最高剂量。这样的剂量设计出现阴性结果比较可信。但是，问题在于如果仅仅高剂量组的反应率才与对照组有显著差异，这样的结果有何实用价值？已知有些化学物质对代谢酶的影响有双相性，在低剂量下抑制而高剂量下诱导，或相反。于是有可能由于高剂量抑制解毒酶或诱导活化酶，从而出现在人群实际接触剂量下不可能出现的效应。此外，也可能在高剂量下出现代谢饱和，使化学物质或其代谢物的消除速度变慢从而产生有害效应。显然，这两种现象的可能性是存在的，因而所得阳性结果的实用意义就要慎重考虑。

5.3　食品中化学性污染因素的危险性评估

化学物质的危险性评估主要针对有意加入的化学物质、无意的污染物和天然存在的毒素，包括食品添加剂、农药残留和其他农业用化学品、兽药残留、不同来源的化学污染物以及天然毒素等（如霉菌毒素和贝类毒素），化学性污染的危险性评估是比较成熟的技术。

5.3.1　危害鉴定

化学物质危害鉴定在于确定人体摄入化学物质的潜在不良效应，对这种不良效应进行分类和分级。危害的鉴定时，毒性分类常采用证据加权法，可能时进行毒性分级，以便于管理。其依据必须汇集现有资料并评价其质量，在权衡后做出取舍或有所侧重，特别是注意对人的作用和影响。往往由于资料不足，在进行危害的鉴定时常采用证据加权的方法。按重要程度的顺序为：流行病学研究、动物毒理学研究、体外试验以及定量的结构与活性关系的研究。危害的鉴定一般以动物和体外试验的资料为依据，这是因为流行病研究费用昂贵，而且目前能够得到的数据较少。

5.3.1.1　流行病学研究

如果能够从临床和流行病学研究上获得数据，在危害鉴定和其他步骤中也应当充分利用。但对于大多数化学物质来说，临床和流行病学资料难以得到。如果流行病学研究数据能够获得阳性结果，需要将其应用到危险性评估中。在设计流行病学研究时，或分析具有阳性结果的流行病学资料时，应当充分考虑个体易感性，包括遗传易感性、与年龄和性别相关的易感性以及营养状况与经济状况等。此外，由于大部分流行病学研究的统计学效率不足以发现低水平暴露的效应，阴性结果在危险性评估中难以得到肯定答案。即使流行病学资料的价值最大，危险性管理决策也不可过分依赖流行病学研究。预防医学应该防患于未然，如果等到阳性资料出现，表明不良效应已经发生，此时危害鉴定已经受到了耽误。

5.3.1.2 动物试验

长期(慢性)动物试验数据至关重要。主要针对的毒理学效应终点包括致癌性、生殖/发育毒性、神经毒性、免疫毒性等。短期(急性)毒理学试验资料也是有用的，如急性毒性的分级是以 LD_{50} 数值的大小为依据的。这些动物毒理学试验的设计可以找出 LOAEL、NOAEL。在试验中选择较高剂量可以尽可能减少假阴性的产生。当前，对啮齿类动物慢性和致癌试验中最高剂量的选择存在争议，其焦点是采用最大耐受剂量(MTD)的研究资料的选择、使用和解释。动物试验还可以提供作用机制、染毒剂量、剂量-效应关系以及毒物代谢动力学和毒效学等研究资料，确定化学物质对人健康可能引起的潜在不良效应。而作用机制的资料可以用体外试验补充，如遗传毒性试验，增加对毒作用机制和毒物代谢动力学和毒效学的了解。结构-活性关系的研究有利于健康危害鉴定的加权分析。如在对二噁英(PCDD/Fs)及其类似物多氯联苯(PCB)进行评价时，可以采用毒性当量方法预测人类摄入此类化合物的其他同系物、异构体对健康的危害。

致癌物的判断与分类主要依据化学物质对人群作用的流行病学研究资料，其次为实验动物的致癌试验结果。WHO 的国际癌症研究中心(IARC)和美国环境保护署(EPA)的基准常常被广泛接受。如 IARC 将致癌物分为 1 类(人致癌物，人群资料证据足够)、2A 和 2B 类(动物资料证据足够或有限)、3 类(证据不足)和 4 类(非致癌物，证据为阴性)。

在这一步骤不确定性包括危害因素的正确分类(对人体健康是不是危害因素)和进行分类时测量的质量。如果某因素经过多种试验，被认定为阳性或阴性，则具有一定的精度，需要采用不同的方法验证结果是否相同，为此设计了一组试验。

5.3.2 危害特征的描述

这一部分为定量危险性评估的开始，其核心是剂量-反应关系的评估。外源性化学物质(包括食品添加剂、农药、兽药和污染物)在食品中存在的含量往往很低，通常为微量(mg/kg 或 μg/kg)，甚至更低(如二噁英为 ng/kg 或 pg/kg 的超痕量水平)。而在动物毒理学试验中，为了能够检出毒性常常使用的剂量又很高。在动物试验的高剂量外推到人低剂量暴露的危害有多大现实意义一直是争议的焦点。

5.3.2.1 剂量-反应关系的外推

剂量一般取决于化学物质摄入量(即浓度、进食量与接触时间的乘积)，效应是指最敏感和关键的不良健康状况的变化。所谓剂量-反应关系的评估就是确定化学物质的摄入量与不良健康效应的强度与频率，包括剂量-效应关系和剂量-反应关系。剂量-效应关系是指不同剂量的外源性化学物质与其在个体或群体中所表现的量效应大小的关系；剂量-反应关系则指不同剂量的外源性化学物质与其在群体中所引起的质效应发生率之间的关系。

为了比较人类暴露水平，实验动物数据需要外推到比它低得多的剂量。从危害物和某种危害间的剂量-反应关系曲线，求得无效反应剂量（NOEL）、有效反应最低剂量（LOEL），以及半数致死剂量（LD_{50}）或半数致死浓度（LC_{50}）等毒性。这些外推步骤无论在定性还是定量上都存在不确定性。危害物的自然危害性可能会随着剂量改变而改变或完全消失。如果在动物和人体上的反应本质在量上是一致的，选择剂量-反应模型可能会不正确。人体与动物在同一剂量时，药物代谢动力学作用有所不同，而且剂量不同，代谢方式也不同。化学物质的代谢在低剂量和高剂量上可能存在不同。比如说高剂量经常会掩盖正常的解毒、代谢过程，所产生的负面影响也不会在低剂量时发生。高剂量还可以诱导更多的酶、生理变化以及与剂量相关的病理学变化。在外推到低剂量的负面影响时，毒理学家必须考虑这些潜在危害以及其他与剂量相关的变化。

5.3.2.2 剂量缩放比例

动物和人体的毒理学平衡剂量一直存在争议，FAO/WHO 联合食品添加剂专家委员会（JECFA）和 FAO/WHO 杀虫剂残留联合会议（JMPR）具有代表性的是以每公斤（kg）体重的毫克数（mg）作为种间缩放比例。最近美国官方基于药物代谢动力学提出新的规范，以每 3/4kg 体重的毫克数 mg 数作为缩放平衡比例。理想到缩放因素应当通过测量动物和人体组织的浓度，以及靶器官的清除率来获得。血液中药物含量也接近这种理想状态。在无法获得充足证据时，可用通用的种属间缩放比例。

5.3.2.3 遗传毒性与非遗传毒性致癌物

传统上，毒理学家除了接受致癌性物质外，也接受毒性物质负面影响的阈值的存在。传统的认识可以追溯到 20 世纪 40 年代早期，当时便已认识到癌症的发生有可能源于某一种体细胞的突变。理论上，几个分子，甚至单个分子引起突变，在动物或人体内持续而最终发展成为肿瘤。理论上，通过这种机理致癌的物质是没有安全剂量的。

近年来，已经逐步能够区别遗传毒性致癌物和非遗传毒性致癌物，并确定有一类非遗传毒性致癌物，即本身不能诱发突变，但是它可作用于被其他致癌物或某些物理化学因素启动的细胞的致癌过程的后期。相反的，其他致癌物由于通过诱发体细胞基因突变而活化肿瘤基因和/或灭活抑瘤基因，因此，遗传毒性致癌物被定义为能够引起靶细胞直接和间接基因改变的化学物质。然而，遗传毒性致癌物的主要作用靶位是基因，非遗传致癌物作用在其他遗传位点，导致强化细胞增殖和/或在靶位上维持机能亢进或不良。大量的研究数据定量说明了遗传毒性致癌物与非遗传毒性致癌物之间的存在种属间致癌效应的区别。此外，某种非遗传毒性致癌物，被称为啮齿类动物特异性致癌物，存在剂量大小不同时会产生致癌或不致癌的效果，相比较之下，遗传毒性致癌物则没有这种阈值剂量。

现在，许多国家的食品安全管理机构对遗传毒性致癌物和非遗传毒性致癌物都进行了区分，采用不同的方法进行评估。然而，这种区分由于对致癌作用所获得信息的不足或知识的欠缺，并不能应用在所有的致癌物上，但这种致癌物分类法有助于建立评估摄入化学物质致癌风险的方法。理论上，非遗传毒性致癌物可以用阈值法进行规范，如"NOEL-安全系数"方法。在证明某一物质属于非遗传毒性致癌物之外，往往需要提供致癌作用机制的科学资料。

5.3.2.4 阈值法

试验获得的 NOEL 或 NOAEL 值乘以合适的安全系数等于安全水平或 ADI。这种计算方式的理论依据是人体和实验动物存在合理的可比较剂量的阈值。对人类而言，可能要更敏感一些，遗传特性的差别更大一些，而且人类的饮食习惯要更多样化。鉴于此，JECFA 和 JMPR 采用安全系数以克服这些不确定性。通过对长期的动物试验数据研究中得出安全系数为 100，但不同国家的卫生机构有时采用不同的安全系数。在可用数据非常少或制订暂行 ADI 值时，JECFA 也使用更大的安全系数。其他健康机构按作用强度和作用的不可改变性调整 ADI 值。ADI 值的差异就构成了一个重要的风险管理问题，这类问题值得有关国际组织重视。ADI 值提供的信息是：如果对该种化学物质在摄入小于或等于 ADI 值时，不存在明显的风险。如上所述，安全系数用于弥补人群中的差异。采用安全系数，不能保证每一个个体都是绝对安全的。

ADI 的另外一条制订途径就是摆脱对 NOEL/NOAEL 的依赖，采用一个较低的有作用剂量，如 ED_{10} 或 ED_{05}。这种方法被叫做基准剂量（benchmark dose），它更接近可观察到的剂量-反应范围内的数据，但它仍要采用安全系数。以基准剂量为依据的 ADI 值可能会更准确地预测低剂量时的风险，但可能与基于 NOEL/NOAEL 的 ADI 值并无明显差异。对特殊人群，如儿童，可采用一个种属内的转换系数和特殊考虑他们的摄入水平来进行保护。

5.3.2.5 非阈值法

对于遗传毒性致癌物而言，由于其无阈值，一般不能采用"NOEL-安全系数"方法来制订 ADI，因为即使在最低的摄入量时，仍然有致癌的风险存在。因此，对遗传致癌物的管理办法有两种：一是禁止生产和使用某些化学物质（如二溴乙烷农药、致癌性的食品添加剂等）；二是对化学物质制订一种极低而可以忽略不计、对健康影响甚微或社会可以接受的危险性水平，这一办法的实施就要求对致癌物进行定量危险性评估。危险性评估者提出的一种方法是剂量-反应外推法，将高剂量动物试验结果外推到人的可能暴露量，即用数学模型估计在 10 万或 100 万人中增加 1 个癌症病例的暴露量（x mg·kg^{-1}·h^{-1}），如 JECFA 对食品中黄曲霉毒素的定量危险性评估。目前的模型大多数是以统计学为基础，而不是以生物学为基础进行评估。也就是说，目前的模型仅利用试验性肿瘤的发生率与剂量，几乎没有其他生物学资料。没有一个模型能利用试验验证，因而也没有对高剂量的毒性、细胞增殖与促癌或 DNA 修复等作用进行校正。由此可以认为当前在实践中使用的线性模型是对危险性的保守性估计。

鉴于这种方法不能很好地反映不同化合物的致癌强度，科学家又建立了 MOE 法。首先，在危害特征描述中，根据动物试验中得到的致癌作用的剂量-反应关系，采用数学模型估计基准剂量的低侧可信限(benchmark dose lower confidence limit，BMDL)，即 5% 或 10% 肿瘤发生率的可信限，然后，再计算暴露限值(margin of exposure，MOE)，MOE = BMDL/估计的人群暴露量。MOE 值越小，则表示此遗传毒性致癌物的危险性越高。

现以某些食品在烹调过程中可能产生的丙烯酰胺(acrylamide)为例说明。根据 JECFA 第 64 次会议的系统评价，丙烯酰胺在体内和体外试验均表现有致突变作用，并可致大鼠多种器官肿瘤，包括乳腺、甲状腺、睾丸、肾上腺、中枢神经、口腔、子宫和脑下垂体。国际癌症研究机构(IARC)1994 年将其列为人类可能致癌物。采用 8 种数学模型对其致癌作用进行分析，以最保守的方法估计，引起动物乳腺瘤的 BMDL 为 0.3 mg/(kg·d)，根据人群平均摄入量为 1μg/(kg·d)，高消费者为 4μg/(kg·d)进行计算，人群平均摄入和高摄入的 MOE 分别为 300 和 75。JECFA 认为对于一个具有遗传毒性和致癌性的化合物来说其 MOE 值较低，也就是诱发动物的致癌剂量与人的可能最大摄入量比较接近，有可能对人类健康造成损害。

用线性模型做出的危险性特征描述一般以"合理的上限"或"最坏估计量"等字眼表述。这被许多法规机构所认可，因为他们无法预测人体真正或极可能发生的风险。许多国家试图改变传统的线性外推法，以非线性模型代替，采用这种方法的一个很重要的步骤就是制订一个可接受的风险水平。在美国 FDA、EPA 选用百万分之一(10^{-6})作为一个可接受风险水平，它被认为代表一种不显著的风险水平，但风险水平的选择是每一个国家的一种风险管理决策。对于农药残留，采用一个固定的风险水平是比较切合实际的，如果预期的风险超过了可接受的风险水平，这种物质就可以被禁止使用。但对于已成为环境污染的禁止使用的农药，很容易超过规定的可接受水平。例如，在美国四氯苯丙二噁英(TCDD)风险的最坏估计量高达 10^{-4}，对于普遍存在的遗传毒性致癌污染物(如多环芳香烃和亚硝胺)，常常超过 10^{-6} 的风险水平。

5.3.3 暴露评估

人体与化学物质的接触，显然发生于外部环境和机体的交换界面(如皮肤、肺和胃肠道)。暴露评估就是对人体对化学物质接触进行定性和定量评估，包括暴露的强度、频率和时间，暴露途径(如经皮、经口和呼吸道)，化学物质摄入(intake)和摄取(uptake)速率，跨过界面的量和吸收剂量(内剂量)。也就是测定某一化学物质进入机体的途径、范围和速率来估计人群与环境(水、土、气和食品)暴露化学物质的浓度和剂量。对化学物质的暴露就是机体与界面外环境化学物质的接触，基于剂量-反应关系的人群危险性评估就需要包括剂量的评估，而对食品而言外剂量的研究就是摄入量的评估。

5.3.3.1 摄入量的评估

对于食品添加剂、农药和兽药残留以及污染物的膳食摄入量的估计，需要有相应的食物消费量与这些食物中要评估的化学物质浓度资料。食品添加剂、农药和兽药残留的膳食摄入量可根据规定的使用范围和使用量来估计。最简单的情况是，食品中某一添加剂含量保持恒定，原则上以最高使用量计算摄入量。但在许多情况下，食品中的量在食用前就发生了变化，如食品添加剂（如亚硝酸盐、抗坏血酸等）在食品贮存过程中可能发生降解或与食品发生反应；农药残留，在农产品原料加工过程中会降解或富积；食品中的兽药残留则受到动物体内代谢动力学、器官分布和停药期的影响。因此，食品中的实际水平可能远远低于最大允许使用量或残留量，因仅有部分农作物或家畜、家禽使用农药和兽药，食品中有时甚至可以不含农药或兽药残留。食品添加剂的含量可以从制造商那里获得，而包括农药和兽药残留在内的食品污染物的摄入量则要通过敏感和可靠的分析方法对代表性食品进行分析获得。一般来说，膳食摄入量评估有 3 种方法：总膳食研究、单个食品的选择性研究和双份饭研究。总膳食研究将某一国家或地区的食物进行聚类，按当地菜谱进行烹调成为能够直接入口的样品，通过化学分析获得整个人群的膳食摄入量。中国预防医学科学院营养与食品卫生研究所（中国疾病预防控制中心营养与食品安全所前身之一）在 1990 年、1992 年和 2000 年开展了 3 次中国总膳食研究。单个食品的选择性研究，是针对某些特殊污染物在典型（或称为代表性）地区选择指示性食品（如猪肾中的镉、玉米和花生中的黄曲霉毒素等）进行研究。我国从 1970 年以来开展了一系列的监测研究，特别是镉、甲基汞、砷、氟、铅、黄曲霉毒素、苯并[a]芘和亚硝胺等。双份饭研究则对个体污染物摄入量的变异研究更加有效。WHO 自 1975 年以来开展了全球环境监测系统/食品规划部分（GEMS/Food），制定了膳食中化学污染物和农药摄入量的研究准则。

根据测定的食品中化学物质含量进行摄入量评估时，必须有可靠的食物消费量资料。评估化学物质的摄入量时，不仅要求我国居民食物消费的平均数，而且应该有不同人群的食物消费资料，特别是敏感人群的资料。如在铅的评估中，有关婴幼儿的资料十分重要，1992 年的中国总膳食研究就包括了婴儿和 2~8 岁的食物消费量数据，并采用这些数据进行食品样品的制备与分析。我国目前膳食摄入量的数据主要来自膳食调查，但在制定国际性食品安全危险性评估办法时应该注意膳食摄入量资料的可比性，特别是世界上不同主食消费情况。GEMS/Food 已经建立了 5 个地区性（亚洲、非洲、东地中海、欧洲和拉美）的和全球性的膳食数据库，这是依据 FAO 食物平衡表数据制订的。

膳食中食品添加剂、农药和兽药的摄入量必须低于相应的 ADI 值。通常，实际摄入量远远低于 ADI 数值。因为对污染物确定 ADI 值存在困难，常采用暂定允许摄入量的办法。污染物的膳食摄入量偶然会比暂定允许摄入量高，如我国的总膳食研究表明2~8岁儿童膳食铅的摄入量超过了铅的暂定允许摄入量的18%，这说明我国膳食铅已经可能对健康引起损害。

5.3.3.2　暴露的生物标志物/内剂量和生物有效剂量的评估

可以用生物监测来评估机体中化学物质的内暴露量，这包括：①生物组织或体液（血液、尿液、呼出气、头发、脂肪组织等）中化学物质及其代谢物的浓度；②人体内暴露化学物质导致的生物效应（如烷基化血红蛋白、酶诱导的改变等）；③结合于靶分子中化学物质及其代谢产物的量。生物标志物（biomarker）不仅整合了所有来源环境暴露的信息，也反映了其他诸多因素（包括环境特征、生理处置的遗传学差别、年龄、性别、种族和/或生活方式等）。对于许多的环境污染物，在暴露和生物效应之间的生物学过程尚不清楚，生物标志物可以提供线索。因此，生物标志物就成为生物监测的关键，而在暴露水平和生物标志物之间建立包括毒物代谢动力学在内的相关性有利于生物标志物的选择。通过改进生物学标志物的灵敏度、特异性和对低剂量暴露的早期有害效应的可预测性，来保护易感人群。在过去十几年中，已经发展的生物标志物主要用来检测损伤DNA的各种化学物质和致癌物的暴露，包括体液中母体化合物及其代谢产物或DNA/蛋白质（如白蛋白和血红蛋白）加合物的接触指标，并发展了生物学效应标志物，如暴露个体的细胞遗传学改变。已建立生物标志物的有烟草和涉及膳食方向化学物质，如黄曲霉毒素、亚硝胺、多环芳烃、芳香胺和杂环胺等。在食品污染物的生物监测中，除了上面这些以DNA加合物为主要生物标志物外，还有一些采用了机体负荷水平，如有机氯农药六六六和DDT、多氯联苯和二噁英等环境持久性污染物可以采用体脂中含量来评估（耵聍可以作为很好的非损伤性生物标本）。而有机磷农药等可以采用血液胆碱酯酶活性作为接触/效应性生物学标志物；镉可以损害肾小球的通透性和肾小管的重吸收而出现小分子蛋白尿，因此也可以作为生物学标志物，实际上在我国镉允许限量的食品卫生标准制定中就采用这一指标作为一个重要依据。

5.3.4　危险性特征的描述

危险性特征的描述的结果是对人体摄入某化学物质对健康产生不良效应的可能性进行估计，它是危害鉴定、危害特征的描述和摄入量评估的综合结果。某一化学物质如果存在阈值，则对人群危险性可以用摄入量与ADI相比较的百分数作为危险性特征的描述，如果所评价的化学物质的摄入量较ADI小，则对人的健康危害的可能性甚小，甚至为0。如1992年中国总膳食研究评估，我国膳食总的来说是安全的，但2~8岁儿童铅的摄入量超过暂定允许摄入量的18%，表明我国儿童已经处于铅污染的危害中；同时从大样本的儿童调查也发现血铅超过100μg/L的儿童在城市中已经占40%，这也表明铅对我国儿童健康的潜在危害已经是不容忽视的问题。如果所评价的化学物质没有阈值，对人群的危险性是摄入量与危害强度的综合结果。

食品添加剂以及农药和兽药残留采用固定的危险性水平是比较切合实际的，因为假如估计的危险性超过了规定的可接受水平，就可以禁止这些化学物质的使用。但是，对于污染物[包括明令禁止使用但已经在环境中持久存在的污染物（如有机氯农药）]比较容易超过所制定的可接受水平，典型的例子如美国和日本的二噁英 2,3,7,8 - TCDD 危险性的最坏估计量达到 10^{-4}，而食品中一些普遍存在的致癌物（如多环芳烃和亚硝胺等）的危险性也有可能超过 10^{-6}。

在描述危险性特征时，必须认识到在危险性评估过程中每一步所涉及的不确定性。危险性特征描述中的不确定性反映了在前面3个阶段评价中的不确定性。将动物试验的结果外推到人时存在不确定性，如喂养 BHA 的大鼠发生前胃肿瘤和阿斯巴甜引发小鼠神经毒性效应的结果可能不适用于人；而人体对化学物质的某些高度易感性反应在动物中可能并不出现，如人对味精（谷氨酸钠）的不适反应。在实际工作中应该进行额外的人体试验研究以降低不确定性。

5.4 食品中生物性污染因素的危险性评估

食品总是带有少量的生物性危害，食品企业需要尽量在现有技术条件下将生物性危险降低到可以接受水平，而管理机构则需要用危险性分析的方法确定食源性危害的生物危险性水平，然后制定食品安全政策。这些生物性危害包括致病性细菌、霉菌、病毒、寄生虫、藻类和它们的毒素。生物性危害主要通过两种机制使人致病：产生毒素造成症状或宿主进食具有感染性的活病原体而产生病理学反应。前者阈值较容易确定，有可能开展危险性评估；然而，对病原菌产生的危害进行评估时，食品中微生物性危害的危险性特征的描述就受到许多挑战，微生物病原体可以繁殖，也可以死亡，其生物学相互作用是很复杂的。

1998 年食品法典委员会（CAC）拟定的进行微生物性危险性评估的原则和指导方针草案中也对食品中微生物性危害的危险性评估作了定义。微生物危险性评估，主要评估食品中的病原菌及其毒素等可能对人群引起的潜在危害。评估程序包括识别食品中病原细菌、真菌和真菌毒素、病毒和寄生虫等生物危害因素；对某种危害因素进行特征性描述；人群对相关危害的暴露概率、暴露水平及严重程度；可能对健康产生不良影响的定性或定量分析等。

5.4.1 危害鉴定

食品中微生物危害鉴定是指确定与食品相关的微生物或微生物毒素。这一步骤应包括与某种病原菌有关的所有信息的收集、组织和评估，确定所关心的问题和提出危险性评估的重点。

与传统的化学性危险性评估不同，化学性危害确定步骤的重点是确定是否有足够的证据证明一种化学物质可以引起一种负面健康影响（如致癌），而微生物危险性评估中的危害通常在进行评估前就已经确定能引起人类疾病。因此，这一步骤主要是做一个定性评估。

5.4.2 危害特征的描述

该步骤主要就是进行剂量-反应关系评估,即确定暴露于化学性、生物性、物理性因子的大小(剂量)和与之相关的不良健康作用(反应)的严重程度和/或频率的关系。

5.4.2.1 影响剂量-反应关系的因素

一个人群对暴露于一种食源性致病菌的反应是高度变异性的,这表明疾病的发生依赖于许多因素,如致病菌的毒力特征、摄入的菌数、宿主的一般健康和免疫状态、改变微生物或宿主状态的食品的属性。因此,每个人因暴露于食源性致病菌而产生疾病的可能性依赖于宿主、致病菌和食品基质3方面的综合作用,这种相互作用称为感染性疾病三角。

(1) 致病菌

不同的食源性致病菌的致病模式不同。根据致病模式的不同,食源性致病菌可分为三大类——感染性的、产毒-感染性的与产毒的。这种致病模式的区别在本质上影响剂量-反应关系。即使是同一种菌,由于在不同情况下致病模式不同,也要根据两种疾病症状,做不同的剂量-反应关系。

摄入的菌量在很大程度上影响着产生负面健康作用的概率和程度。一般食品中菌量越多,人群中产生疾病的人的比例越大,但通常不是呈线性关系。摄入菌量的增加通常会降低肠道疾病的潜伏期。在进行评估或进行剂量-反应研究比较的时候,需明确一个重要问题——是以什么生物学反应衡量的,即感染、发病率和死亡率。

(2) 宿主因素

疾病三角的第二条臂是与宿主有关的影响个体易感性的因素。人群对感染因子的反应有高度差异,反映了人群遗传学背景、一般健康和营养状态、年龄、免疫状态、应激水平和以前对感染因子的暴露等方面的不同。有些人群具有高危险性,他们多伴有免疫力的降低。一般幼儿与老人对食源性感染因子有高危险性,分别是因为免疫系统未发育成熟和免疫反应降低。同样,对免疫状态或整体健康状态有负面影响的医疗干预(如免疫抑制药物)或疾病状态(如 HIV)也能影响食源性疾病的发病率和严重程度。

(3) 食品基质因素

以前,食品只是看作致病菌的中立载体并且对剂量-反应关系影响甚微。最近几年人们越来越意识到食品基质的影响力,如肠道致病菌的酸抗性的影响,诱导的酸抗性增加了致病菌通过胃时存活的可能性。这些适应系统还会影响许多机体的其他防御机制。除了直接影响致病菌外,食品的物理学性质也可以明显影响剂量-反应关系。例如,提高胃液 pH 值,减少微生物暴露于胃酸或者减少通过胃的时间的任一种物质,都可以降低机体抵御食源性致病菌的效率,食用高缓冲食品、吃抗酸的或减少胃液产生的药物都可以减少引起感染的剂量。

5.4.2.2 资料来源

剂量-反应资料的主要来源是人体志愿者试食试验。这些试验可以提供最直接的人体对致病菌反应的测量数据。但是,志愿者几乎都是局限于健康成年男子;志愿者试验几乎都只限于对实验对象无生命危险的食源性疾病,不可以做有生命危险的疾病(如 EHEC)或几乎只影响高危人群的疾病(如单增李斯特菌),通常高危人群的资料得不到;志愿者试验通常都与疫苗试验相结合,因此多集中于高剂量水平。通常每个剂量的试验人数相对较少,所用剂量水平会得到较高的感染率或发病率,因此通常也没有可能评估与人暴露直接有关的致病菌水平。大多数剂量-反应关系都依赖于高剂量的剂量-反应关系的外推,这样导致了低剂量水平的高度不确定性。当将由此剂量-反应关系用于估计整个人群的易感性时,需考虑到这些资料的限制性。

除了人体试食试验,最主要的选择是动物模型资料。假设致病菌在人与动物引起疾病的致病机制是相同的;动物的生理学和免疫学反应与人是相似的;两物种感染、发病率与死亡率之间的定量关系是相似的。另外,动物试食试验与人类志愿者试食试验有许多相同的限制性,例如,大多数试验只使用相似年龄和体重的健康动物。实际上,大多数实验室动物是高度同系繁殖的,而动物之间的遗传学差异被忽略了,这样就减少了试验的变异性,也带来将资料应用于一般人群的种群差异和个体差异问题。

流行病学调查是得到人类剂量-反应资料的来源,尤其是涉及到即食食品导致的暴发。但是,为了利于进行危险性评估,调查范围应扩大。除了得病的人的详细资料,还应收集其他许多因素的资料,如消费食品而未得病的人,两种人的食品消费量、频率、污染范围。遗憾的是,很少有流行病学调查可以提供这些信息。

5.4.2.3 建立数学模型

当某种致病菌的剂量-反应资料缺乏时,选择替代资料建立模型有 3 个主要原则:该菌与目的菌在分类学上类似;两者引起人类疾病的流行病学相似;两者毒力基因相似。如 Cassin 等对大肠杆菌 O157:H7 建立剂量-反应模型时是以志贺氏菌的人体试食试验资料为基础的。

运用曲线拟合软件可以比较容易地将试验资料拟合到一个或几个模型中。但是,需指出所有这些模型都是经验性的,并不能用来推断致病性的生理学基础。两个较常用的拟合剂量-反应资料的模型是指数模型和 β-泊松(β-Poisson)模型。指数模型假设一个细胞产生感染的概率不依赖于剂量,而 β-Poisson 假设感染是依赖剂量的,两等式都是无起始剂量的乙状函数。

威布尔-伽玛(Weibull-gamma)模型是由 Farber 等 1996 年提出的,是以 Weibull 模型为基础,假设每一个菌引起感染的概率分布是一个 gamma 函数。这种模型具有灵活性,在于它可以依赖于所选择的参数值的不同而呈现不同的形状。几种其他模型，如指数模型和 β－Poisson 模型可以看作是 Weibull－gamma 模型的特例。Holcomb 等比较了几种用于食源性致病菌的剂量-反应模型：对数正态(log－normal)、对数回归(log－logistic)、指数(exponential)、β-泊松(β－Poisson)、威布尔-伽玛(Weibull－gamma)模型。以这几种模型拟合 4 种菌的人体试食试验的 4 组资料，只有(Weibull－gamma)模型可以拟合全部 4 组资料，证实了这一模型的灵活性。

以上剂量-反应模型发展并应用于描述感染性与产毒-感染性微生物的剂量-反应关系，需要有另一些模型来描述产毒菌的剂量-反应关系。因为这些菌通过事先形成的毒素影响宿主，疾病程度与消费者摄入毒素水平有关，但菌数也很重要；因为毒素产生是与菌的增殖相关的。这种情况下，暴露评估应同时考虑到菌与毒素。

5.4.3 暴露评估

暴露评估是指生物性、化学性与物理性因子通过食品或其他相关来源摄入量的定性和/或定量评估。进行微生物性危害的暴露评估就是对一个个体或一个群体暴露于微生物危害的可能性的估计和对摄入的菌数的估计。目的主要想得到消费时食品中微生物的流行情况、浓度甚至生理学状态。

5.4.3.1 影响暴露的因素与资料来源

对于不能在食品中生长的病毒和寄生虫因子，评估者主要关注污染频率、浓度和分布、去除污染和/或灭活措施的效率。而对于细菌，还应考虑食品中细菌的生长和/或灭活、每一加工步骤和/或在加工和准备步骤中温度失控对菌数的影响。此外，评估者还应考虑下列影响因素：病原菌生态学特征、食品中微生物生态学、生食的最初污染情况，包括考虑地区和季节差异、卫生和加工控制水平、加工、包装、分配、贮存食品的方法、烹调和处理、与其他食品的交叉污染。

食品消费模式是进行暴露评估的一部分。评估需要关于食品消费范围、每周或每年的消费率、食品准备和消费时的环境条件的各种资料。社会经济和文化背景、民族的、季节的、地区的差异、消费者的消费习惯和行为都可能影响消费模式。暴露评估还应该包括关于特殊人群的资料，如婴儿、儿童、孕妇、老人或免疫抑制人群，他们可能会有不同的饮食习惯和暴露水平，并且他们通常比其他人群更易感染或得病。当进行国际贸易的暴露评估时应考虑到不同国家、地区和不同人群的暴露资料。

在进行暴露评估时为了减少不确定性，专家的意见是另一重要资料。虽然专家判断的本身不能作为证据，但他们的推论是以可获得的资料为基础的。

5.4.3.2 建立模型

有许多暴露资料很难得到，因为有些资料保存于工厂或政府机构不会发表。许多与暴露有关的数据资料通常是来自其他目的的研究，并不十分适合直接做暴露评估的材料。进行暴露评估的主要问题往往是缺乏足够的、相关的、精确的资料。因此，想要得到食品消费时所含的菌数几乎是不可能的，需要模型与假设来将可以得到的数据转化为对危险人群中任一个人摄入病原菌数量的定量估计。

建立模型是进行危险性评估的重要部分。预测微生物模型是大的暴露模型中非常有用的亚模型。这些模型以数学形式来描述细菌数量是怎样随时间变化的和怎样受环境条件影响的，从而精确描述微生物的行为。预测微生物模型用来预测在不同环境条件下微生物的生长、存活及灭活等反应。自 20 世纪 80 年代以来，已经建立了许多用于微生物性食品安全的预测数学模型，主要有 4 种类型的模型：平方根模型、Arrhenius 模型、Davey 模型和多项（Polynomail）模型。如 Walls 等以多项模型中的 Gompertz 函数来模拟肉制品中金黄色葡萄球菌在不同温度、pH 值及盐浓度下的生长及产毒。Gerwen 等比较了这几种类型的模型的优缺点，认为进行危险性评估时最好不要只依赖于一种模型的结果，如有可能应多利用几种模型，对其结果对比以做出一个可靠的危险性结论。进行暴露评估合理的方法是先以简单的生长或灭活模型开始，如果这些属性是影响评估结果的重要因素，就需发展为更复杂的模型，近年来复杂的模型及其应用得到了长足发展。预测模型可分为初级和次级水平模型，分别代表不同的精度和对环境因素的敏感性，在第三级水平模型中，初级和次级模型都包括在先进的软件包和专家系统中。

因为食品中致病菌水平是动态变化着的，从食品的生产到消费这一过程中有许许多多的因素影响着菌量的变化，合并了在食品到达消费者手中前的各种影响因素的危险性评估模型可以提供最多关于食品安全危险性管理的信息，帮助评估者找到从生产到消费过程中影响危险性的主要因素和能更有效控制危险性的环节。这种方法还被许多学者称为从农场到餐桌（farm‐to‐fork）评估、过程（process）危险性模型或生产/病原菌途径分析。进行 farm‐to‐fork 评估是一项复杂的和资源集中的工作，需要重要资料输入和各方面专家的知识。如 Cassin 等对牛肉馅汉堡包中大肠杆菌 O157：H7 进行了定量危险性评估，模拟了牛从农场开始到屠宰、绞成牛肉馅、零售、烹调、消费等一系列过程中各种影响该菌数量的因素。

5.4.4 危险性特征的描述

定量危险性特征的描述的重要部分是确定与危险性评估相关的可信度范围和每一个步骤对危险性的影响。危险性最终估计的可信度依赖于前述各步骤的变异性、不确定性和所作的假设。应用模拟模型技术（如 Monte Carlo 分析），通过诸如敏感性分析等技术来提高微生物性食品安全定量危险性评估的精确性。

危险性特征的描述除了要确定一种危害对人群产生负面健康影响的可能性外，还应评估这一危害的严重程度。一般严重程度评估是定性的，常伴随评估者对疾病结果产生偏见的可能性。另一种方法是应用多种生物学终点进行所有相关生物终点（如感染率、发病率、死亡率、后遗症）的剂量‐反应评估，这种方法可能可以更客观地评估致病因素的影响，可以使危险性特征的描述更清晰地成为一个系统整体。

危险性特征的描述应该包括用于危险性评估的信息的变异性和不确定性。认识、确定和区分变异性和不确定性是非常重要的。变异性是指源于生理系统的一个群体的多样性，不会通过进一步计算而降低变异性。每种食品的生产、加工、销售过程中的每一步都有变异性；致病菌和人类宿主反应也有高度变异性。而不确定性来源于对一种现象或参数的未知和无法鉴定。对于数学模型，不确定性是指缺乏关于参数值的完美资料，可以通过进一步计算而降低不确定性。例如，致病菌生长的过程既有变异性（即使是同一株菌，在完全相同的条件下，一个菌群的生长曲线也不会与另一个菌群的完全相同），又有不确定性（人们不会确切地知道细菌的生长是怎样进行的，用来建立生长曲线的生物学方法也并不完美）。

模型的不确定性在暴露评估和危害特征的描述步骤中有重要意义。以数学方式的剂量-反应关系代表实际生物性过程具有很大的不确定性，尽管如此，数学模型仍是当今预测对人体健康产生不良作用的最常用的方法，并且在制定政策中也是行之有效的。如果一个参数的变异性是导致高危险性估计的主要方面，则须更好地控制这一过程或因素以降低危险性。如果是一个或几个参数的不确定性导致高危险性，则管理决策就可能将更多的精力放在收集更多资料的研究上，以更好地确定这些重要的不确定的参数。进行危险性评估的主要优点之一是可以很快确定和帮助优先考虑那些需要做的，既可以消除不确定性又可以发展新的控制措施或预防战略的研究工作。

思考题
1. 什么是危险性分析？危险性分析的框架包括几个主要部分？
2. 什么是危险性评估？危险性评估的主要内容是什么？
3. 论述对一种食品添加剂如何进行危险性评估？

第 6 章
食品添加剂安全性评价

重点与难点　食品添加剂不仅改善食品品质和色、香、味、形和质地，还能增加食品营养成分，防腐，满足生产工艺的需要，但食品添加剂多为化学合成，不是食品原有成分，如使用不当就有可能对人体造成危害。本章主要介绍食品添加剂的定义、分类、作用、要求；重点介绍食品添加剂在生产、使用中的安全问题，毒理学安全性评价的内容、方法及安全性指标，并阐述各国对食品添加剂的管理及我国对生产、使用新的食品添加剂的审批程序。

6.1　概　述
6.2　食品添加剂的安全性评价
6.3　食品添加剂的安全性管理

随着食品工业的发展,食品添加剂已成为加工食品不可缺少的重要原料。食品添加剂是食品生产中最活跃、最有创造力的因素,对食品工业的发展起着显著的推动作用。随着我国改革开放的深入、科学技术的进步、人民生活水平的提高和生活节奏的加快,人们对饮食提出了越来越高的要求,不仅要求食品营养丰富,色、香、味、形俱佳,食用方便和便于携带,而且要求食品安全卫生。此外,还要能适应快节奏生活和满足不同人群的消费需要。在食品加工制造过程中使用食品添加剂,不仅改善食品品质,使食品色、香、味、形和组织结构俱佳,还能增加食品营养成分,防止腐败变质,延长食品保存期,便于食品加工,改进生产工艺和提高生产效率等。但食品添加剂不是食品原有成分,而是随同食品一起被人所摄食,如果使用不当,就有可能对人体造成危害,因而食品添加剂的安全性问题也成为世界范围内广泛关注并亟待解决的问题。

6.1 概 述

近年来,随着改革开放的深入发展,我国的食品工业得到了持续、快速、健康的发展。为了生产具有充足的、满足各层次人群需要的、多样化高品质食品,必须具备充足的食品原料、品种齐全的食品添加剂和相应的食品加工技术,其中尤以食品添加剂最为重要,它对食品工业的发展起着决定性作用。

6.1.1 食品添加剂的定义和分类

6.1.1.1 食品添加剂的定义

由于世界各国对食品添加剂的理解不同,因此其定义也不尽相同。目前,国际上对食品添加剂的定义和分类尚没有统一标准。

根据《中华人民共和国食品卫生法》中的规定:"食品添加剂是指为改善食品品质和色、香、味,以及为防腐或根据加工工艺的需要而加入食品中的化学合成或者天然物质"。在我国,食品营养强化剂也属于食品添加剂范畴。《中华人民共和国食品卫生法》明确规定:"食品营养强化剂是指为增强营养成分而加入食品中的天然或者人工合成的属于天然营养素范围的食品添加剂"。

日本《食品卫生法》规定,食品添加剂是指在食品制造过程,即食品加工中为了保存的目的加入食品,使之混合、浸润及其他目的所使用的物质。

美国有关食品添加剂的定义是"由于生产、加工、贮存或包装而存在于食品中的物质或其他混合物,不是基本的食品成分"。

中国、日本和美国定义的食品添加剂,均包含食品营养强化剂。

按联合国食品添加剂法典委员会(CCFA)的规定,食品添加剂的定义为"有意识地加入食品中,以改善食品的外观、风味、组织结构和贮藏性能的非营养物质"。食品添加剂不以食用为目的,也不作为食品的主要原料,并不一定有营养价值,而是为了在食品的制造、加工、准备、处理、包装、贮藏和运输时,因工艺技术方面（包括感官方面）的需要，直接或间接加入食品中以达到预期目的，其衍生物可成为食品的一部分，也可对食品的特性产生影响。食品添加剂不包括"污染物质"，也不包括为保持或改进食品营养值而加入的物质。此定义将食品营养强化剂排除在食品添加剂之外，欧盟亦然。

6.1.1.2 食品添加剂的分类

食品添加剂有多种分类方法，可按其来源、功能和安全性评价的不同进行分类。

（1）按食品添加剂的来源分

食品添加剂可分为天然食品添加剂和化学合成食品添加剂两大类。天然食品添加剂是指利用动植物或微生物的代谢产物等为原料加工提纯而获得的天然物质。化学合成食品添加剂是指采用化学手段，通过氧化、还原、缩合、聚合、成盐等得到的物质。

（2）按食品添加剂的功能分

我国在《食品添加剂使用卫生标准》（GB 2760—1996）中，按其主要功能作用将食品添加剂分为 23 类，分别为：酸度调节剂、抗结剂、消泡剂、抗氧化剂、漂白剂、膨松剂、胶姆糖基础剂、着色剂、护色剂、乳化剂、酶制剂、增味剂、面粉处理剂、被膜剂、水分保持剂、营养强化剂、防腐剂、稳定和凝固剂、甜味剂、增稠剂、其他、香料、加工助剂。

（3）按食品添加剂的安全性评价分

联合国食品添加剂法典委员会曾在食品添加剂联合专家委员会（JECFA）讨论的基础上将食品添加剂分为 A、B、C 3 类，每类再细分为 2 类。

A 类——JECFA 已制定人体每日允许摄入量（ADI）和暂定 ADI 者，其中

A1 类：经 JECFA 评价认为毒理学资料清楚，已制定出 ADI 值或者认为毒性有限无需规定 ADI 值者；

A2 类：JECFA 已制定暂定 ADI 值，但毒理学资料不够完善，暂时许可用于食品者。

B 类——JECFA 曾进行过安全性评价，但未建立 ADI 值，或者未进行过安全性评价者，其中

B1 类：JECFA 曾进行过评价，因毒理资料不足未制定 ADI 者；

B2 类：JECFA 未进行过评价者。

C 类——JECFA 认为在食品中使用不安全或应严格限制作为某些食品的特殊用途者，其中

C1 类：JECFA 根据毒理学资料认为在食品中使用不安全者；

C2 类：JECFA 认为应严格限制在某些特殊用途食品的。

食品添加剂分类的主要目的是便于按用途需要，迅速查出所需的添加剂，因此，既不宜太粗，也不宜太细。在食品添加剂的各类方法中，按主要功能作用进行分类最具实用价值。

6.1.2 食品添加剂的作用

食品添加剂是加工食品的重要组成部分，它在食品加工中的主要作用可归纳为以下几方面。

(1) 提高食品的贮藏性，防止食品腐败变质

大多数食品都来自动植物。各种生鲜食品，在植物采收或动物屠宰后，若不能及时加工或加工不当，往往会发生腐败变质，如蔬菜易霉烂，含油脂高的食品易发生油脂的氧化变质等。而一旦食品腐败变质，就失去了其应有的食用价值，有的甚至还会变得有毒。而适当使用食品添加剂可以防止食品的败坏，延长其保质期。如防腐剂不仅可以防止由微生物引起的食品腐败变质，同时还能防止由微生物污染引起的食物中毒；抗氧化剂可阻止或延缓食品的氧化变质，抑制油脂的自动氧化反应，抑制水果、蔬菜的酶促褐变与非酶促褐变等。

(2) 改善食品的感官性状

食品的色、香、味、形态和质地等是衡量食品质量的重要指标。食品加工后会出现褪色、变色、风味和质地改变等。如果在食品加工中适当使用着色剂、护色剂、漂白剂、食用香料、乳化剂和增稠剂等食品添加剂，可明显提高食品的感官质量。如增稠剂可赋予饮料所要求的稠度，乳化剂可防止面包硬化，着色剂可赋予食品诱人的色泽等。

(3) 保持或提高食品的营养价值

食品质量的高低与其营养价值密切相关，防腐剂和抗氧化剂在防止食品腐败变质的同时，对保持食品的营养价值也有一定的作用。此外，向食品中加入适量的属于天然营养素范围的食品营养强化剂，可以调整食品的营养构成，提高食品的质量、营养价值。如在精制粮食中加入维生素 B_1，可弥补食品加工中维生素 B_1 的损失。

(4) 增加食品的品种和方便性

随着人们生活水平的不断提高，生活节奏加快，促进了食品品种的开发和方便食品的发展。不少超市已拥有 2 万种以上的加工食品供消费者选择，它们大多是具有防腐、抗氧化、乳化、增稠、着色、增香、调味等不同功能的食品添加剂配合使用的结果。

(5) 有利于食品加工

在食品加工中使用食品添加剂，往往有利于食品的加工。如采用葡萄糖酸-δ-内酯作为豆腐的凝固剂，有利于豆腐生产的机械化和自动化；将乳化剂应用于方便面中，使方便面面团中水分均匀散发，提高面团的持水性和吸水力，有利于蒸煮时成熟。

(6) 满足不同人群的特殊需要

借助各种食品添加剂，可研发出许多尽可能满足不同人群特殊需要的食品。如用无营养甜味剂或低热能甜味剂（如木糖醇、三氯蔗糖或天门冬酰苯丙氨酸甲

酯等)来替代蔗糖制成无糖食品,既可满足糖尿病人的食欲又可调节热量,解除了增加热量的烦恼;二十二碳六烯酸(DHA)是组成脑细胞的重要营养物质,对儿童智力发育有重要作用,添加在儿童食品(如奶粉)中,可促进儿童健康成长。

(7)有利于食品资源的开发

目前自然界中可食性植物有8万多种,还有大量的动物、矿物和海产品。要对这些资源进行开发研究,就需要添加食品添加剂,以制成营养丰富、品种齐全的新型食品,满足人类发展需求。

(8)有利于原料的综合利用

应用食品添加剂可使原先认为不可再利用的物质重新利用,并生产出物美价廉的新型食品。例如,工厂制造芦笋罐头时,将削下来的芦笋皮回收,经加工处理,加入一些添加剂(如维生素、香料等)制成营养丰富、可口、便宜的芦笋汁;生产豆腐的副产品豆渣中,加入适当的添加剂和其他助剂等可加工生产膨化食品。

当前食品添加剂已进入到粮油、肉禽、果蔬加工各领域,包括饮料、冷食、调料、酿造、甜食、面食、乳品和营养保健品等各个食品工业部门,而且也是烹饪行业必备的配料。随着食品添加剂新品种的不断开发,食品加工技术水平的不断提高和食品品种的更加丰富,食品添加剂的作用越来越大。

6.1.3 食品添加剂的一般要求

随着科学技术的进步、人民生活水平的提高,人们食用的食品品种越来越多,追求的色、香、味、形和感官质量越来越高,随食品进入人体的添加剂的数量和种类也越来越多,因此食品添加剂的安全使用极为重要。理想的食品添加剂应对人体无毒、无害,但多数食品添加剂是化学合成物质,往往有一定的毒性,所以在选用时要注意其安全性。

选用食品添加剂时,首先要充分了解我国政府制定的《食品添加剂使用卫生标准》《中华人民共和国食品卫生法》《食品添加剂卫生管理办法》及食品添加剂质量规格标准等一系列有关法规和各种标准,并严格遵循。此外,食品添加剂还要符合下列要求:

①食品添加剂要进行充分的毒理学鉴定,保证在允许使用的范围内长期摄入而对人体无害。食品添加剂进入人体后,应能参与人体的正常新陈代谢,或能被正常的解毒过程解毒后排出体外,或因不被消化吸收而排出体外,而不在人体内分解或与其他物质反应形成对人体有害的物质。

②不破坏食品营养成分,不影响食品的质量和风味,使用时应严格控制使用范围及用量。

③不能用来掩盖食品腐败变质等缺陷,也不能用来对食品进行伪造、掺假等违法活动。

④要有助于食品的生产、加工和贮存等过程,具有保存食品营养素,防止腐败变质,改善感官性状,提高产品质量等作用,并应在较低的使用量的条件下有

显著的效果。

⑤选用的食品添加剂应符合相应的质量指标,添加于食品后能被分析鉴定出来。

⑥价格低廉,使用方便、安全,易于贮存、运输和处理等。

6.1.4 国内外食品添加剂的发展概况

6.1.4.1 国外食品添加剂的发展概况

据统计,目前全球使用的食品添加剂总数已达1.4万多种,其中常用的有5 000余种,美国是全球食品添加剂使用量最大、使用品种最多的国家,各种食品添加剂的年消费量已超过140万t(不包括淀粉及其衍生物、香精/香料和调味料),直接使用的品种达2 300种以上。全球食品添加剂的市场销售额为200余亿美元,其中最大一类产品是调味剂,其次是酸味剂。美国、欧洲、日本是食品添加剂最大的市场,其销售额占世界总销售额的80%,发展中国家仅占20%(主要是中国、印度和墨西哥)。

由于饮食习惯的不同,世界各国的食品消费方式和消费结构有所不同,但是今后推动食品添加剂工业发展的动因基本相同:一是人们对于健康和营养的认识和重视程度在不断提高。近年来,大量科学研究证明,心脏病、癌症、高血压等疾病与饮食有一定的关系;为了追求体形美而进行节食会给身体带来严重的损伤。正是这一原因,刺激着氨基酸、维生素和各种微量元素、大豆提取物、具有保健功能的添加剂(如壳聚糖、硫酸软骨素等)消费量的增长。二是人们对于食品的安全性和健康性意识在增强。这将促进天然或半天然食品添加剂消费的增长。如抗氧化剂异抗坏血酸钠、木糖醇以及其他糖醇产品,消费量近年来都在不断增加。三是方便食品的盛行。生产方便食品需要大量的各种各样的添加剂,以保证其营养、新鲜和味美等。

此外,近年来出现了一种新的食品。这类食品在加工过程中添加一些必要的添加剂,就会起到预防和治疗某些疾病的作用,因此受到人们的欢迎和喜爱。大量的试验证明,维生素、抗氧化剂、胶质食品,以及植物提取物和一些碳水化合物,都有助于疾病的治疗和预防。

6.1.4.2 我国食品添加剂发展概况和发展趋势

(1)发展概况

我国目前已批准使用的食品添加剂共有21类1 474种,产品门类齐全,基本可以满足食品工业的需要。我国各类食品添加剂的年产量已超过200万t,其中味精达60万t以上,柠檬酸的产量近20万t。2000年全国食品添加剂工业的产值约200亿元,主要产品产量近200万t,某些产品的出口量占全球总贸易量的90%以上。食品添加剂行业已成为我国精细化工的重要出口创汇行业。

我国的食品添加剂在生产应用技术、产品质量、成本、品种等方面取得了巨大的进步,但与国外发达国家相比,仍存在较大差距。存在的问题主要表现在:

①产品品种少,配套性差。世界上批准使用的常用食品添加剂有5 000余种,而我国仅有1 500种左右。②生产规模小,工艺技术落后,成本高。如木糖、木糖醇,虽然我国是生产和出口世界第一,但厂家有50多家,年平均生产能力只有300~500t。使用量较大的增稠剂CMC(羧甲基纤维素)年生产能力仅5万t,40家企业的年平均生产能力只有1 200t,远未达到经济规模。③产品质量不稳定,针对性不强。如香兰素香味不典型,香气不足;乳化剂蔗糖酯的HLB值低;集防腐、乳化多功能于一体的蔗糖多酯开发缓慢。④应用技术和制剂化水平有待提高。我国制剂化和复配化刚开始起步,成效不明显,应大力开发和研究。

(2)发展趋势

针对我国食品添加剂发展所存在的问题并根据今后食品工业的发展方针,今后食品添加剂的发展方向应注意以下方面:①提高产品的高新技术含量,以提高纯度、减少杂质含量;②品种较多的产品和基础原料要实行规模化生产,以提高产品在国际市场上的竞争能力;③品种开发要向质量高、用量少、效果好、多品种方向发展;④应提高产品的应用技术和制剂化水平;⑤大力开发进入一日三餐的方便营养食品的添加剂;⑥发展满足不同人群需要的特殊营养食品的添加剂;⑦加大力度研究开发具有保健作用的功能性食品添加剂;⑧充分利用资源,大力开发新的食品添加剂。

我国今后重点发展的产品有:

①乳化剂 我国主要以脂肪酸多元醇酯及其衍生物和天然乳化剂大豆磷脂为主。用量最大的是脂肪酸甘油酯,其他还有司盘、吐温、丙二醇酯、木糖醇酯、甘露醇酯、硬脂酰乳酸钠和钙、大豆磷脂等20多个品种,产量近3万t。当前世界食用乳化剂消费量已超过40万t,主要品种有单甘酯和双甘酯、卵磷脂及山梨醇酯,而我国乳化剂消费量不足世界的1/10。今后要加快单甘酯、卵磷脂的发展,还要开发蔗糖酯系列产品和复配型添加剂。

②营养强化剂 包括氨基酸、维生素、蛋白质及矿物质等,目的是提高食品的营养成分。尤其是婴幼儿、老年人食品需加入各种营养强化剂,如赖氨酸、全营养氨基酸、维生素E、微量元素(铁、锌等)。今后发展的重点是:a. β-胡萝卜素,是人类营养素中最重要的一种,具有防癌、防治心血管疾病、抗衰老等功能,目前上海、广东等地都在开发研制,但尚未工业化生产;b. 大豆提取物,大豆中除油脂已被广泛利用外,其他具有较高营养和保健价值的大豆异黄酮、大豆皂苷等,尚未被合理有效地利用;c. 加快维生素的发展,我国小麦由于土壤和气候等原因,其养分存在一定的缺陷,国家已颁发关于强化面粉的要求,要求对普通的食用面粉实施强化维生素,这其中包括添加烟酸、烟酰胺、叶酸等,因此维生素的需求将扩大。

③甜味剂 甜味剂分营养型和非营养型两类。营养型甜味剂包括各种糖和糖醇类,如蔗糖、葡萄糖、果糖、异构糖、麦芽糖、山梨糖醇、木糖醇、甘露醇等;非营养型甜味剂有罗汉果、甘草提取物(天然)、糖精、甜蜜素、安赛蜜等。我国甜味剂人均年消费量只有7~8kg,主要是蔗糖和淀粉糖,因此必须提高我国

甜味剂产品的档次。低聚糖类，是近几年新开发的新型功能性甜味剂，在日本发展最快，我国已开发了低聚果糖、低聚异麦芽糖、低聚甘露糖醇等产品。我国这方面资源丰富，加之此类糖对老年人尤为合适，而我国已进入老龄社会，因此加快低聚糖发展很有必要。果葡糖浆在美国人均年用量已接近28kg。我国虽然在20世纪80年代就建设了果葡糖浆生产装置，但由于市场等因素的影响，所建装置并未发挥作用。考虑到我国饮料生产在发展，蔗糖价格在上升，有必要发展果葡糖浆。

④防腐剂、抗氧化剂　我国现允许使用的食品防腐剂有28种，抗氧化剂14种。除苯甲酸类及BHA、BHT外，近几年国内开发的防腐剂和抗氧化剂主要有山梨酸类、丙酸类、异抗坏血酸钠、茶多酚等。山梨酸是安全性较高的一种防腐剂，目前我国已成为全球最大的山梨酸生产国，产品不仅供应国内市场，还大量出口。此外，性能优良的天然抗氧化剂异抗坏血酸钠也已有较强的生产能力，产品也供应国外市场。根据食品添加剂应高效安全的原则，今后应重点发展天然或安全性较高的合成防腐剂和抗氧化剂，如丙酸盐系列产品、异抗坏血酸钠、儿茶酚等。同时，应重视复配型产品的开发，以提高防腐抗氧的效果。

⑤增稠剂　目前使用的增稠剂有海藻胶、CMC、果胶、明胶、卡拉胶、黄原胶及淀粉和改性淀粉等。今后发展的重点应为改性淀粉。

6.2　食品添加剂的安全性评价

随着食品工业的发展，食品添加剂已成为加工食品不可缺少的重要原料，对改善食品质量和色、香、味，提升食品档次和营养价值发挥着积极作用。尽管食品添加剂添加的量极其微小，但食品添加剂毕竟不是食品的基本成分，大多数食品添加剂都有一定毒性，只是程度不同而已，有些食品添加剂还具有特殊的毒性。另外，多种食品添加剂在混合使用时还具有叠加毒性，即两种以上的化学物质组合后可能会产生新的毒性，当它们和其他化学物质（如农药残留、重金属等）一起摄入时，可使原本无致癌性化学物质转化为致癌性的物质。有的食品添加剂自身毒性虽低，但由于抗营养因子作用，以及食品成分或不同添加剂之间的相互作用和影响，可能会生成意想不到的有毒物质。食品添加剂对人体的毒性使人类的健康不断受到威胁，概括起来有致癌性、致畸性和致突变性，这些毒性对人体产生潜在的毒害，要经历较长时间才会显露出来，这使食品添加剂使用的安全性引起人们的关注。

6.2.1　食品添加剂的毒性及安全问题

6.2.1.1　食品添加剂的毒性及危险

食品添加剂除具有有益作用外，也可能有一定的危害性，特别是有些品种尚有一定的毒性。毒性是指某种物质对机体造成损害的能力。毒性不仅涉及物质本身的化学结构与理化性质，而且与其有效浓度或剂量、作用时间及次数、接触途径与部位、物质的相互作用与机体的机能状态等条件有关。构成毒害的基本因素是物质本身的毒性及接触的剂量。毒性较高的物质，较小的剂量即可造成毒害；毒性较低的物质，需较大的剂量才能呈现毒害作用。所以不论物质的毒性强弱，对机体都有一个剂量-效应关系。即使毒性很大的物质（如氰化物），如用量极低并不中毒；而一些低毒的物质，甚至大家公认的无毒物质——纯水，当大量饮用时也会产生危害。总之，凡具有毒性的物质都有可能对机体造成危害，可以说食品添加剂大都具有产生危害的可能性。

毒性食品添加剂对人体健康不利，可引起致畸、致突变、致癌等。有些食品添加剂原来认为是安全的，但随着科学检测手段的日趋精密，会得出相反的结论，如曾用做防腐剂的硼砂、硼酸、水杨酸等，均已被禁止；肉类加工中广泛使用的亚硝酸盐及其硝酸盐类，尽管有些关于它的报道认为它是安全的，但仍然被认为有致癌性，近年来重大食物中毒事件中，也有亚硝酸盐中毒事件的报道。此外，作为面包添加剂使用的溴酸钾，也是一种致癌的有毒物质，在国外，如澳大利亚、马来西亚等国家已明文禁止使用；但目前在我国，溴酸钾仍然被使用。除了这两种物质外，还有作为面粉漂白剂使用的过氧化苯甲酰，过量的过氧化苯甲酰可以破坏小麦中的胡萝卜素、维生素 A、维生素 E 和维生素 B_1 等；而在我国市售的面粉中，大多数都添加了这种能增加面粉白色的添加剂，且有时使用量严重超标。

天然食物中存在很多种毒素，之所以没使人们中毒，一方面是由于人体有一定的排毒、解毒机能，更主要是由于食物中所含毒物的量很少，不足以达到对人体有害的程度。无论天然还是合成的化学物质，呈现某种效应（加工功效、药效、慢性中毒、急性中毒、致命等）都有一个相应的剂量关系，只有达到这一剂量才会起作用。只指出某些化学物质的毒性并不能说明问题，甚至会引起误会，必须指出其使用或存在的剂量及其对人体呈效应时的剂量，离开量去谈毒性和安全性都是不科学的。有毒有害还是有毒无害，取决于剂量。同一种化学物质，由于使用剂量、对象和方法不同，则可能是毒物，也可能不是毒物。例如，亚硝酸盐对正常人是毒性物质，但对氰化物中毒者则是有效的解毒物。另外，人体对硒（Se）的每日安全摄入量为 50~200μg，低于 50μg 则会导致心肌炎、克山病等疾病，并诱发免疫功能低下和老年性白内障的发生；如摄入量在 200~1 000μg 则会导致中毒，急性中毒症状表现为厌食、运动障碍、气短和呼吸衰竭，慢性中毒症状表现为视力减退、肝坏死和肾充血等症状；如每日摄入量超过 1mg 则可导致死亡。因此，各种食品添加剂的使用都有一个适量的问题，包括维生素等营养强化剂。

6.2.1.2　食品添加剂的安全问题

按照国家标准正确使用食品添加剂是绝对安全的，但是食品添加剂绝大多数为化学合成物质，具有一定的毒性，少数还可以引起变态反应和蓄积毒性，如果人们食用了含有超量食品添加剂的食物就会引起急性、慢性中毒，同时，过期食品添加剂、不纯的食品添加剂(如汞、铝等未清除)也会危害人们的健康。

目前，食品添加剂的安全问题主要有以下几种形式：

(1) 违法使用非食品添加剂

非食品添加剂已被证实不能用于食品中，却可以提高食品某一功能。这些物质大部分属于某一工业所用的添加剂，对人体有一定或很大的危害，是未经国家批准或禁用的添加剂品种，以及非食品用的化学物质或工业级化工产品。这些物质一旦添加到食品，进入市场销售后，将不可避免带来中毒甚至导致死亡的食品安全事故。例如，1998 年"朔州毒酒案"中用甲醇勾兑的散装白酒；2003 年浙江金华市查获三家用剧毒农药敌敌畏加工的火腿，用化工燃料"碱性品绿"染色的毒海带；2005 年查出的含有苏丹红的辣椒制品；用吊白块增白的粉丝、生姜块；用无机铜盐(硫酸铜)、铅盐染色的糖果；用 NaOH 甲醛溶液浸泡蛙腿、海参及其他水产品等，使食品添加剂蒙受了不白之冤，严重损害了整个食品添加剂行业在消费者心目中的形象。

(2) 超范围使用食品添加剂

所谓超范围使用食品添加剂就是指超出了强制性国家标准《食品添加剂使用卫生标准》所规定的某种食品中可以使用的食品添加剂的种类和范围。食品添加剂在食品加工过程中，必须按照使用卫生标准规定的使用范围，并且依据被加工食品的感官要求、理化性质和营养学特征以及食品添加剂与其他食品成分混合不能发生不良反应来进行添加，才能既保证添加食品的质量又对人体安全无害。中华人民共和国卫生部(以下简称卫生部)明确规定了各种食品添加剂的使用范围，如需扩大使用范围，必须报卫生部严格审批通过后才能使用。如果随意添加，不仅造成产品质量不合格，而且可能危及人体健康。如《食品添加剂使用卫生标准》明确规定膨化食品中不得加入糖精钠和甜蜜素等甜味剂，但是在质量抽查时发现不少膨化食品中添加了甜蜜素和糖精钠。以"三精水"勾兑山葡萄酒现象也是属于严重超范围使用食品添加剂的案例，"三精水"就是在酒精和水中添加香精、甜味剂、色素，从而勾兑出来的劣质酒类。而《食品添加剂使用卫生标准》要求，山葡萄酒中不允许添加香精、甜味剂、色素，但一些企业将勾兑的"三精水"冠以山葡萄酒名称销售，成本非常低，从而牟取暴利。我国肉制品不允许添加柠檬黄、胭脂红等合成色素，但许多个体加工作坊为了掩盖食品的本色任意添加。

(3) 超限量使用食品添加剂

超限量使用食品添加剂就是指在食品生产加工过程中所使用的食品添加剂的剂量超出了强制性标准《食品添加剂使用卫生标准》所规定能够使用的最大剂量。如湖南等省将焦亚硫酸钠超量 100 倍使用于黄花菜加工、漂白、防腐、防霉变，而国家标准规定 SO_2 残留不得大于 0.2g/kg；浙江建德五加皮酒柠檬黄超标 5.6 倍使用；2005 年 3 月在福建省福州市区销售的辣椒制品、番茄酱、肉制品的质量检测中发现，抽查的 95 个样品中有 12 个样品的防腐剂(苯甲酸或山梨酸)超限量使用，有 4 个样品的甜味剂(糖精钠)超限量使用，多为小企业为延长产品的保质期和降低生产成本造成的。另外,面粉的增白剂过氧化苯甲酰,面粉的改良剂(面筋质量保持)溴酸钾,饮料、蜜饯的甜味剂糖精钠,方便面、蜜饯的防腐剂苯甲酸钠等都发现超限量使用的情况。

(4)使用伪劣食品添加剂

食品添加剂作为一种产品,具有一定的保质期限,在保质期内才具有一定的功效,按照标准要求添加到食品当中才能提高食品的某一功能而又不危害消费者的身体健康。但是使用伪劣甚至过期的食品添加剂将会影响到食品的质量甚至食品的安全性。伪劣的食品添加剂主要体现在产品的纯度,有些劣质的食品添加剂含有少量的汞、铅、砷等有毒有害物质,将会严重影响到产品质量,危害消费者的身体健康。如1955年日本万余婴儿食用添加混有砷的磷酸盐奶粉,130个婴儿中毒死亡。过期的食品添加剂也不能真正起到食品添加剂的功效,同时由于长期保存而可能导致发生化学反应,产生有毒有害物质,从而影响到食品的质量及安全性。

(5)食品添加剂的转化

主要为:①食品添加剂合成过程中会产生一些有害杂质,如用氨法生产焦糖色中的4-甲基咪唑,用Fahlberg法制造糖精工艺较简单,但容易含有邻甲苯磺酰胺杂质等;②食品贮藏过程中添加剂的转化,如赤藓红色素转为内荧光素,因此在绿色食品中禁用;③食品添加剂与其他食品成分可能发生反应,如亚硝酸盐与蛋白质分解的胺类形成致癌物N-亚硝基胺,偶氮染料形成游离芳香族胺等。

(6)其他问题

在食品添加剂添加过程中由于操作不规范、卫生不合格也能够引起食品的质量问题,这主要是由食品生产企业造成的。同时,部分生产企业为了减少生产成本,采用非食品级的食品添加剂进行食品生产,如采用AR(分析纯)级的食品添加剂,分析纯级的药品中仍然会含有少量的杂质(如重金属等),从而影响到食品安全。在我国,食品添加剂存在的另外一个问题就是由于标准对食品中的食品添加剂的残余量没有严格控制而引起的,譬如,在某种食品生产过程中,需要有几种材料构成,企业在最终食品的生产过程中并没有添加有关超范围的食品添加剂,但是在食品的质量抽查中却发现有该类超范围的食品添加剂存在,其原因是由于其中的生产材料中含有该类食品添加剂而带入了最终的食品中,从而引起了食品的质量问题。

6.2.2 食品添加剂的安全性

6.2.2.1 安全性

安全性是指使用这种物质不会产生危害的实际必然性。如前所述,食品添加剂若大量使用可能会产生危害,但这并不意味着在适当应用时会给人类带来危险性。也就是说,一种物质只要剂量合适,使用得当就不会造成中毒。这就必须采用实验动物进行试验研究,在确定该物质毒性的基础上,考虑其在食品中安全无害的最大使用量,并采取法律措施,保护消费者免受危害。

为确保食品添加剂安全和人体健康，必须对食品添加剂进行安全性评价。食品添加剂的安全性评价是对食品添加剂进行安全性或毒性鉴定，以确定该食品添加剂在食品中无害的最大限量，对有害物质提出禁用或放弃的理由。食品添加剂安全性评价在食品安全性研究、监控和管理方面具有重要意义。

食品添加剂安全性评价是在人体试验和判断识别基础上发展起来的，是风险分析的基础。食品添加剂安全性评价中采用的毒理学评价适用于评价食品生产、加工、保藏、运输和销售过程中使用的化学和生物物质以及在上述过程中产生和污染的有害物质，适用于评价食品添加剂中其他有害物质。

6.2.2.2 毒理学评价

（1）毒理学评价的内容

为安全使用食品添加剂，需对其进行毒理学评价。食品添加剂的毒理学评价包括实验研究和人体试食观察两方面。除采用理化方法进行必需的分析检验外，动物毒性试验是迄今为止取得安全性资料的最重要的手段。毒理学评价的内容包括：

①食品添加剂的化学结构、理化性质和纯度，在食品中的存在形式以及降解过程和降解产物。

②食品添加剂随同食品被机体吸收后，在组织器官内的贮留分布、代谢转变及排泄状况。

③食品添加剂及其代谢产物在机体内引起的生物学变化，即对机体可能造成的毒害及其机理。包括急性毒性、慢性毒性，对生育繁殖的影响、胚胎毒性、致畸性、致突变性、致癌性以及致敏性等方面。

对各种食品添加剂能否使用、使用范围和最大使用量，各国都有严格规定，受法律制约，以保证使用的安全。这些规定是建立在一整套科学严密的毒理学评价基础上的。2003年9月24日修订的中华人民共和国国家标准《食品安全性毒理学评价程序和方法》（GB15193.1~15193.21—2003），原则规定了食品添加剂的安全性评价程序和方法，包括4个阶段。

第一阶段：急性毒性试验——LD_{50}。

第二阶段：遗传毒性试验，传统致畸试验，短期喂养试验。

第三阶段：亚慢性毒性试验——90d，喂养试验、繁殖试验、代谢试验。

第四阶段：慢性毒性试验（包括致癌试验）。

并规定了在不同条件下，可有选择地进行某些阶段或全部进行4个阶段的试验。

由于食品添加剂有数千种之多，有的沿用已久，有的已由FAO/WHO等国际组织做过大量同类的毒理学评价试验，并已得出结论。因此我国规定，除我国创制的新化学物质，一般要求进行4个阶段的全部试验外，对其他食品添加剂可视国际上的评价结果等分别进行不同阶段的试验。如香料部分，规定"凡世界卫生组织（WHO）已建议批准使用或已制定ADI者，以及美国香料生产者协会（FE-

MA)、欧洲理事会(COE)和国际香料工业组织(IOFI)等4个国际组织中的两个或两个以上允许使用的,在进行急性毒性试验后,参照国外资料或规定进行评价"即可。

(2)评价安全性的主要指标

在国际上公认为安全性的主要指标是 ADI、LD_{50} 和 GRAS。

①每日允许摄入量(acceptable daily intakes,ADI)是指人类每天摄入某种食品添加剂直到终生而对健康无任何毒性作用或不良影响的剂量(简称日允量),以每人每日每千克体重摄入的质量[mg/(kg·d)]表示。ADI是国内外评价食品添加剂安全性的首要和最终依据,也是制订食品添加剂使用卫生标准的重要依据。经慢性毒性试验得出未观察到有害作用剂量(NOAEL)还不能直接用于人体,由于人与动物的种间差异,人与人之间存在的个体差异,必须考虑一定的安全系数,通常为100~200倍。即

$$人体 ADI = NOAEL \times 1/100$$

例如,糖精钠对小鼠的 NOAEL 值为 500mg/kg,则可换算 ADI 值为 500mg/kg 体重×1/100 = 5mg/kg 体重。以60kg体重正常人,每人每日允许摄入量:5mg/kg×60kg = 300mg/(人·d)。

此外,各国在制订食品添加剂使用标准时,常根据各国饮食习惯,取平均摄食量的数倍作为人体可能进食的依据。因此,各国制订的允许用量绝对不会超过 ADI 值所规定的标准。

按 JECFA 推荐的"丹麦预算法(DBM)"来推算每一种食品添加剂的最大使用量,可概括为:a. 食品添加剂的最大使用量 = 40 × ADI;b. 加工食品中添加剂的最大使用量 = 80 × ADI(假定一半新鲜食品不含该添加剂);c. 少数加工食品中的添加剂最大使用量 = 160 × ADI;d. 个别加工食品中的添加剂最大使用量 = 320 × ADI。

由于 ADI 的决定取决于许多因素,而这些因素有时尚不很确切,可能发生改变,或某些参数尚未取得,因此 JECFA 对各种食品添加剂的 ADI 值有不同的措辞,如不限、不特殊等。

ADI 值是最具代表性的国际上公认的毒性评价指标,ADI 的量不但表明其毒性及人的安全摄入量,也牵涉到进一步制订食品添加剂标准。在这一安全剂量内,每天摄取直到终生,对人体都是安全无害,不会造成副作用(慢性中毒)。《食品添加剂使用卫生标准》的使用范围和最大使用量,都是依据 ADI 值来进行限定的。因此,依照《食品添加剂使用卫生标准》使用食品添加剂是不危害人体健康的。

②半数致死量(50% lethal dose,LD_{50})也称致死中量,是指受试动物经口一次或在24h内多次染毒后,能使受试动物中有半数(50%)死亡的剂量,以"mg/kg"表示。LD_{50} 是判断食品添加剂安全性的常用指标之一,它表明了食品添加剂急性毒性的大小。同一种被试验食品添加剂对各种动物的 LD_{50} 不相同,有时甚至差异很大。我国卫生部1983年提出将各物质按其对大鼠经口半数致死量的大小

分为6级(见表6-1)。一般而言,对动物毒性很低的物质,对人的毒性往往也很低。作为食品添加剂来说,其LD_{50}大多属实际无毒或无毒级,如食盐的LD_{50}为5 250mg/kg,味精LD_{50}为199 000mg/kg,仅个别品种,如亚硝酸钠属中等毒,其LD_{50}为220mg/kg。

表6-1 经口LD_{50}与毒性分级

毒性级别	LD_{50}/(mg/kg)(大鼠,经口)	对人的推断致死量
极毒	<1	约50mg
剧毒	1~50	5~10g
中等毒	51~500	20~30g
低毒	501~5 000	200~300g
实际无毒	5 001~15 000	500g
无毒	>15 000	>500g

由于人和动物之间的感受性不同,即使在供试的动物之间也有很大差异。如据同一试验者报道,麦芽酚的LD_{50}对小鼠经口为550mg/kg,而对大鼠经口为1 410mg/kg。因此,LD_{50}只能作为参考值,其价值远低于ADI值,此外LD_{50}仅系急性毒理试验的结果,不代表亚急性和致突变性等毒理情况。

③一般公认为安全(generally recognized as safe,GRAS)美国食品和药物管理局(FDA)将FEMA推荐的2 023种香料列为GRAS(至2001年12月第20批公布的名单,由FEMANO.2001-3963)。另在美国联邦法规第182部分中公布有属于GRAS的物质名单,包括(其中有重复品种):a. 香辛料和其他天然调味料、香味料,计83种;b. 精油、油树脂和天然抽提物,计159种;c. 调味用天然抽提物,计10种;d. 合成香味料及助剂,共21种;e. 用于干燥食品包装用的棉花制品中可迁徙物质,共23种;f. 可从纸和纸制品迁徙入食品中的物质,共12种;g. 通用的GRAS物质,共28种;h. 抗结剂,6种;i. 化学防腐剂,计20种;j. 营养增补剂,计56种;k. 螯合剂,20种;l. 稳定剂,1种;m. 营养剂,16种。列入GRAS者为安全性较大的食品添加剂。凡属GRAS的物质一般均以良好操作规范为限。GRAS项内所列编号为美国联邦管理法规(CFR)21卷中的编号。

按美国FDA的规定,凡属GRAS者,均应符合下述一种或数种范畴:a. 在某一天然食品中存在。b. 已知其在人体内极易代谢(一般剂量范围)。c. 其化学结构与某一已知安全的物质非常近似。d. 在广大范围内证实已有长期安全食用历史(即在某些国家已安全使用30年以上)。e. 同时具备下列各条件:在某一国家最近已使用10年以上;在任一最终食品中的平均最高用量不超过10mg/kg;在美国的年消费量低于454kg(1 000lb);从化学结构、成分或实际应用中均证明添加剂安全性是无问题的。

我国食品卫生标准对于有害化学物质的确定过程通常是:①动物毒性试验;

②确定动物最大无作用剂量；③确定人体每日允许摄入量；④确定一日食物中的总允许量；⑤确定该物质在每种食品中的最高允许量；⑥制订食品中的允许标准。对微生物指标的制订程序基本相同，只是在制订时对采集样本的要求更为严格。

6.2.2.3 有关食品添加剂安全性的不同看法

按照上述评价所得出的结论，应该认为是科学、严密、可行和安全的。但由于种种原因，各国都还存在着不同的看法，有的认为严格按照法规规定来使用食品添加剂是无害的，但也有存在疑虑和认为有害的。

认为有害或怀疑有害的理由之一，是确实发生过像日本因奶粉中磷酸氢二钠质量问题而造成的砷中毒之类事件；理由之二，有些食品添加剂原来认为是安全的，但随着科学检测手段的日趋精密，会得出相反的结论，如曾用做防腐剂的硼砂、硼酸、水杨酸等，均已被禁止。有的至今似乎仍有各种不同的争论，如联合国认为环己基氨基磺酸盐是安全的，并制订了其 ADI 值为 0~11mg/kg（这是相当大的数字，即可以认为是相当安全的物质），但美国却至今仍禁止使用。又如糖精钠，20 世纪 70 年代发现对实验动物有致膀胱癌的可能，故 FDA 于 1971 年取消了其 GRAS，后发现在允许用量范围内是无害的，FAO/WHO 所制订的 ADI 值为 0~5mg/kg，但在消费者中依然存在疑虑。

相反，也有不少人认为按现有标准使用食品添加剂是完全安全的。Toylor 认为，使用食品添加剂不仅没有产生任何明显的不良效果，人们的健康水平和平均寿命都在持续提高。有的人认为，食品添加剂的好处常被忽略，而它们的危险却常被夸大。并根据卫生学统计，认为食品中危害源最大的是微生物污染和营养不平衡，它比食品添加剂的危险要大 10 万倍。

所以大多数学者认为，这里涉及几个问题：①所使用的食品添加剂的商品质量是否符合法定规定；②使用食品添加剂是否严格遵守法定的使用范围和最大允许使用量；③间接进入食品的外来物（如农药残留、兽药、包装材料迁移物、谷物的霉菌毒素）及食品中天然存在的有害成分与所用食品添加剂相区别；④是否属于食品在加工过程中由热分解所产生的诱变性物质；⑤应该理解"绝对安全实际上是不存在的"，无论是天然的还是合成的，只要摄入的量充分大和/或食用时间足够长，都会在一些人身上引起有害的结果，因此各种食品添加剂的使用都有一个适量的问题，包括维生素等营养强化剂；⑥婴儿代乳食品中不得使用色素、香料和糖精等。

对于天然品和合成品，在当今崇尚自然、回归自然的潮流驱使下，认为"天然的就是安全"或"天然的至少比人造的安全"的观点已根深蒂固，但从化学的角度来看，这是毫无根据的。一种天然物质与一种化学结构和纯度相同的合成品相比，在毒理学上、营养学上和感官作用上毫无区别。

此外，崇尚天然固然是对的，但应考虑到天然的未必一定安全（如黑胡椒中的致癌物黄樟素）。另外，从 FAO/WHO 制订的 ADI 值来看，天然的姜黄素为 0~

0.1mg/kg，胭脂树橙为 0~0.065mg/kg，而合成品亮蓝却高达 0~12.5mg/kg，柠檬黄为 0~7.5mg/kg，天然的斑蝥黄 1974 年 ADI 订为 0~15mg/kg，而 1983 年降至 0.05mg/kg（暂定），1989 年起因发现能沉积于视网膜上而取消了 ADI 值，因此，对毒性的理解不能仅以天然或合成来判断。

从经济和安全角度来看，用天然原料生产的抗坏血酸价值约 100 元/g，而合成品仅 10 元/g，其安全性、质量也有保证，故目前各国所用的均为合成品。

6.2.2.4 食品添加剂使用量的确定

食品添加剂使用标准中，食品添加剂在某种食品中的最大使用量是最重要的内容。最大使用量是指某种添加剂在不同食品中允许使用的最大添加量，通常以 g/kg 表示，是根据 ADI 值确定的最高允许量的基础上制订的。为了安全起见，最大使用量应略低于最高允许量。最大使用量的确定方法如下：

① 根据动物毒性试验确定未观察到有害作用剂量（NOAEL）。

② 根据 NOAEL 定出人体每日允许摄入量（ADI）。根据国际规定把安全系数定为 100（按种间差异缩小 10 倍，个体差异缩小 10 倍计）。

$$每日允许摄入量(ADI) = NOAEL \times 1/100$$

③ 将每日允许摄入量（ADI）乘以平均体重求得每人每日允许摄入总量。

④ 根据膳食调查，搞清膳食中含有该物质的各种食品的每日摄食量，然后即可分别计算出每种食品含有该物质的最高允许量。

⑤ 根据该物质在食品中的最高允许量制订出该种添加剂在每种食品中的最大使用量。原则上总希望食品中的最大使用量低于最高允许量，具体要按照其毒性及使用等实际情况确定。

以苯甲酸为例进行计算：

a. 苯甲酸的未观察到有害作用剂量 NOAEL　由动物试验得：NOAEL = 500 mg/kg。

b. 每日允许摄入量（ADI）　根据 NOAEL，对于人体的安全系数以 100 计

$$ADI = NOAEL \times 1/100 = 500mg/kg \times 1/100 = 5mg/kg$$

c. 每日最高允许摄入总量　以平均体重 60kg 的正常成人计算，苯甲酸的每人每日允许摄入总量为

$$5mg/kg \times 60kg = 300mg(人 \cdot d)$$

d. 最大使用量　通过膳食调查，平均每人每日各种食品的摄入量为：酱油 50g，汽水 250g，果汁 100g，醋 20g。

再考虑各种食品必要的贮存时间，和每日最大摄入量等因素，综合起来确定防腐剂的最大使用量。

酱油、醋为 1.0g/kg，汽水为 0.2g/kg，果汁为 1.0g/kg。

e. 计算防腐剂的每日平均摄入量

(酱油)50×1.0 + (汽水)250×0.2 + (果汁)100×1.0 + (醋)20×1.0 = 220mg

防腐剂的每日平均摄入量为 220mg，低于每日允许摄入量，制订的最大使用

量是可行的。

但是在生产中实际使用时，考虑防腐剂的防腐作用只是一种辅助手段，所以用量都大大低于最大使用量。

6.3 食品添加剂的安全性管理

近年来，食品添加剂越来越多地应用于食品生产加工，由于它们大多属于化学合成物或动植物提取物，世界各国都十分重视其质量和使用过程的安全管理。食品添加剂按照标准正确使用是安全的，长期食用也没关系。为了防止滥用，确保食品的安全性，必须加强食品添加剂的管理，包括食品添加剂的毒理学评价、添加剂使用量标准的制订、审批、生产和使用食品添加剂审批手续的法规等。随着研究的不断深入，更多质量安全可靠的食品添加剂被列入新的批准名单，而某些已获批准的产品却因安全问题被禁用。因此，了解国外食品添加剂的管理法规和安全标准现状，对完善我国食品添加剂的管理，促进产品贸易具有重要意义。

6.3.1 联合国 FAO/WHO 对食品添加剂的管理

世界粮农组织(FAO)和世界卫生组织(WHO)于1955年9月在日内瓦联合召开第一次国际食品添加剂会议，商讨有关食品添加剂的管理和成立世界性国际机构等事宜。1956年在罗马成立了FAO/WHO所属的食品添加剂专家委员会(JECFA)，由世界权威专家组织以个人身份参加，以纯科学的立场对世界各国所用的食品添加剂进行评议，并将评议结果中的毒理学评价部分(ADI值)于"FAO/WHO，Food and Nutrition Paper - FNP"报告上公布，由FAO出版发行。会议基本上每年召开一次，至2001年已召开JECFA 57次会议。

1962年FAO/WHO联合成立了食品法典委员会(codex alimentartus commission，CAC)，下设有食品添加剂法典委员会(codex committee on food additives，CCFA)，后者也每年定期召开会议，对JECFA所通过的各种食品添加剂的标准、试验方法、安全性评价等进行审议和认可，再提交CAC复审后公布，以期在广泛的国际贸易中，制订统一的规格和标准，确定统一的试验方法和评价等，克服由于各国法规不同所造成贸易上的障碍。

但由于联合国是一种松散型的组织，因此其所属机构所通过的决议只能作为向各国推荐的建议，不具备直接对各国起到指令性法规的作用，因此，各国仍自行制定各自的相应法规、标准，但可作为世界贸易组织在国际贸易中的参照标准。

迄今为止，联合国为各国所提供的主要法规或标准包括以下几个方面：①准许用于食品的各种食品添加剂的名单，以及它们的毒理学评价(ADI值)；②各种准用的食品添加剂的质量指标等规定；③各种食品添加剂在食品中的允许使用范围和建议用量；④各种食品添加剂质量指标的通用测定方法。

6.3.2 美国对食品添加剂的管理

美国最早于1908年制定有关食品安全的《食品卫生法》(Pure Food Act)，于

1938年增订成至今仍有效的《食品、药物和化妆品法》(Food, Drug and Cosmetic Act)，1959年颁布《食品添加剂法》(Food Additives Act)，1967年颁布《肉品卫生法》(Whole-some Meat Act)(肉类中允许使用的食品添加剂按该法裁定)，1968年颁布《禽类产品卫生法》(Whole Some Poultry Products Act)，以上各法分别由美国食品与药物管理局(FDA)和美国农业部(USDA)贯彻实施，另有一部分与食品有关的熏蒸剂和杀虫剂，则归美国环境保护署管理。这些联邦法规对食品添加剂(或称食品用化学品)的主要作用是建立"允许使用范围，最大允许使用量和食品标签表法"，定期公布在"联邦登记册"(Federal Register)上，并于每年出版的《美国联邦法规》(U.S. Code of Federal Regulations, CFR)上汇总修订，其中有关USDA所辖的肉禽制品，发表于9CFR上，FDA管辖的则发表于21CFR上。此外，美国FDA根据美国食品用香料制造协会(FEMA)的建议属于一般公认为安全(GRAS)者，亦已认可，故凡有FEMA NO.者，均属GRAS。

对于各种食品添加剂的质量标准和各种指标的分析方法，由FDA所委任的"食品化学品法典委员会(committee on food chemicals codex)"负责编写《食品化学品法典》(FCC)，定期出版，由FDA认可。

美国在1959年颁布的《食品添加剂法》中规定，出售食品添加剂之前须经毒理试验，食品添加剂的使用安全和效果的责任由制造商承担，但对已列入GRAS者例外。凡新的食品添加剂在得到FDA批准之前，绝对不能生产和使用。

FDA对加入食品中的化学物质分为4类：

①食品添加剂，需经两种以上的动物试验，证实没有毒性反应，对生育无不良影响，不会引起癌症等。用量不得超过动物试验最大无作用量的1%。

②一般公认为安全的，如糖、盐、香辛料等，不需动物试验，列入FDA所公布的GRAS名单，但如发现已列入而有影响的，则从GRAS名单中删除。

③凡需审批者，一旦有新的试验数据表明不安全时，应指令食品添加剂制造商重新进行研究，以确定其安全性。

④凡食用着色剂上市前，需先经全面安全测试。

此外，对营养强化剂的标准标示，FDA在国标和教育法令(NLEA)中规定了新标示管理条例。其中要求维生素、矿物质、氨基酸及其他营养强化剂的制造商对其产品作有益健康的标志声明，其准确度达9~10级(10级制)，于1994年5月8日生效，但目前批准的仅有钙强化剂和叶酸两种。

6.3.3 我国对食品添加剂的管理

我国于1973年成立"食品添加剂卫生标准科研协作组"，开始有组织、有计划地管理食品添加剂。1977年制订了最早的《食品添加剂使用卫生标准(试行)》(GBn50—1977)，1980年成立了中国食品添加剂标准化技术委员会，是在国家技术监督局领导下聘请有关专家组成的专业性标准化技术组织。每年召开一次会议，全面研究食品添加剂的标准化和国际化问题。

1981年制订了《食品添加剂使用卫生标准》(GB 2760—1981)，并于1986年、

1996 年先后进行了修订，改为 GB 2760—1996。另于 1986 年颁布了《食品营养强化剂使用卫生标准(试行)》，1994 年公布《食品营养强化剂使用卫生标准》(GB 14880—1994)，上述各标准均由卫生部批准后公布实施。

此外，1995 年 10 月颁布《中华人民共和国食品卫生法》，1986 年颁布《食品添加剂卫生管理办法》，1992 年发布《食品添加剂生产管理办法》和《全国特种营养食品生产管理办法》。1987 年颁布《食品标签通用标准》(GB 7718—1987)，1994 年对部分内容作了修改，改为 GB 7718—1994。2000 年对该标准中的 5.2.2 条作了修改，规定：从 2000 年 1 月 1 日起，凡在中国境内销售的所有食品包装的标签配料表中的甜味剂、防腐剂、着色剂，必须标明 GB 2760—1996 中允许的具体名称，如糖精钠、苯甲酸、焦糖色。该标准的最新版为 GB 7718—2004。这些法律、法规标准的颁布大大加强了我国食品添加剂的有序生产、经营和使用，保障了广大消费者的健康和利益。

6.3.4 我国对生产、使用新的食品添加剂的主要审批程序

凡未列入《食品添加剂使用卫生标准》中由生产、应用单位及其主管部门申报的食品添加剂新品种，应由生产、应用单位及其主管部门提出生产工艺、理化性质、质量标准、毒理试验结果、应用效果(应用范围、最大应用量)等有关资料，由当地省、自治区、直辖市的卫生行政主管部门提出初审意见，报卫生部卫生监督中心，提交全国食品添加剂标准化技术委员会审查。通过后的品种报卫生部批准发布。

根据上述规定提出下列 3 个方面资料，报省、自治区、直辖市的主管和卫生部门审查。①生产单位提出生产工艺、理化性质、质量标准，同时列出国外同类产品标准以供比较，并列出近期的参考文献；②使用部门提出使用效果报告：使用在什么食品上、最大使用量、使用效果；③毒理试验报告：包括急性毒性试验、致突变试验、致畸试验、亚慢性试验，必要时进行慢性试验(包括致癌试验)。如该产品为 FAO/WHO 联合食品添加剂专家委员会(JECFA)已制订 ADI 值或 ADI 值不需制订的品种，质量又能达到国家标准的，要求做急性试验即可，要列出近期的 ADI 值及参考文献，如 JECFA 未建立 ADI 值，要根据毒性试验结果提出 ADI 值。

对于食品用香料，凡属世界卫生组织已批准使用或制订 ADI 值以及美国香料生产者协会、欧洲理事会和国际香料工业组织中的两个或两个以上组织允许使用的香料，国内可以使用。如需要证明，一般只要求进行急性毒性试验，然后参照国外资料或规定进行评价。

生产单位或使用单位的主管部门将上述 3 方面资料综合，并附上述 3 方面的资料作为申请报告，由当地省、自治区、直辖市的卫生行政主管部门进行初审。初审通过后，提出意见。报卫生部卫生监督中心，全国食品添加剂标准化技术委员会审查通过后，再由卫生部批准，方可作为食品添加剂使用。

产品列入国家标准 GB 2760—1996 名单后，产品的质量稳定，可提出申请生

产该种食品添加剂的临时生产许可证，经省、自治区、直辖市的主管部门会同卫生主管部门、商业主管部门、工商行政部门共同审查，认为符合生产食品添加剂的条件，可发给临时生产许可证，先制订企业标准，待颁布国家标准后才能发给正式生产许可证。生产厂必须保证生产的食品添加剂逐批检验，合格后才可出厂。未经批准的工厂，不得生产食品添加剂。食品加工厂不得使用未经批准的工厂生产的产品作为食品添加剂，即便该产品符合国家标准也是非法的。

关于外国公司的产品，进入中国市场时也必须按照中华人民共和国的法规及审批程序办理，可将以上所具备材料直接向全国食品添加剂标准化技术委员会办理申请批准手续。

随着国民经济的发展，人民生活水平的不断提高，人们对食品有了更新的要求，如营养食品、功能食品、保健食品、绿色食品等，已经成为食品消费市场的新热点，食品添加剂特别是天然食品添加剂对这些产品的品质，起着决定性的作用。我国幅员辽阔、自然资源丰富，有着几千年药食同源的传统，具有发展天然、营养、多功能食品添加剂的独特优势，但仍需加快发展高质量食品添加剂的步伐，运用高新技术，提高我国食品的质量、档次，进一步推动我国食品工业的发展，以适应日益增长的食品市场的需求。

思考题

1. 食品添加剂在食品加工中有何意义？
2. 什么是食品添加剂？食品添加剂可以分为多少种类？
3. 食品添加剂的选用应该遵循哪些原则？
4. 简述食品添加剂的毒理学安全性评价的内容与步骤。
5. 食品添加剂在生产、使用中的安全问题主要有哪些？
6. 国际上公认的主要毒性（安全性）指标有哪些？
7. 食品添加剂的 ADI 值、最大使用量是如何确定的？
8. 简述我国对食品添加剂的管理办法。
9. 生产、使用新的食品添加剂的审批程序主要有哪些？

第 7 章
食品工业用酶制剂安全性评价

重点与难点 主要介绍了酶制剂的概念，酶制剂在食品工业中应用以及与酶制剂安全相关的内容，重点介绍了食品工业用酶制剂可能存在的安全问题及食品工业用酶制剂的安全管理问题。由于目前食品工业用酶制剂主要是靠微生物发酵生产的，因此可能存在诸多不安全因素，如培养基残留物、防腐剂、稀释剂等；生产过程中可能受到的沙门氏菌、金黄色葡萄球菌、大肠杆菌的污染；还可能含生物毒素及汞、铜、铅、砷等有毒重金属。这些给消费者或生产者的健康带来潜在危害，因此酶制剂生产的安全管理至关重要，国内外均要求对酶制剂包括生产酶制剂的菌种进行严格的安全评价。

7.1 概 述
7.2 食品工业用酶制剂的安全性评价
7.3 食品工业酶制剂的安全性管理

7.1 概 述

7.1.1 食品酶制剂的概念

酶是活细胞产生的具有高效催化功能、高度专一性和高度受控性的一类特殊蛋白质，是生物体内进行新陈代谢不可缺少的受多种因素调节控制的生物催化剂。从动物、植物或微生物体中提取的具有酶活力的酶制品，称酶制剂（enzyme preparations）。酶制剂广泛用于食品、发酵、制革、纺织、日用化工、医药等工业。应用于食品加工中的酶制剂是指从生物体中提取的有生物催化能力的物质，再辅以其他成分，用于加速食品加工过程和提高食品质量的制品，称为食品酶制剂。

食品工业用酶的来源包括动物、植物和微生物。来源于动物的酶主要是从动物的胃黏膜、胰脏和肝脏中提取得到，如从动物的胃中可以提取胃蛋白酶和凝乳酶，从胰脏中可以提取胰蛋白酶和胰凝乳蛋白酶等。能够提供食品工业用酶的植物品种较多，包括大麦芽、菠萝、木瓜、无花果和大豆等，如从大麦芽中提取的 α-淀粉酶和 β-淀粉酶，可以用在淀粉工业中；从菠萝茎、木瓜汁和无花果汁中提取的菠萝蛋白酶、木瓜蛋白酶及无花果蛋白酶可以用来生产蛋白水解物，用于防止啤酒冷沉淀和嫩化肉类等。然而由于动物和植物生长周期长，成本高，又受地理、气候、季节等因素的影响而不适宜于大规模生产酶制剂。近年来，随着发酵工业和生物工程的发展，利用微生物发酵法生产酶制剂远远优于从动、植物中提取的酶制剂，现已成为工业用酶制剂的主要来源。

不同来源的酶制剂的组成可以是所用材料的整细胞、部分细胞或细胞提取液，剂型可为固体、半固体或液体，颜色从无色至褐色。按生物化学的标准来衡量，食品加工中所用的酶制剂是一种粗制品，大多数酶制剂含有一种主要酶和几种其他酶，如木瓜蛋白酶制剂，除木瓜蛋白酶外，尚含有木瓜凝乳蛋白酶、溶菌酶及纤维素酶。

食品工业用酶的选择必须考虑几个原则，这些原则包括安全性、法规容许、成本、来源稳定性、纯度、专一性、催化反应能力以及在加工过程中保持稳定等。在我国已批准使用于食品工业的酶制剂有 α-淀粉酶、糖化酶、固定化葡萄糖异构酶、木瓜蛋白酶、果胶酶、β-葡聚糖酶、葡萄氧化酶、α-乙酰乳酸脱羧酶等，主要被应用于果蔬加工、酿造、焙烤、肉禽加工等方面。

7.1.2 酶制剂工业的发展

食品用酶，从早期的酿造、发酵食品开始，至今已广泛应用到各种食品上。随着生物科技进展，不断研究、开发出新的酶制剂，已成为当今新的食品原料开发、品质改良、工艺改造的重要环节。

1833 年 Payer 等用酒精从麦芽浸出液中沉淀制成的淀粉酶，开始出售用于棉布退浆。1874年丹麦的Hansen用盐溶液从牛胃中抽提凝乳酶，首次出现出售凝乳酶的商品广告。酶的大规模工业生产是在第二次世界大战后，随着抗菌素工业的发展而开始的。1949年日本开始用液体深层培养法生产细菌α-淀粉酶，从此微生物酶的生产才进入了大规模的工业化阶段。1959年酶法生产葡萄糖获得成功，迎来了酶制剂工业的大发展。此后又相继发展了脂肪酶、微生物凝乳酶、柚苷酶、磷酸二酯酶、天冬氨酸酶等。20世纪60年代中期，欧美各国将蛋白酶加入洗涤剂，曾风行一时，刺激了许多国家竞相生产。20世纪70年代，利用淀粉酶类大量工业化生产果葡糖浆。20世纪80年代，酶制剂在化工领域获得突破。

酶制剂产业经历了半个多世纪的起步和迅速成长之后，现已形成一个富有活力的高新技术产业，保持持续高速度发展。近年来，国际酶制剂产业的生产技术发生了根本性的变化，以基因工程和蛋白质工程为代表的分子生物学技术的不断进步和成熟，以及对各个应用行业的引入和实践，把酶制剂产业带入了一个全新的发展时期。伴随着全球经济一体化的经济浪潮，世界生物技术产业也在全球范围内进行着产业结构和产品结构的调整，世界酶制剂产业表现活跃。

目前，世界上已经发现2 000多种酶，在食品工业中广泛应用的工业化生产的酶制剂20多种，其中80%以上为水解酶类。以酶品种分，各种酶所占比例为蛋白酶占60%，淀粉酶占30%，脂肪酶占3%，特殊酶占7%。以用途分，淀粉加工酶所占比例仍是最大，为15%；其次是乳制品工业，占14%。

酶制剂行业是高技术产业，它的特点是用量少、催化效率高、专一性强，是为其他相关行业服务的工业。据台湾食品工业发展研究所统计，全世界酶制剂市场以年平均11%的速度逐年增长。从1995年的12.5亿美元，1998年的16亿美元，1999年的19.2亿美元，到2002年的25亿美元，预计2008年将超过30亿美元。

自1965年我国酶制剂实现工业化生产以来，从无到有，从小到大，酶制剂由单一品种发展到20多个品种，已形成了较完整的体系。目前我国酶制剂生产企业约100家，均为中小型企业，现有生产能力40多万t。产品以糖化酶、α-淀粉酶、蛋白酶等三大类为主，此外还有果胶酶、β-葡聚糖酶、纤维素酶、碱性脂肪酶、木聚糖酶、α-乙酰乳酸脱羧酶、植酸酶等。主要产品的生产水平达到国外90年代初国际先进水平。我国酶制剂产品主要应用于酿酒、淀粉糖、洗涤剂、纺织、皮革、饲料等行业，对这些行业改革工艺、提高质量、降低消耗、提高得率、减轻劳动强度、改善环境起到积极作用。

我国酶制剂的主要应用领域是食品工业，全世界食品工业用酶约占总量的60%，我国更高达85%以上。酶制剂对我国食品工业的技术进步作出过突出贡献，如在啤酒生产中，采用淀粉酶的新型辅料液化工艺以及复合酶制剂的应用对提高我国啤酒的产量和质量有重要意义；在玉米深加工领域，采用耐高温淀粉酶和糖化酶的"淀粉喷射液化"技术以及"双酶法"糖化技术全面带动了我国淀粉糖、味精、柠檬酸等生产工艺的改革。近年来，蛋白酶、果胶酶、纤维素酶等在果酒、果汁、调味品、烘焙、肉制品、中药有效成分提取以及多肽保健品生产中的应用也都取得较大的进展。

但整体而言我国与国外发达国家先进水平相比仍存在很大的差距和问题，主要表现在技术研究与开发滞后，行业和企业的规模小而分散，市场调控能力弱，产品结构不合理，技术含量低，应用的深度和广度不够等。在今后的发展中需要注重"生产集中，应用广泛"，要多品种、规模化生产。

7.1.3 酶制剂在食品工业中的应用

酶制剂工业为食品工业发展提供了一条新的途径，不仅为食品色、香、味增色，而且提供了富有营养的新产品，为新时期食品的发展提供了新的增长点。

在食品工业中，酶制剂主要用于淀粉加工、乳品加工、果汁加工、烘烤食品、啤酒发酵等。

在淀粉加工中使用α-淀粉酶、β-淀粉酶、糖化酶、葡萄糖异构酶等。如将淀粉先用α-淀粉酶液化，再通过各种酶的作用制成淀粉糖浆，如葡萄糖、果糖浆、饴糖等。葡萄糖和果糖浆加入到水果罐头中，可保持果实原有的色、香、味并使甜度适中。制作糕点和胶母糖时，加入淀粉糖浆可增加稠度，降低淀粉老化程度，保持糕点的柔软性。

加工乳品时，蛋白在凝乳酶作用下，形成副酪蛋白；副酪蛋白在游离钙存在下，在副酪蛋白分子间形成"钙桥"，使副酪蛋白的微粒发生团聚作用而产生凝胶体。乳糖是哺乳动物乳汁中特有的糖类，牛乳中含乳糖4.6%~4.7%。由于乳糖不易发酵，溶解度低，在冷冻制品中易形成结晶而影响食品的加工性能，液态牛奶在通过管道进行超高温瞬时杀菌时，乳糖的存在会产生胶状物堵塞管道。此外，乳糖是一种甜度低且溶解度很低的双糖，有些人饮用牛奶后引起腹泻、腹痛等症状，是体内缺乏乳糖酶所致。如果在牛乳中加入乳糖酶，则可使乳糖水解生成葡萄糖和半乳糖，不仅大大改善加工性能，而且更有利于乳酸发酵生产酸奶，克服"乳糖不耐症"，提高乳糖消化吸收率，改善制品口味。美国、欧洲等国家用乳糖酶处理牛乳生产脱乳糖的牛奶。乳糖难溶于水，常在炼乳、冰淇淋中呈沙样结晶析出，影响风味和品质，加入乳糖酶后，这些问题就可以解决。

将酶制剂应用于果蔬加工，在提高果蔬出汁率方面应用最广泛的酶是果胶酶，其次是纤维素酶。果浆榨汁前添加一定量果胶酶可以有效地分解果肉组织中的果胶物质，使果汁黏度降低，容易榨汁、过滤，从而提高出汁率。纤维素酶可以使果蔬中大分子纤维素降解成分子量较小的纤维二糖和葡萄糖分子，破坏植物细胞壁，使细胞内溶物充分释放，提高出汁率，并提高可溶性固形物含量。果胶酶、纤维素酶、α-淀粉酶、木瓜蛋白酶还具有澄清果蔬汁的作用。

蛋白酶添加到面粉中，使面团中的蛋白质在一定程度上降解成肽和氨基酸，导致面团中的蛋白质含量下降，面团筋力减弱，满足了饼干、曲奇、比萨饼等对弱面筋力面团的要求。同时，蛋白质的降解更有利于人体对营养物质的吸收。烘烤面包时，适量的α-淀粉酶可水解部分淀粉，生成糊精和糖，降低了面团黏度，导致面团膨胀率提高，焙烤后面包体积增大，面包心柔软度变好。同时，α-淀粉酶在降解面团中的淀粉时有少量糖产生，更有利于促进焙烤时糖和蛋白质的美拉德反应，形成褐色的类黑色素，使面包上色更好。

啤酒中的多酚或多肽、二价金属等物质由低分子向高分子缩聚形成啤酒的混浊，并以多酚聚合为主。氧是啤酒混浊母体形成与结合的促成因素，主要是在啤酒生产过程中，特别是在酒汁过滤和啤酒罐装时，酒中的溶解氧和瓶颈空气所引起的。如果啤酒中溶氧量过高，就会造成啤酒短期内发生劣化现象，使口味粗糙，甚至难以饮用。工业生产中采用葡萄糖氧化酶除氧，可获得口味好、澄清度高、风味稳定、保质期长的优质啤酒。葡萄糖氧化酶还有利于控制啤酒中双乙酰含量，双乙酰是挥发性黄色液体，存在于发酵饮料中，浓度极稀时，有奶香味；当啤酒中双乙酰含量超过一定量时即有馊饭味。因此，双乙酰含量的高低可视为评定啤酒品质好坏的一个重要因素。

此外，脂肪酶用于黄油的增香。在缺乏巴氏消毒设备或冷藏的条件下，过氧化氢酶可用于牛奶消毒，优点是不会大量破坏牛奶中的酶和有益细菌。在水果加工中，半纤维素酶、果胶酶和纤维素酶的混合物可用于去除橘子的络。柚苷酶有脱苦作用。果胶酶处理碎的果实，可以加速果汁过滤，促进澄清。木瓜蛋白酶、菠萝蛋白酶、真菌酸性蛋白酶主要用于啤酒澄清，防止混浊，延长保存期。酸性蛋白酶、淀粉酶、果胶酶等也用于果酒酿造，可消除混浊或改善压榨条件等。木瓜蛋白酶、菠萝蛋白酶、真菌蛋白酶等可分解肌肉结缔组织的纤维蛋白，使肉变得更嫩。谷氨酰胺转移酶用于增强面条的筋力、碎肉黏合等。总之，酶制剂在食品工业的应用非常广泛，酶制剂的应用可提供新的食品品种、简化原有生产工艺、增加产品产量、改善产品质量、降低原材料消耗、降低劳动强度并消除环境污染等。

7.2 食品工业用酶制剂的安全性评价

食品工业用酶制剂是作为食品添加剂来使用的，对其安全卫生有严格的规定。酶制剂虽来源于生物，但通常使用的不是酶的纯品，常含有培养基残留物、无机盐、防腐剂、稀释剂等。有可能在使用时随着食品而被摄入，在生产过程中还可能受到沙门氏菌、金黄色葡萄球菌、大肠杆菌等的污染。此外，还可能会混有生物毒素，尤其是黄曲霉毒素，即使是黑曲霉，有些菌种也可能产生黄曲霉毒素。黄曲霉毒素或由于菌种本身产生或由于原料（霉变粮食原料）所带入，对人类可能产生潜在的致病性、致过敏性和致刺激性、致癌性和致突变性、影响生殖和导致胎儿畸形等不安全因素。此外，培养基中都要使用无机盐，难免混入汞、铜、铅、砷等有毒重金属，从"培养基"到"酶制剂成品"的各个环节，有害微生物及重金属污染都是酶制剂产品安全性的一大隐患。有的企业采用工业废品作为微生物培养基就可能带来重金属污染，都可能影响人体健康。因此，在选用培养基时一定要谨慎，尽量选用天然的植物作为培养基。培养基的充分灭菌对防止有害微生物及其代谢产物的污染也十分重要，在固体发酵时同样也要防止其他微生物的污染。最后，还要防止有害微生物及重金属经其他途径进入酶制剂的生产过程。关于酶制剂的安全问题主要从以下几个方面来考虑。

①酶制剂的毒理学特征（即有活性的酶、副产物和污染物）　为保证酶制剂是不含有毒污染物（如来源于微生物酶中的真菌毒素和抗菌素）的稳定的、安全的产品，要求有加工工艺规范，包括适当的质量保证检测，保证原料或有机体稳定，不会随时间而变化。

②酶消费的量　酶制剂加入食品中的量、食品在消费时酶在食品中的浓度，以及在不同食品中酶制剂的使用量和这些食品消费的频率等。

③食品终产品中的酶制剂引起的过敏和刺激　主要是工人在操作时接触高浓度的酶制剂而引发的职业健康问题。到目前为止，未见经确认的通过摄食酶处理的食品诱发的过敏。

④食品终产品中酶反应的非目的产物（unintended reaction products）　如组氨酸转变成组胺。所有由非目的产物引起的可能对健康的不良作用都应在提交的报告中提出。

⑤来源于有机物（微生物）的安全性　当商品化酶制剂终产品中不含来源于有机物活细胞时，使用致病菌生产酶制剂主要考虑的是工作人员的职业健康问题，但一般的原则是不用致病微生物生产食品用酶制剂。

考虑酶制剂的毒理学特性时，一般认为由植物或动物的可食部分生产的酶制剂没有健康方面的问题。如预期的使用量不超过该来源的正常使用量，并能建立足够的、符合要求的化学和微生物指标，则不需提供安全性方面的附加资料。

来源于微生物的酶制剂，必须保证微生物不产生会在终产品中存留的毒性物质。但对于微生物而言，由于属于同一种菌种的不同菌株具有不同的特性，同一种菌种的一些菌株是无害的，而另一些可能属于产毒菌株。有些真菌的属，特别是青霉属（*Penicillium*）和曲霉属（*Aspergillus*），鉴定这些属的菌种时，常常会发生错误。例如，有时米曲霉（*A. oryzae*）很难和具有产毒能力的黄曲霉（*A. flavus*）区分。有发生微生物的菌株鉴定错误的可能时，必须对其进行仔细的鉴定，在有怀疑的情况下，需经独立的、被认可的实验室进行验证。微生物的产毒能力（质量和数量）取决于环境因素，如培养基的成分、pH值、温度及发酵时间等，因此，有这种危险，即一种微生物在一些条件下不产生毒素，而在另一些条件下可能产生毒素。为了提高和优化产酶能力，对生产用的微生物连续不断筛选，可能导致菌种的自发性突变，从而使非产毒菌株变成产毒株。将基因修饰技术应用于生产食品酶制剂时，在引入需要的特性的同时，也可能引入了产生毒素的特性，因此需要对宿主、载体和插入子作出明确的鉴定和评价，综合以上因素，对所有用于生产特定酶制剂的微生物菌株进行毒理学试验是十分重要的。

食品中应用的绝大部分酶其化学本质是蛋白质，与其他蛋白质一样，一般并无毒副作用，由于食品工业用酶制剂的生产涉及多个环节，酶制剂生产过程的每一个环节均可对酶的安全性产生重大影响，生产企业在生产时严格执行企业和国家的有关标准，操作中符合良好操作规范（good manufacture practice，GMP）的要求，是保证工业酶制剂安全生产的关键。

7.3 食品工业酶制剂的安全性管理

随着生物技术，尤其是微生物发酵技术（包括菌种选育和发酵设备）的快速发展，酶制剂产品的生产成本迅速下降，加之广大用户对酶制剂产品使用效果的认同，使得越来越多的酶制剂应用于食品工业中。食品工业用酶制剂的来源主要是生物，但通常工业中使用的酶制剂不是酶的纯品，制品中的有关组分（如微生物的某些代谢产物，甚至是有害的物质）有可能在使用时随着食品而被带入，从而影响人体健康。因此，必须对酶制剂包括生产酶制剂的菌种进行管理。

7.3.1 酶制剂生产的安全卫生管理

7.3.1.1 酶制剂来源安全性的评估标准

对酶制剂产品的安全性要求，JECFA 早在 1978 年 WHO 第 21 届大会就提出了对酶制剂来源安全性的评估标准：

①来自动植物可食部位及传统上作为食品成分，或传统上用于食品的菌种所生产的酶，如符合适当的化学与微生物学要求，即可视为食品，而不必进行毒性试验。

②由非致病的一般食品污染微生物所产的酶要求做短期毒性试验。

③由非常见微生物所产之酶要做广泛的毒性试验，包括大鼠的长期喂养试验。

这一标准为各国酶的生产提供了安全性评估的依据。食品加工中所使用的酶制剂必须是食品级的。如果酶是由微生物产生的，则生产菌种必须是非致病性的，不产生毒素、抗生素和激素等生理活性物质，且菌种需经各种安全性试验证明无害才准使用于生产。对于毒素的测定，除化学分析外，还要做生物分析。

因此，食品用酶制剂必须达到 JECFA 所制定的规范，以及我国制订的有关食品用酶制剂国家标准。美国、日本、俄罗斯等国家对酶制剂生产菌种只限于黑曲霉、米曲霉、根霉、微小毛霉、面包酵母、脆壁酵母、枯草杆菌、地衣芽孢杆菌、凝结芽孢杆菌、橄榄色链霉菌、米苏里游动放线菌等十几种微生物。

微生物食品酶制剂生产协会（AMFEP）于 1994 年根据英国化学法典（Food Chemical Codex，FCC）的意见制订酶制剂的最低化学与微生物指标，包括重金属（如铅、砷）、卫生微生物（如总活菌数、大肠杆菌）、条件致病菌（如沙门氏菌），此外，对食品酶制剂还做出其他卫生学的规定，如真菌毒素、抗生素等。按照良好的食品制造技术生产酶制剂，根据各种食品的微生物卫生标准，用酶制剂加工的食品必须不引起微生物总量的增加；用酶制剂加工的食品必须不带入和不增加危害健康的杂质。

7.3.1.2 食品酶制剂安全性评价

来自动植物的酶制剂一般不存在毒性问题。然而，目前食品工业用酶制剂主要是靠微生物发酵生产的,酶制剂生产过程的每一个环节均可对酶的安全性产生重大影响,所以,对微生物菌种的监控是保证产品高效、安全的关键;另外,利用基因修饰微生物(GMO)生产的酶制剂,如果微生物筛选不当,可能会将致病菌或可能产生毒素及其他生理活性物质(抗生素等)的微生物筛选为产酶菌株。利用基因重组技术改造生产菌株的同时,可能导致生产菌株发生遗传学或营养成分等的非预期的改变,而给消费者或生产者的健康带来潜在危害,因此必须对酶制剂生产严格进行安全性评价。

一般酶制剂的安全性评价应从以下几个方面进行:

①生产菌种的安全性评价　生产酶制剂的菌种应为无致病性、无致毒性和不产生抗生物性,这是选择菌种最重要的标准。菌种的精确挑选,可以参照科学文献检查其是否有病理倾向或毒素产生的报告,也可通过试验来确定它的安全性。

②原材料的性能和质量　酶制剂的生产应加强发酵用原材料的质量控制,对其进行适当的分析检验,以保证符合纯度要求;动物原料应符合肉类检疫要求;植物原料要是可食的且无腐烂变质、无农药污染。

③稳定剂、稀释剂、助剂的质量　酶制剂中应用的稳定剂、稀释剂和助剂,如乳糖、糖浆、氯化钠、甘油等,应选择国家允许使用的食品添加剂。

④酶制剂的安全性评价　根据不同来源和已有的安全性资料,按照《食品安全性毒理学评价程序和检验方法》(GB 15193—2003)进行安全性毒理学试验。通过啮齿类动物的亚慢性毒性或慢性毒性试验中未观察到有害作用剂量(NOAEL),确定特定酶制剂可接受的每日摄入量,配合其他有关申报资料,进行综合评价,确定工业酶制剂的安全性。

7.3.1.3　评价食品用酶制剂需要提交的技术资料

(1) 活性成分(active components)

主要的酶活性以系统的名称和 EC 编码表示其特性。根据每一个酶的催化反应测定酶制剂的活性,并以每质量单位或体积单位的活性单位表示(U/g 或 U/mL)。商业上有时按一定量的酶制剂添加到一定量的食品中,以达到预期的效果。同时还需列出次要的酶活性名称,不管次要的酶活性是有用还是无用。

(2) 原料(source materials)

任何原材料如果含有可能对健康有害的物质,都必须提供酶制剂中不含该物质的证据。

①动物来源　必须标明使用的动物或动物部分。用于酶制剂的动物组织必须符合肉品检验要求,操作时必须符合良好的卫生规范。

②植物来源　必须标明用于酶制剂的植物和植物部分。

③微生物来源　用于生产酶制剂的微生物可以来自天然菌株,也可以是微生物的变种,或是通过选择性连续培养或基因修饰的天然菌株及其变种。这些菌种必须是纯的、稳定的菌株或变种,并按照公认的鉴定关键点(identification keys)经过充分的、详细的鉴定。生产酶制剂所用的微生物的模式培养物,必须在能保

证菌株不产生变异的条件下保存。生产酶制剂时,所用的方法和培养条件,必须能保证批批产品的稳定性和重复性,在这些步骤下生产酶制剂的菌株不会产生毒素,并能防止引入能在酶的终产品中产生毒性物质及其他不符合要求的物质的外来微生物。

基因修饰的有机物必须提供宿主、载体(质粒)和整合到载体或染色体的 DNA 序列。不管是植物、动物还是微生物,供体有机物也必须经过鉴定。必须详细了解有关基因结构的资料,以便预见宿主的原基因物质和插入的新基因物质之间的任何不期望存在的相互作用。这方面的资料包括:存在外来 DNA(质粒或整合到宿主染色体的外来 DNA)、特有的基因特征(标记物)、休眠基因的存在(突变时表达)、基因稳定性(突变率和影响突变率的因素、内-外分子重组和限制屏障),基因转移(可动/结合能力)以及抵抗力(抗菌素、重金属)等,这些有助于预见对人类健康、动物、植物和生态有影响的资料也应提供。确切了解载体的特征和生物学特征是评价载体导入是增加还是减少宿主微生物的安全水平的基础。必须在 DNA 水平上(大小、限制性图、或全 DNA 序列)鉴定一种载体以及载体上可能用于基因标记的部分。载体必须不含有害序列,同时应是非结合性及非移动性的。插入宿主有机物的 DNA 序列必须充分描述其分子水平、插入基因数量、调节类型(启动子活性)以及实际的基因产物,来源于微生物、植物和动物的 DNA 序列,都必须提供其基因结构的确切来源及谱系,以便进行适当的安全性评价。

(3)加工工艺(manufacturing process)

必须提供充分的有关加工方法的资料,微生物来源的酶制剂,必须提供培养基和培养条件。所用的成分必须是食品级的。

必须提供充分的纯化过程的资料,如果酶制剂的加工过程或纯化过程发生了变化,则视为是新的加工和纯化方法,除非能证明终产品与用原生产方法生产的产品没有区别。

(4)载体、其他添加剂和成分(carries, other additives and ingredients)

必须提供生产、销售及使用酶制剂时所用的载体、稀释剂、赋形剂、支持剂及其他添加剂和成分(包括加工助剂)等方面的资料。这些物质必须在与相关酶制剂使用时,适合于使用,或者在食品中不溶,并能在加工后及食用前从食品中去除。

用做固定化酶制剂的载体和固定剂必须是经批准使用的。使用新的材料时,必须经试验证明没有有害残留物质残留在食品中,并必须经试验证明,任何固定剂或酶的残留量都在每一个产品规格规定的限量内。

与美国一样,规定了用总有机固体(TOS)的百分比,以区分从原料来源的酶制剂和稀释剂及其他添加剂成分的量。

(5)使用(usage)

在酶制剂的使用方面,必须提供以下资料:酶的技术效应;拟使用的食物类别;在每一种食物类别中酶制剂的最大使用量。

(6)稳定性及在食品中的转归(stability and fate in the food)

在这方面必须提供的资料有:食品终产品中酶制剂的量(即活性酶及其他成分);主要的反应产物及经酶处理的食品在生产和贮存过程中,可能形成的不是正常膳食成分的反应产物;可能对营养素的影响。

(7)通用要求和规格(general requirement and specifications)

酶制剂的生产必须按照食品的良好操作规范进行。必须定期检验用于生产酶制剂的微生物的保藏菌种,以保证其纯度。添加到食品中的酶制剂不得造成食品中的总菌落数增加。在重金属方面,酶制剂中不得含有具有毒理学意义水平的重金属,如铅、镉、砷和汞,必须标明每一种酶制剂中重金属的实际含量。在微生物方面,不得检出沙门氏菌、志贺氏菌、埃希氏大肠杆菌、李斯特氏菌、弯曲菌和产气荚膜梭菌等致病微生物;大肠菌群不得超过30cfu;总活菌数不超过$10^2 \sim 10^4$cfu;通过试验保证终产品中不含微生物来源的活细胞。酶制剂不应含有任何抗菌的活性物质。酶制剂不应含有可检测到的毒素。如已知某一微生物产毒,必须有适当的方法证明产品中不含有这些毒素。

(8)基本的毒理学要求(basic toxicological requirements)

来源于动物和植物可食部分的酶制剂一般不需要做毒理学试验。如果利用一般不作为膳食的正常食用部分,除非能提供充分的安全性资料,否则还需要做一些毒理学试验。

来源于微生物的酶制剂需要进行以下试验:①啮齿类动物的90d经口毒理学试验。②两个短期试验,细菌的基因突变试验和染色体畸变试验(推荐体外试验)。

如有可能,应在添加载体、稀释剂等之前,对纯化的酶终产品进行毒理学试验。一般来说,试验应按照有关导则(OECD)进行。因某些酶制剂是蛋白质性质和/或酶的活性在细胞水平上发挥作用,因此有时可能对标准方法要进行一些修改,特别是体外试验,如果有足够的理由,一般有一些修改是可以接受的。

从毒理学的观点来看,对微生物产生的每一个特定的酶制剂进行毒理学试验是很重要的。但是,如果已对一个特定菌株生产的酶制剂进行了全面的试验,同时该酶制剂的生产程序与该菌株生产的其他酶制剂的程序没有明显的区别,可视具体情况减免一些试验。

如果用于生产酶制剂的微生物在食品中有很长的安全使用历史,并且有文献证明该菌种不属于产毒菌种,同时实际应用的菌株有充分的资料证明来源没有问题,对符合以上条件的菌种生产的酶制剂,即使没有进行特殊的毒理学试验,接受该酶制剂也是合理的。在这种情况下,对菌株进行正确的验证试验非常重要。

用突变菌株代替以往进行过试验并批准过用于生产酶制剂的菌株时,应进行较简单的验证试验。根据不同情况减少试验程序。

关于固定化酶制剂,在有足够的毒理学试验的基础上,固定化技术需经评价并获得批准后方能使用。

用特征明确、非产毒的遗传工程来源的微生物生产食品用酶制剂,可得到纯度非常高,特异性非常强的产品。如果能够证明产品纯度高和特异性强,可不需要做全部的毒理学试验。虽然以上列举了可以被接受的试验程序,但为了解决基础研究中出现的问题,在这种情况下,可能需要进行多于和高于基本要求的试验。

7.3.2 国外食品工业酶制剂的管理现状

食品工业酶制剂的管理和安全评价各国不尽相同且经常变化。有些国家需经批准,有些国家要求申报,而有些国家不需批准也不用申报。有些国家酶制剂按食品添加剂管理,还有一些国家按加工助剂管理,而食品添加剂和加工助剂的界定各国不尽相同。用转基因微生物生产的酶制剂在有些国家有专门的法规管理。

7.3.2.1 加拿大

食品用酶制剂由加拿大卫生与福利部根据食品与药品条例(Food and Drugs Act)和食品与药品法规(Food and Drug Regulations)按食品添加剂管理,酶制剂必须经批准才能生产销售。批准后的食品用酶制剂列入可使用的食品添加剂名单中,同时列出酶制剂的活性、来源、使用范围和使用量等。酶制剂从审批到批准使用一般须经过几年时间,加拿大卫生与福利部已批准了不少转基因微生物(GMO)生产的酶制剂,目前正在制定 GMO 管理办法。

7.3.2.2 澳大利亚/新西兰

食品用酶制剂根据食品标准法规(Food Standards Code)由澳大利亚/新西兰食品局(Australia/New Zealand Food Authority, ANZFA)进行管理。在澳大利亚/新西兰,酶制剂属于加工助剂,ANZFA 利用 JECFA 的安全评价程序评价酶制剂。经评审通过的酶制剂列入可使用的名单中,并列出其类别和来源。

7.3.2.3 日本

日本的食品用酶制剂由日本厚生省按食品添加剂进行管理。不在食品添加剂名单的酶制剂必须经批准后方可生产销售。《食品添加剂指南》中提供批准的指导。目前已有 76 个酶制剂列入食品添加剂名单中。

7.3.2.4 美国

美国对酶制剂的管理制度有两种:一是符合 GRAS 物质;二是符合食品添加剂要求。被认为 GRAS 物质的酶,在生产时只要符合 GMP 就可以。而认为食品添加剂的酶,在上市前须经批准,并在联邦管理法典(CFR)上登记。申请 GRAS 要通过两大评估,即技术安全性和产品安全性试验结果的接受性评估。GRAS 的认可除 FDA 有权进行外,任何对食品成分安全性具有评估资格的专家也可独立进行评估。

在美国,用以生产食品酶的动物性原料必须符合肉类检验的各项要求,并执行 GMP 生产，而植物原料或微生物培养基成分在正常使用条件下进入食品的残留量不得有碍健康。所用设备、稀释剂、助剂等都应是适用于食品的物质。须严格控制生产方法及培养条件，使生产菌不至成为毒素与有碍健康的来源。

7.3.2.5 英国

英国对添加剂的安全性是由化学毒性委员会（COT）进行评估的，并向食品添加剂和污染委员会（FACE）提出建议。COT 最关心的是菌种毒性问题，建议微生物酶至少做 90d 的动物喂养试验，并以高标准进行生物分析。COT 认为菌种改良是必要的，但每次改良后应做生物检测。

此外，近年世界食品市场推行 KOSHER 食品认证制度，即符合犹太教规要求的食品制度。只有有了 KOSHER 证书的食品，才可进入世界犹太组织的市场。加工 KOSHER 食品的酶制剂同样要符合 KOSHER 食品的要求。国外许多食品酶制剂都有符合 KOSHER 食品的标记，而要将我国酶制剂向海外开拓，对此不可不加以注意。

7.3.3 我国食品用酶制剂的管理现状

我国已批准使用的食品工业用酶制剂有：α-淀粉酶、糖化酶、固定化葡萄糖异构酶、β-葡聚糖酶、葡萄糖氧化酶、α-乙酰乳酸脱羧酶等。

在我国食品工业用酶制剂按食品添加剂进行管理。对新申请的酶制剂进行卫生学评价，包括毒理试验、理化检验和微生物检验。使用微生物生产酶制剂，必须提供微生物的菌种鉴定报告、毒力试验报告等安全性评价资料。截至到 2003 年，已列入《食品添加剂使用卫生标准》中的酶制剂有 21 种，除少部分酶制剂，如木瓜蛋白酶、胰蛋白酶、胃蛋白酶等是由动、植物生产的外，大部分酶制剂都是利用微生物生产的，其中有少数是经基因修饰的微生物生产的。

随着生物技术的发展，将有越来越多的酶制剂用于食品工业，分析目前我国食品工业用酶制剂的卫生管理，应当在以下几个方面加强工作：针对基因修饰微生物生产酶制剂逐步增多的情况，尽快制订有针对性的，特别是针对生产菌株的安全性评价程序和管理办法；制订酶制剂通用卫生标准；制订酶制剂生产良好卫生规范；制订酶制剂企业卫生管理办法，以保证其使用安全，保障消费者健康。

思考题

1. 为什么食品工业用酶制剂可能存在安全问题？
2. 酶制剂来源安全性的评估标准是什么？
3. 评价食品用酶制剂需要提交哪些技术资料？

第 8 章
新资源食品安全性评价

重点与难点　介绍了我国新资源食品的概念、适宜人群、概况、管理、审批和转化,新资源食品的安全性及其管理,重点介绍了我国新资源食品的安全性评价程序和管理办法,结合我国新资源食品管理的现状,介绍了国外对新资源食品的管理。新资源食品与普通食品在食品安全性评价程序中的异同是本章的重点和难点。

8.1　概　述
8.2　新资源食品的安全性评价
8.3　新资源食品的安全性管理

8.1 概　述

食品资源是人类得以生存的物质基础和保障。随着人口的不断增加，人均占有食品资源量日益减少，人类将面临食品资源日益紧张的威胁；加之随着生活水平的提高，人们已不再仅仅局限于"吃饱"，而是对膳食结构合理性、多样性要求越来越高；此外，随着健康意识的提高，人们普遍希望发现和开发出对健康有益的食物新资源，因此食品资源的开发是人类生存发展的战略问题，也是食品工业经济发展的一个增长点。无论从食品工业发展还是从人类食品多样性需要等其他角度出发，国家均鼓励对新资源食品的研究和开发利用。

食品资源的开发包括以下几个主要途径：一是加大对现有食品资源的开发和利用，提高常规食品的产量；二是利用新技术生产新的食品资源；三是挖掘和发展具有特色的天然食品资源。1990 年卫生部颁布的《新资源食品卫生管理办法》中对新资源食品的定义是"食品新资源系指在我国新研制、新发现、新引进的无食用习惯或仅在个别地区有食用习惯的，符合食品基本要求的物品。以食品新资源生产的食品称新资源食品（包括新资源食品原料及成品）。"该办法对规范我国新资源食品管理，提高食品卫生水平，保障消费者健康，促进食品新资源的开发和应用发挥了重要作用。

随着市场经济发展和食品国际贸易增加，相关法律、法规逐步完善，社会和消费者对食品安全的要求越来越高，但我国新资源食品的卫生管理面临许多问题，主要表现在：

①新资源食品界定不明确　现行《新资源食品卫生管理办法》规定新资源食品既包括新的食品资源，也包括利用这些资源生产的食品，导致纳入新资源食品管理的食品范围极广，重复检测和审批的品种越来越多，批准的新资源食品的内容不具体，不仅浪费了宝贵的行政和社会资源，也不利于监督管理。

②新资源食品的行政审批程序设立了省级初审、试生产及正式生产的审批环节，与《中华人民共和国行政许可法》的规定不一致。

③新资源食品采用的危险性评估原则应用不够，评估组织、内容等方面不明确，与国际通行的评估模式和《国务院关于进一步加强食品安全工作的决定》中"强化新资源食品的安全性评价"的要求有较大差距，安全性评价的科学性有待提高。

④新资源食品的监督管理制度较欠缺，对企业生产经营的卫生要求不够完善，尤其是撤销新资源食品行政许可的条款。因此，现行《新资源食品卫生管理办法》不仅与现行的部分相关法律、法规不匹配，而且难以满足当前新资源食品监督管理工作的需要，需要进一步修订和补充完善。为了适应社会的发展，卫生部 2007 年 12 月颁布了新的《新资源食品管理办法》，在这个办法中，对食品新资源有了进一步的细化和界定。依据现行的《新资源食品管理办法》规定，新资源

食品是指在我国无食用习惯的新的食品原料，以新资源食品生产的终产品不再作为新资源食品进行管理审批。尽管新资源食品是指在我国无食用习惯的新的食品原料，但某一种食品原料即使在我国局部地区已有食用习惯，只要没有大规模商业化并在市场上广泛应用，也应作为新资源食品进行申请审批。此外，某一种食品原料即使在国外其他国家批准并在市场上广泛应用，只要在我国无食用历史或无食用习惯，如果要进入中国市场，也应作为新资源食品进行管理。对新资源食品的理解可以从以下例子获得：

①在我国无食用习惯的动物、植物、微生物：如已批准作为新资源食品的植物类食品有魔芋、钝顶螺旋藻、极大螺旋藻、刺梨、玫瑰茄等，动物类食品有蚕蛹等，微生物类食品有鼠李糖乳杆菌和动物双歧杆菌等。

②从动物、植物、微生物中分离的在我国无食用习惯的食品原料：如从单鞭藻类微生物中分离的二十二碳六烯酸（DHA）。

③在食品加工过程中使用的微生物新品种：在我国食品加工过程中未使用过的新的微生物发酵菌种。

④新工艺生产的导致原有成分或结构发生改变的食品原料：新资源食品的安全性评估，主要是针对食品原料而非新工艺及其过程。以一种新工艺生产的食品或原料，如果其物理形态、成分组成和含量与传统食品无显著性不同，且各成分结构亦无明显改变，则不视为新资源食品；如果一种新的工艺，导致某一种传统食品的结构或成分物理形态、成分组成和含量与传统食品有显著改变，就应作为新资源食品进行申请审批。例如，以甘油三酯成分为主的大豆植物油为普通食品，经一定工艺将甘油三酯结构改造成以甘油二酯为主的大豆植物油则应视为新资源食品。

关于新资源食品定义，尽管不同国家对其定义不同，但定义的内涵是相同的，均为无安全食用历史的食品，如欧盟将新资源食品定义为1997年5月15日以前没有在欧盟市场上销售消费的食品和食品成分，包括：含有转基因生物的食品和食品成分；由转基因生物生产的但不含转基因生物成分的食品和食品成分；结构是新的或者主要结构是有目的改造的食品和食品成分；含有微生物、真菌或藻类或从其分离的食品或食品成分；植物或从动植物中分离的食品或成分，但经传统方法培育且有安全食用历史的植物或动物除外；新的食品加工过程，可能显著改变了食品和食品成分的结构和组成，影响了食品营养价值。由于食品原料来源、工艺、应用等的复杂性，欧盟等其他国家法规对什么是新资源食品也未能解释的很具体，对一种食品成分或食品是否作为新资源食品均要进行个案分析，欧盟成立了一个新资源食品工作咨询小组（novel food working group consideration），就是针对一种食品或成分是否可作为新资源食品进行评估咨询的。加拿大将新资源食品定义为过去没有使用，或者传统食品经改造，或新食品加工方法生产的食品，具体包括：①微生物在内生产的没有安全食用史的物质；②以前没有使用的新工艺生产、加工、贮存或包装的食品，并导致食品特征发生大的改变。③来源于转基因植物、动物或微生物的食品，使得食品特征部分或完全改变，或赋予新的特征。澳大利亚和新西兰将新资源食品定义为非传统食品,即没有被澳大利亚或新西兰广泛食用的食品。美国没有针对新资源食品的法规,对新的食品原料或成分按 GRAS 名单进行管理。

8.2 新资源食品的安全性评价

随着近年来生物技术的迅速发展,新资源食品得到了广泛的开发和利用,不同来源的新资源食品存在不同的安全性问题,如何对新资源食品进行有效的安全性评价和管理,是当前各国卫生管理部门面对的首要问题。新资源食品作为无安全食用历史的非传统食品,由于对其安全性缺乏认识,为保证消费者健康,应制定相应的新资源食品安全性评价规程和办法。新资源食品的开发在丰富了人们的膳食资源的同时,如果没有通过格严格科学的安全性评价,可能对人们带来许多潜在的食用安全性问题,我国卫生部在发布《新资源食品管理办法》的同时,规定了新资源食品安全性评价的原则、内容和要求。

8.2.1 安全性评价的原则

新资源食品的安全性评价采用危险性评估和实质等同原则。

8.2.2 安全性评价的主要内容

新资源食品安全性评价内容包括申报资料审查和评价、生产现场审查和评价、人群食用后的安全性评价,以及安全性的再评价。

(1) 新资源食品特征的评价

动物和植物包括来源、食用部位、生物学特征、品种鉴定等资料;微生物包括来源、分类学地位、菌种鉴定、生物学特征等资料;从动物、植物、微生物中分离的食品原料包括来源、主要成分的理化特性和化学结构等资料。要求动物、植物和微生物的来源、生物学特征清楚,从动物、植物、微生物中分离的食品原料主要成分的理化特性和化学结构明确,且该结构不提示有毒性作用。

(2) 食用历史的评价

食用历史资料是安全性评价最有价值的人群资料,包括国内外人群食用历史(食用人群、食用量、食用时间及不良反应资料)和其他国家批准情况和市场应用情况。在新资源食品食用历史中应当无人类食用发生重大不良反应记录。

(3) 生产工艺的评价

重点包括原料处理、提取、浓缩、干燥、消毒灭菌等工艺和各关键技术参数及加工条件资料。生产工艺应安全合理,生产加工过程中所用原料、添加剂及加工助剂应符合我国食品有关标准和规定。

(4) 质量标准的评价

重点包括感官指标、主要成分含量、理化指标、微生物指标等,质量标准的制订应符合国家有关标准的制订原则和相关规定。质量标准中应对原料、原料来源和品质作出规定，并附主要成分的定性和定量检测方法。

(5) 成分组成及含量的评价

成分组成及含量清楚，包括主要营养成分及可能有害成分，其各成分含量在预期摄入水平下对健康不应造成不良影响。

(6) 使用范围和使用量的评价

新资源食品用途明确，使用范围和使用量依据充足。

(7) 推荐摄入量和适宜人群的评价

人群推荐摄入量的依据充足，不适宜人群明确。对推荐摄入量是否合理进行评估时，应考虑从膳食各途径总的摄入水平。

(8) 卫生学试验的评价

卫生学是评价新资源食品安全性的重要指标，卫生学试验应提供近期3批有代表性样品的卫生学检测报告，包括铅、砷、汞等卫生理化指标和细菌、霉菌和酵母等微生物指标的检测，检测指标应符合申报产品质量标准的规定。

(9) 国内外相关安全性文献资料的评价

安全性文献资料是评价新资源食品安全性的重要参考资料，包括国际组织和其他国家对该原料的安全性评价资料及公开发表的相关安全性研究文献资料。

(10) 毒理学试验安全性的评价

毒理学试验是评价产品安全性的必要条件，根据申报新资源食品在国内外安全食用历史和各个国家的批准应用情况，并综合分析产品的来源、成分、食用人群和食用量等特点，开展不同的毒理学试验，新资源食品在人体可能摄入量下对健康不应产生急性、慢性或其他潜在的健康危害。

①国内外均无食用历史的动物、植物和从动物、植物及其微生物分离的以及新工艺生产的导致原有成分或结构发生改变的食品原料，原则上应当评价急性经口毒性试验、3项致突变试验（Ames试验、小鼠骨髓细胞微核试验和小鼠精子畸形试验或睾丸染色体畸变试验）、90d经口毒性试验、致畸试验和繁殖毒性试验、慢性毒性和致癌试验及代谢试验。

②仅在国外个别国家或国内局部地区有食用历史的动物、植物和从动物、植物及微生物分离的以及新工艺生产的导致原有成分或结构发生改变的食品原料，原则上评价急性经口毒性试验、3项致突变试验、90d经口毒性试验、致畸试验和繁殖毒性试验；但若根据有关文献资料及成分分析，未发现有毒性作用和有较大数量人群长期食用历史而未发现有害作用的新资源食品，可以先评价急性经口毒性试验、3项致突变试验、90d经口毒性试验和致畸试验。

③已在多个国家批准广泛使用的动物、植物和从动物、植物及微生物分离的以及新工艺生产的导致原有成分或结构发生改变的食品原料，在提供安全性评价资料的基础上，原则上评价急性经口毒性试验、3项致突变试验、30d经口毒性试验。

④国内外均无食用历史且直接供人食用的微生物，应评价急性经口毒性试验或致病性试验、3 项致突变试验、90d 经口毒性试验、致畸试验和繁殖毒性试验。仅在国外个别国家或国内局部地区有食用历史的微生物，应进行急性经口毒性试验或致病性试验、3 项致突变试验、90d 经口毒性试验；已在多个国家批准食用的微生物，可进行急性经口毒性试验或致病性试验、3 项致突变试验。

国内外均无使用历史的食品加工用微生物，应进行急性经口毒性试验或致病性试验、3 项致突变试验和 90d 经口毒性试验；仅在国外个别国家或国内局部地区有使用历史的食品加工用微生物，应进行急性经口毒性试验或致病性试验和 3 项致突变试验；已在多个国家批准使用的食品加工用微生物，可仅进行急性经口毒性试验或致病性试验。

作为新资源食品申报的细菌应进行耐药性试验。申报微生物为新资源食品的，应当依据其是否属于产毒菌属而进行产毒能力试验。大型真菌的毒理学试验按照植物类新资源食品进行。

⑤根据新资源食品可能潜在的危害，必要时选择其他敏感试验或敏感指标进行毒理学试验评价，或者根据新资源食品评估委员会评审结论，验证或补充毒理学试验进行评价。

⑥毒理学试验方法和结果判定原则按照现行国家标准《食品安全性毒理学评价程序和方法》(GB 5193—2003)的规定进行。有关微生物的毒性或致病性试验可参照有关规定进行。

8.2.3 其他要考虑的问题

(1) 进口新资源食品毒理学资料提供者的资质

进口新资源食品可提供在国外符合良好实验室规范(GLP)的毒理学实验室进行的该新资源食品的毒理学试验报告，根据新资源食品评估委员会评审结论，验证或补充毒理学试验资料。

(2) 资料的审查和评价

新资源食品申报资料的审查和评价是对新资源食品的特征、食用历史、生产工艺、质量标准、主要成分及含量、使用范围、使用量、推荐摄入量、适宜人群、卫生学、毒理学资料、国内外相关安全性文献资料及与类似食品原料比较分析资料的综合评价。

(3) 生产现场审查和评价

生产现场审查和评价是评价新资源食品的研制情况、生产工艺是否与申报资料相符合的重要手段，现场审查的内容包括生产单位资质证明、生产工艺过程、生产环境卫生条件、生产过程记录(样品的原料来源和投料记录等信息)、产品质量控制过程及技术文件，以及这些过程与核准申报资料的一致性等。

(4) 上市后的监测和再评价

新资源食品上市后，应建立新资源食品人群食用安全性的信息监测和上报制度，重点收集人群食用后的不良反应资料，进行上市后人群食用的安全性评价，以进一步确证新资源食品人群食用的安全性。

随着科学技术的发展、检验水平的提高、安全性评估技术和要求发生改变，以及市场监督的需要，应当对新资源食品的安全性进行再评价。再评价内容包括新资源食品的食用人群、食用量、成分组成、卫生学、毒理学和人群食用后的安全性信息等相关内容。

8.3 新资源食品的安全性管理

随着食品工业的发展，食品新资源越来越多地进入市场，新资源食品作为无安全食用历史或仅在局部地区有安全食用历史的非传统食品，由于对其安全性认识不足，为保证消费者健康，国际上一些国家或组织（如欧盟、加拿大、澳大利亚）均非常注重对该类食品的管理，制定了相应的新资源食品法规，要求新资源食品在上市前均应经过系统危险性评估，并建立了市场前的评估和审批体系。我国《食品卫生法》第二十条也明确指出，利用新资源生产的食品，生产经营企业在投入生产前，必须提出该产品卫生评价和营养评价所需的资料。因此，对于没有食用历史或仅在局部地区有食用历史的新的食品原料，必须实行上市前的安全性评估和审批以及上市后的卫生监督管理，以确保消费者食用新资源食品的安全性。

《新资源食品管理办法》第三条规定新资源食品应当符合《食品卫生法》及有关法规、规章、标准的规定，对人体不得产生任何急性、亚急性、慢性或其他潜在性健康危害，这是对新资源食品安全性毒理学最基本的安全性要求。

《食品卫生法》中明确规定，食品应当无毒无害。无毒无害不是绝对的概念，是一个相对的概念，允许食品中有少量的有害物质或成分，但不得超过食品卫生标准规定的有害物质的限量，即正常人在正常食用情况下，不会对人体造成任何伤害。

新资源食品审批的重点是对其作为食品的食用安全性进行评估，根据安全性评价的技术标准和国际惯例，采用危险性评估、实质等同原则开展新资源食品安全性评价。

危险性评估是指对人体摄入含有危害物质的食品所产生的健康不良作用可能性的科学评价，它需要科学家对食品中危害物质的毒理学资料、人群暴露水平等相关资料进行综合分析从而对人群摄入含有危害物质的食品所引起的危险性作出科学的评价。危险性评估是目前国际上对食品、农药、化妆品等安全性评价时所采用的通用原则，主要含义就是对某一种物质包括新资源食品的安全性不仅单纯考虑其绝对毒性的大小，而要结合人群暴露水平进行评估，考虑人群在最大可能摄入水平下对特定人群健康可能带来的危险性。即危险性评估原则强调的是在一定摄入水平下的相对安全性，不是绝对安全性。

实质等同概念是1993年由经济合作发展组织（OECD）针对现代生物技术生产

的食品的安全性评价第一次提出的，主要含义就是对转基因食品与传统对照物进行比较，若大体相同，则具有同等的安全性，目前该原则已被欧盟、加拿大在对新资源食品（包括转基因食品）的安全性评价中普遍应用。在欧盟，关于新资源食品法规中规定，如果申报的新食品与传统对照物从来源、成分、生产工艺、质量标准比较大体相同，则在新食品的审批中可以简化审批程序，大大缩短审批的时间。在加拿大，对与传统食品具有实质等同的新资源食品，则不需要再进行审批，可直接进入市场。

实质等同原则作为新资源食品安全性评价的原则之一，也是要强调对新资源食品安全性评估时要与已批准的新资源食品或与传统食品进行实质等同性比较，如果一种新资源食品与已批准的新资源食品或传统食品在种属、来源、生物学特征、物质形态、主要成分、使用量、使用范围和应用人群等方面比较大体相同，所采用工艺和质量标准基本一致，具有实质等同性，则可视为是同等安全的。

我国对新资源食品的管理是个逐步发展的过程，2003年颁布的《新资源食品卫生管理办法》与1990年版本的主要不同点有以下几个方面：

① 关于新资源食品的定义和范围　我国现行《新资源食品卫生管理办法》中新资源食品的定义指在我国新研制、新发现、新引进的无食用习惯或仅在个别地区有食用习惯的，符合食品基本要求的物品，以食品新资源生产的食品称新资源食品（包括新资源食品原料及成品）。修订后的定义与现行定义相比，主要是明确新资源食品指在我国无食用习惯的食品原料，将原来针对食品原料和利用该原料生产的终产品的管理转变为仅针对食品原料的管理；同时规定了新资源食品的范围，包括4种具体类别。

② 关于新资源食品的审批模式　修订后的《新资源食品卫生管理办法》中新资源食品的审批主要包括以下内容：一是将原审批具体食品产品改为审批食品原料，取消了批准证书，将审批新资源食品的形式改为以名单形式向社会公告，与公告名单实质等同的新资源食品产品不必再行申请；二是简化了新资源食品的审批程序，参照《卫生部健康相关产品卫生许可程序》中关于新产品审批的有关规定，需经过初步技术审查、评估委员会审查和行政审查等环节，即企业申报时不需提供所有国内检验机构检测报告，而是根据专家评估委员会的评审情况补充或验证相应试验或资料，既保证了评审的科学性，也减少了不必要的检测；三是对企业申请递交材料也进行了修改，增加了研制报告的要求。

③ 关于新资源食品的生产经营　由于不同的新资源食品，其使用量、应用范围及生产提取工艺不同，食品安全性问题各不相同，因此生产经营新资源食品的企业必须遵守卫生部公告名单中规定的内容，保证其生产和使用的新资源食品与卫生部公告的新资源食品具有实质等同性，同时要建立新资源食品食用安全信息收集报告制度，发生使用安全问题时应及时报告当地卫生行政部门。

④ 关于新资源食品标识和说明书　修订后的《新资源食品卫生管理办法》中，对新资源食品标签除了需符合国家有关食品标签的标准要求外，尤其强调现实市场销售的新资源食品名称及内容应与卫生部公告内容一致，并在标签和说明书中

应标明新资源食品的使用范围和使用量及人群推荐食用量和不适宜人群,并应标注新资源食品字样和批准文号。

⑤关于新资源食品的监督管理　新资源食品的监督管理包括了执行《食品卫生法》的有关规定,也包括按照《中华人民共和国行政许可法》要求,卫生部可以对已经批准的新资源食品进行重新评价、审核甚至撤销许可。同时,各级卫生行政部门分别负责对使用安全信息进行报告、调查、确认、处理和向公众通报,必要时发布预警公告或对该新资源食品进行再评价。

由于不同国家经济发展水平、饮食习惯及文化不同,不同国家对新资源食品的管理也在许多方面存在差异,不同的管理方式将可能造成国际食品市场的不平等竞争及贸易摩擦出现。为了确保新资源食品的安全食用及国际流通,必须要了解和制订与国际相接轨的管理办法。中国2007年发布的《新资源食品卫生管理办法》在借鉴发达国家的先进管理经验的基础上,又考虑了我国的国情,新资源食品的监督管理包括了执行《食品卫生法》的有关规定,也包括按照《中华人民共和国行政许可法》要求,卫生部可以对已经批准的新资源食品进行重新评价、审核甚至撤销许可。同时,各级卫生行政部门分别负责对使用安全信息进行报告、调查、确认、处理和向公众通报,必要时发布预警公告或对该新资源食品进行再评价。新办法的出台,进一步完善我国新资源食品法规,提高了对新资源食品的管理水平。

思考题

1. 新资源食品的概念和适宜人群?
2. 为什么我国新资源食品发展较缓慢?
3. 为什么我国很多新资源食品都以保健食品的形式审批?
4. 新资源食品与普通食品在进行食品安全性评价过程中有什么异同?

第 9 章
辐照食品安全性评价

重点与难点 介绍了辐照食品的产生与发展,食品辐照的目的和优势,辅照对食品的影响及辐照食品的质量控制,辐照食品的安全性;简单介绍了我国辐照食品的管理法规及我国和世界主要贸易国对辐照食品的管理。辐照对食品可能产生的影响是本章的重点内容,辐照食品在进行食品安全性评价过程中与普通食品的异同是本章的重点和难点内容。

9.1 概 述
9.2 辐照食品的安全性评价
9.3 辐照食品的安全性管理

9.1 概　述

辐照食品是指用钴-60、铯-137产生的γ射线或电子加速器产生的低于10MeV电子束辐照加工处理的食品，包括辐照处理的食品原料、半成品。辐照处理可使食品中的水分和各种营养物质发生电离作用，抑制蔬菜的发芽和生根，辐照后的粮食3年内不会生虫、霉变；大蒜、马铃薯、洋葱经过辐照后能延长保存期6~12个月；肉禽类食品经过辐照处理，可全部消灭霉菌、大肠杆菌等腐败性和致病性微生物。食品辐照技术作为一种提高食品安全和延长货架期的技术，得到越来越多的国家和国际组织的关注和应用，也日益显现出其巨大的经济和社会效益。

20世纪60年代，辐照食品是由美国太空总署（NASA）、陆军实验室和PIUS-BUIRY公司共同发展而形成的。辐照食品最初的目的是制造百分之百安全的太空食品。在设计太空食品生产工艺时，必须保证太空食品没有病原体和毒素。1971年第一届美国国家食品保护会议上，辐照食品的概念正式提出，将辐照食品运用到罐头食品中。1985年美国国家科学院鉴于辐照食品在罐头食品中成功的例子，对水产品以及进口到美国的食品都要经过辐照食品质量认证，才可出现在美国市场上。据有关统计表明，2005年我国300 000Ci以上的商用γ射线辐照装置已达84座，功率5kW以上的电子加速器已达83台。食品辐照技术已成为传统食品加工和贮藏技术的重要补充和完善。据不完全统计，累计辐照食品数量已近60万t，年辐照的产品达10万t，且发展迅速，辐照食品已进入了商业化应用阶段。

9.1.1　食品辐照的目的和优势

辐照通常能杀灭食品中大多数微生物，但并不是所有微生物。也就是说，辐照食品并不是灭菌食品。例如，用2~7 kGy的剂量进行辐照处理，能有效去除非芽孢形成的致病菌，如沙门菌、葡萄球菌、李斯特菌和大肠杆菌O157:H7，但不能杀灭引起肉毒中毒的病原菌肉毒杆菌。食品辐照的目的主要为：①灭菌防腐，确保食品食用安全，减少化学污染及添加剂的使用量，延长货架寿命；②可减少谷物、调料、干果、新鲜水果和蔬菜的虫害和侵袭；③抑制根茎薯类发芽；④延迟收割期后水果的成熟；⑤停止肉和鱼中的寄生虫等传染病的活动；⑥延长家禽、肉、鱼、贝类等食品的货架寿命。

经过长期的研究和探索，人们发现辐射处理技术在食品的杀菌处理方面具有独特的技术优势：①食品辐照可以杀菌、消毒，降低食品的病原体污染，降低跟食物有关疾病的发病率；②食品辐照通常又叫"冷巴氏杀菌"，辐照处理的食品几乎不会升高温度（<2℃），特别适用于用传统方法处理而失去风味、芳香性和商品价值的食品，因为它可以迅速杀灭微生物而温度不明显升高，并且还能很好地保持食品的色、香、味、形等外观品质，也不改变食品的特性，而且可以最大

限度地延长货架期；③辐照食品不会留下任何残留物，也无污染；④γ射线穿透力强，杀虫、灭菌彻底；⑤辐照食品应用类型广泛，我国在1997年批准了豆类、谷物及其制品，干果果脯类，熟畜禽肉类，冷冻包装畜禽肉类，香辛料类，新鲜水果、蔬菜类等六大类食品的辐照卫生标准；⑥辐照食品节约能源。

9.1.2 辐照对食品的影响

9.1.2.1 辐照对水分的影响

水分广泛存在于各类食品中，辐照导致的大多数其他组分的化学变化，很大程度上都是这些组分与水辐解的离子和自由基产物相互作用而产生的结果。辐照纯水后，水的辐解中间产物主要有：水合电子 e^-aq、H原子、OH·自由基和过氧化氢。具有氧化性的是OH·自由基，具有还原性的是水合电子 e^-aq 和H原子，过氧化氢是既具有氧化性又具有还原性。这些活性物质的"间接"效应或"次级"效应导致食品其他化学组分的进一步变化。如水合电子 e^-aq 作为强还原剂，可以很快与大部分芳香族化合物、羧酸、醛、酮、硫代化合物以及二硫化合物反应，与氨基酸和糖反应较慢。e^-aq 跟蛋白质反应时，很容易加成到组氨酸、半胱氨酸和胱氨酸等上。e^-aq 还可以与食品中的较少的组分（如维生素、色素等）起反应。所以，水分辐照后的辐解产物是食品中最重要、最活跃的因素。

9.1.2.2 辐照对营养成分的影响

自1943年美国研究人员首次用γ射线处理食品以来，科学家们一直在研究辐照对食品中营养成分的影响。辐照可以使食品发生理化性质的变化和生物学变化，产生少量的所谓"辐解产物"，导致感官品质和营养成分的改变。变化的程度和性质取决于辐照食品的种类、辐照环境（主要是气体和温度）和辐照剂量。

(1) 辐照对蛋白质的影响

辐照后蛋白质的变化取决于辐照剂量、温度、pH值、氧气、水的含量和食品的复杂体系。蛋白质由于它的多级结构而具有独特的性质，对低剂量辐照表现不敏感。如果辐照的样品是纯蛋白质的固体，辐照过程就不会产生自由基，也不会引起蛋白质分解；如果辐照的样品是蛋白质的水溶液或者是含有蛋白质的混合物，由于在辐照过程中产生水或者混合物中某种物质的自由基，引起蛋白质分解，产生了氨基酸。蛋白质经辐照后，可以通过间接作用和直接作用而发生变化。这种变化可作为衡量辐照对食品中营养成分变化的指标。

(2) 辐照对糖类的影响

对于糖类化合物，固态和在溶液中的糖辐照后都会发生变化。糖类在大剂量辐照过程中发生的变化主要是降解作用和辐解产物的形成。固态的糖被辐照后，其辐解产物取决于晶体结构和水分含量，与辐照过程中的气体条件无关，糖晶体对辐照极其敏感，一旦辐照的局部能量传递到晶格，糖晶体就会辐解，晶体对光的散射和透射率降低，其辐解产物与传递的能量有直接关系。辐照富含糖类的食物，有可能会形成少量的对人身体有潜在危害的物质，然而由于受辐照食物其他成分不断反应和相互保护的影响，这些物质的含量是非常低的。在辐照加工中，由于辐照剂量大多控制在 10 kGy 以下，所以糖类的辐照降解和辐解产物是极其微量的。

(3) 辐照对维生素的影响

维生素对辐照很敏感，其损失量取决于辐照剂量、温度、氧气和食物类型。一般来说，低温缺氧条件下辐照可以减少维生素的损失，低温、密封状态下也能减少维生素的损失。

(4) 辐照对脂肪的影响

脂肪是食物成分中最不稳定的物质，因此对辐照十分敏感。辐照可以诱导脂肪加速自动氧化和水解反应，导致令人不快的感官变化和必需脂肪酸的减少。辐照脂肪的变化幅度和性状取决于被辐照食品的组成、脂肪的类型、不饱和脂肪酸的含量、辐照剂量和氧的存在与否等。一般来说，辐照饱和脂肪相对稳定，不饱和脂肪则容易发生氧化；氧化程度与辐照剂量大小成正比；当有氧存在时脂肪则发生典型的连锁反应。

(5) 常见辐照食品中营养成分的变化

辐照食品中营养成分的变化取决于辐照的食品种类，对辐照脱水蔬菜、调味品和干香料而言，它们的营养变化主要受香辛料和调味品中芳香族化合物、挥发性油和非挥发性油含量的影响。辐照灭菌造成非挥发性油的损失并不多，对挥发性油的保持几乎百分之百。辐射化学研究证明了所有辐解产物的量都不够达到产生毒害的地步。辐照水果、蔬菜营养成分的变化主要是维生素 C 的损失，通常在 30% 以下。由于辐照还可使抗坏血酸转变为脱氢抗坏血酸，后者也有一定的生物活性，故实际破坏很少。维生素 B_1 是 B 族维生素中对辐照最不稳定的维生素，通常它在食品辐照时所受的破坏与食品热加工相当。在辐照水果、蔬菜时维生素 B_1 约破坏 63%。B 族其他维生素受辐照影响都比维生素 B_1 小。与水溶性维生素相比，脂溶性维生素更容易被破坏，维生素 E 是脂溶性维生素中最不稳定者。通常的辐照肉类和禽类食品中，肉类和禽类的氨基酸含量无明显改变，脂肪的辐解产物有所增加，但在天然食品中也都存在，没有特征产物，所以营养成分不会受到破坏。辐照脂肪后其过氧化物含量会有明显的增加，而且辐照后类脂和蛋白质的挥发性物质会产生典型的"辐照味"。辐照后的猪肉和牛肉还发现有"增色"现象，其中瘦肉(在真空无氧包装下)更红，而在室温条件下经过一段时间存放后，这种红色又会慢慢褪去。其作用机制至今尚未完全研究清楚。辐照谷类、豆类及其制品营养成分的变化主要是对谷类、豆类中某些成分的物性有影响，导致加工品质或者口感有所改变。

9.1.2.3 辐照对食物过敏原免疫原性的影响

食物中的过敏原绝大多数是蛋白质，食物过敏是因机体吸入过敏原后，当再次接触同种过敏原时，机体的免疫系统做出免疫应答的过激反应。蛋白质过敏原被人体吸入后，在体内被消化分解为小的肽段，其中具致敏的肽段穿过人体黏膜屏障接触到免疫系统，发生免疫应答，引发过敏反应。辐照对过敏原免疫原性的影响有以下几种：① 破坏 B 细胞抗原表位的一级结构；② 破坏 T 细胞抗原表位的一级结构；③ 与免疫反应相关的蛋白质一级结构或空间构象虽未发生明显改变，但由于交联等作用使其抗原表位被掩盖。当出现上述任何一种情况时，过敏原抗原决定簇遭到破坏，免疫原性丧失，过敏原丧失致敏性。

9.2 辐照食品的安全性评价

世界卫生组织认为，辐照食品就像用巴斯德杀菌法消毒的食物一样安全，而且有益健康。自开展辐照食品研究以来，许多国家都进行了耗资巨大的动物毒理试验，结果表明在通常照射剂量下，食物未出现致畸、致突变与致癌效应。1970~1981 年成立的 24 个成员国组成的国际辐照食品研究计划机构，进行了长达 10 年的辐照食品的卫生安全性研究，各国也独立进行了试验，研究结果没有得出辐照食品有害的证据，证实剂量在 10 kGy 以下辐照的食品是可以安全食用的。为此，1980 年 10 月在日内瓦召开的 FAO/IAEA(国际原子能组织)/WHO 食品辐照联合专家委员会(joint expert committee on food irradiation, JECFI)指出："总体平均剂量为 10kGy 以下辐照的任何食品，没有毒理学上的危险，不再需要做毒理试验。同时在营养学上和微生物学上也是安全的。"

1999 年 10 月，FAO/WHO/IAEA 在土耳其召开了"采取辐照加工以确保食品安全和质量国际大会"。这次大会后，又在该地相继召开了国际食品辐照咨询组(ICGFI)第 16 次会议，有 34 个成员国(包括中国)的正式代表和非政府组织，以及 FAO、IAEA、WHO 官员及日本、荷兰等国的观察员共 53 人参加了会议。这两次会议公报中都认为，1997 年 FAO/IAEA/WHO 高剂量研究小组宣告的超过 10kGy 的辐照剂量处理的食品是安全的和具有营养适宜性的结论是正确的。

美国 FDA 已经批准肉、禽制品中采用辐照措施，并允许在新鲜的水果、蔬菜和香料等多种食品中采用。实践证明，在当前技术条件可以达到的任何剂量范围内的辐照食品都是安全的，并具有营养适宜性，即使高达 75 kGy 的剂量处理的食物也可以食用。我国颁布的《食品安全性毒理学评价程序和方法》完全适用于辐照食品的安全性评价。

在对辐照食品进行食品安全性评价时，需要了解预进行评价的辐照食品(必要时包括杂质)的物理、化学性质(包括化学结构、纯度、稳定性等)。预评价的辐照食品必须是符合既定的生产工艺和配方的规格化产品，其纯度应与实际应用的相同，在需要检测高纯度受试物及其可能存在的杂质的毒性或进行特殊试验时可选用纯品，或以纯品及杂质分别进行毒性检验。

根据辐照食品的特点，按《辐照食品卫生管理办法》中的要求，提供毒理学试验资料。在试验方法的选择上，遵循《食品安全性毒理学评价程序和方法》，选择合适的试验内容进行安全性毒理学试验。通过急性毒性试验，测定 LD_{50}，了解辐照食品的毒性强度、性质和可能的靶器官，为进一步进行毒性试验的剂量和毒性判定指标的选择提供依据。开展遗传毒性试验，筛选辐照食品可能具有的遗传毒性以及是否具有潜在致癌作用。通过致畸试验，了解辐照食品对胎仔是否具有致畸作用。通过短期喂养试验和亚慢性毒性试验（90 d 喂养试验、繁殖试验），观察辐照食品以不同剂量水平经较长期喂养后对动物的毒性作用性质和靶器官，并初步确定最大作用剂量；了解辐照食品对动物繁殖及对仔代的致畸作用，为慢性毒性和致癌试验的剂量选择提供依据。开展代谢试验是非常困难的，一般不要求进行，如果了解辐照食品在体内的吸收、分布、排泄速度以及蓄积性和有无毒性代谢产物的形成，对寻找可能的靶器官、选择慢性毒性试验的合适动物种系提供依据。慢性毒性试验（包括致癌试验）是了解经长期接触辐照食品后出现的毒性作用，尤其是进行性或不可逆的毒性作用以及致癌作用，最后确定最大无作用剂量，为辐照食品是否进入市场提供依据。

在判定辐照食品的安全性上，需要考虑以下因素：

①人的可能摄入量　除一般人群的摄入量外，还应考虑特殊人群和敏感人群。

②人体资料　由于存在着动物与人之间的种族差异，在将动物试验结果推论到人时，应尽可能收集人群接触辐照食品后反应的资料。志愿受试者体内的代谢资料对于将动物试验结果推论到人具有重要意义。在确保安全的条件下，可以考虑按照有关规定进行必要的人体试食试验。

③动物毒性试验和体外试验资料　在试验得到阳性结果，而且结果的判定涉及辐照食品能否应用于食品时，需要考虑结果的重要性和剂量-反应并系。

④安全系数　由动物毒性试验结果推论到人时，鉴于动物、人的种属和个体之间的生物特性差异，一般采用安全系数的方法，以确保对人的安全性。安全系数通常为 100 倍，但可根据受试物的理化性质、毒性大小、代谢特点、接触的人群范围、食品中的使用量及使用范围等因素，综合考虑增大或减小安全系数。

⑤代谢试验的资料　代谢研究是对化学物质进行毒理学评价的一个重要方面，因为不同化学物质、剂量大小，在代谢方面的差别往往对毒性作用影响很大。在毒性试验中，原则上应尽量使用与人具有相同代谢途径和模式的动物种系来进行试验。研究辐照食品在实验动物和人体内吸收、分布、排泄和生物转化方面的差别，对于将动物试验结果比较正确地推论到人具有重要意义。

综合评价是在进行最后评价时，必须在受试物可能对人体健康造成的危害以及其可能的有益作用之间进行权衡。评价的依据不仅是科学试验资料，而且与当时的科学水平、技术条件，以及社会因素有关，因此，随着时间的推移，很可能结论也不同。随着情况的不断改变，科学技术的进步和研究工作的不断进展，对已通过评价的辐照食品需进行重新评价，做出新的结论。对于已在食品中应用了相当长时间的辐照食品，对接触人群进行流行病学调查具有重大意义，但往往难以获得剂量-反应关系方面的可靠资料，对于新的辐照食品，则只能依靠动物试验和其他试验研究资料，从确保发挥该辐照食品的最大效益，以及对人体健康和环境造成最小危害的前提下得出结论。

9.3 辐照食品的安全性管理

1986年我国出台了《辐照食品卫生管理规定(暂行)》,并在大量试验的基础上陆续发布了粮食、蔬菜、水果、肉及肉制品、干果、调味品六大类允许辐照食品名录及剂量标准。为保证辐照食品卫生安全,保障消费者的健康,根据《食品卫生法》和《中华人民共和国放射性同位素与射线装置放射防护条例》的有关规定,1996年4月5日卫生部颁布了《辐照食品卫生管理办法》,规定辐照食品必须严格控制在国家允许的范围和限定的剂量标准内,如超出允许范围,须事先提出申请,待批准后方可生产。我国规定从1998年6月1日起辐照食品必须在其最小外包装上贴有规定的辐照标识,凡未贴标识的辐照食品一律不准进入国内市场。我国对辐照食品的安全性管理做了详细而明确的规定,同时对食品辐照加工也实行了许可制度。

目前,在国外和国内都颁布了辐照食品的管理法规,对辐照食品安全、营养等相关内容做出了明确的规定。

9.3.1 国际上对辐照食品的安全性管理

9.3.1.1 美国

作为最先对食品辐照进行研究和开发利用的国家之一,美国已制定了一系列法规和标准。在美国,许多联邦机构负有与食品辐照相关的法律责任,这些部门包括食品与药品管理局、美国农业部、核法规理事会、职业安全健康管理局及交通部,其中食品与药品管理局对保证辐照食品的安全负有基本的法律责任。这些机构发布的一系列规定涵盖了可进行辐照的食品种类、可进行食品辐照的处理过程、辐照的安全应用、辐照设施中工作人员的安全、放射性物质的安全运输等方面的要求。

美国食品与药品管理局对于食品辐照的职责包括:①鉴定用于食品加工的放射源的安全性;②发布法规规定食品可被辐照的条件、最大允许辐照剂量;③检查辐照食品的设施。1986年美国食品与药品管理局制定了法规21CFRI79《食品生产、加工和处理中的辐照》,后又几次增补修订,对不同用途的辐照源、食品种类、目的、辐照剂量、标识、包装等均做出了相应的规定。

在美国,辐照食品比较普遍。食品辐照被批准用于去除或杀灭昆虫,延长货架期,控制病原菌或寄生虫,抑制蔬菜发芽。用于辐照的包括猪肉、家禽、水果和蔬菜、调味品、种子、调料、鸡蛋、谷物等,越来越多的消费者购买标明安全无毒的辐照食品。辐照不仅用于食品安全,而且用做一种加工技术的目的,如改善肉制品的颜色。

9.3.1.2 加拿大

加拿大政府对食品辐照的控制基于两个方面：安全和标识。《食品药物条例和法规》认可，食品辐照为一种食品加工过程。基于安全考虑，加拿大卫生部负责规定可以辐照的食品种类和允许的处理水平，加拿大食品检验局(CFIA)则负责管理辐照食品的标识。《食品药物条例和法规》中对辐照食品的标识做出了规定，CFIA 发布的《商业进口食品指南》中也规定了允许辐照的食品种类、经过辐照和含辐照配料食品的标识，并强调在加拿大销售的辐照食品必须符合《食品药物条例和法规》。

9.3.1.3 欧盟

欧盟于 2000 年 9 月 20 日开始实施两部辐照指令，即 The Food Irradiation Directives 1999/2/EC 和 The Food Irradiation Directives 1999/3/EC。第一部指令允许使用食品辐照的成员国建立主要的辐照规则，但不强制德国等国家放弃其对食品辐照的禁令。该指令涵盖辐照食品和食品配料的制造、营销和进口，对于食品辐照的条件、设施、放射源、辐照剂量、标识、包装材料等都做出了相关规定。第二部指令是"执行"指令，规定了可以在欧洲辐照及销售的产品清单。

在欧盟成员国中，对食品辐照的意见各有不同。各成员国均立法对食品辐照管理措施做出规定。欧盟曾进行许多尝试来统一和协调各成员国食品辐照管理法规的不同，以达到为多数国家接受。在英国，许可进行食品辐照。原则上，根据辐照目的不同，许可对许多食品进行辐照。但是，由于消费者对辐照食品的恐慌，食品辐照实际上并未得以广泛应用。

9.3.1.4 澳大利亚和新西兰

在澳大利亚和新西兰，卫生部通过颁布食品标准进行辐照食品的管理。近年，澳大利亚和新西兰决定停止 1989 年以来对食品辐照的禁令。1999 年下半年澳大利亚、新西兰食品标准委员会(ANZFSC)核准了澳新食品主管局(ANZFA)标准 AI7《食品辐照》，该标准规定，对食品、食品配料或成分进行辐照或再次辐照要得到根据逐项审核原则做出的许可，并对有关的辐照剂量、包装材料及认可的场所和设施实施严格的条件限制。该标准要求对辐照食品进行标识，指出其目的是为满足技术需要或食品安全，并涵盖了辐照设施的操作和控制、操作规范、允许的辐照源和记录保存。

9.3.1.5 日本

日本对于食品辐照一直持谨慎态度，目前只允许对马铃薯进行辐照以抑制发芽。

9.3.2 我国对辐照食品的安全性管理

我国对辐照食品的安全性管理主要由卫生部负责，1996 年，卫生部发布了

《辐照食品卫生管理办法》，为保障管理的有效，国家出台了一系列的国家标准，如《辐射加工用^{60}Co装置的辐射防护规定》《辐射防护规定》《辐照食品标准》。

卫生部就辐照食品的安全性评估、审批、检验等指定了较为严格的规定：

①新研制的辐照食品品种，由辐照加工单位或个人向卫生部提出申请，经卫生部审核批准后发给辐照食品品种批准文号，批准文号为"卫食辐字（　）第　号"。

②研制10kGy以下的辐照食品新品种，研制单位应向所在省、自治区、直辖市卫生行政部门申请初审，初审合格后由研制单位报卫生部审批。研制单位应当向卫生行政部门提供下列卫生安全性评价资料：感官性状、营养及微生物等指标。

③研制单次辐照剂量或累积辐照剂量10kGy以上的辐照食品新品种，研制单位应向卫生部直接提出申请，并提供下列卫生安全性评价资料：感官性状、营养、毒理及辐解产物、微生物等指标。

④卫生部聘请有关专家组成辐照食品卫生安全评价专家组，负责新研制的辐照食品的卫生安全性评价工作。

⑤食品（包括食品原料）的辐照加工必须按照规定的生产工艺进行，并按照辐照食品卫生标准实施检验，凡不符合卫生标准的辐照食品，不得出厂或者销售。严禁用辐照加工手段处理劣质不合格的食品。

⑥食品不得进行重复照射，如果必须进行重复照射，其总的累积吸收剂量不得大于10kGy。

⑦待辐照加工的食品与已辐照加工的食品应当分开放置，防止交叉污染。

⑧辐照食品在包装上必须贴有卫生部统一制订的辐照食品标识，定型包装的辐照食品的包装标识或者产品说明书必须符合《食品卫生法》的相关规定。

⑨进口可能有霉变、生虫或含有致病性寄生虫、微生物浸染的食物、食品原料等，鼓励在口岸地进行辐照检疫处理，以保障人体健康及防止食物的损失。

⑩卫生部设立的辐照食品检测中心是全国辐照食品检测的最高技术仲裁机构，是全国辐照食品技术指导中心。

⑪辐照食品的监督检查由县级以上卫生行政部门负责。省级卫生行政部门每年进行一次抽检，抽检结果于同年10月报卫生部，并由卫生部统一公布。

思考题

1. 辐照食品的概念和适宜人群。
2. 食品辐照的目的和优势。
3. 简述辐照对食物中营养成分的影响。
4. 辐照食品与普通食品在进行食品安全性评价过程中有什么异同？
5. 我国对辐照食品的管理与世界主要贸易国相比有何异同？

第 10 章
食品包装材料安全性评价

重点与难点 介绍了食品包装材料的发展和主要包装材料的种类,介绍了我国目前对食品包装材料的管理法规,以及国外食品包装材料的相关的法律、法规。重点介绍了主要国家和地区对食品包装材料安全性的评价方法。

10.1 概 述
10.2 食品包装材料的安全性评价
10.3 食品包装材料的安全性管理

包装作为食品的保护手段,必须保证食品这种特殊的商品在流通贮运过程中的品质质量和卫生安全。随着全社会对食品安全问题的关注程度不断增加,由食品包装材料导致的食品安全问题逐渐引起了社会各界的注意。随着食品科技和包装工业的迅速发展,许多新型的包装材料和包装形式不断出现,如何对各类包装材料的安全性进行评价及其在食品中的应用进行规范和管理一直受到各国政府的关注。

10.1 概 述

10.1.1 食品包装的目的及意义

包装是指在运输和保管物品(商品)时,为了保护其价值及原有状态,使用适当的材料、容器和包装技术包裹起来的状态。由此定义可知,包装材料与技术在包装中占有十分重要的地位。一种包装材料的研究、开发与应用可引起包装方式革命性的改变。

食品包装(food packaging)是指采用适当的包装材料、容器和包装技术,把食品包裹起来,以使食品在运输和贮藏过程中保持其价值和原有的状态。根据我国《食品卫生法》的定义,食品容器、包装材料是指包装、盛放食品用的纸、竹、木、金属、搪瓷、陶瓷、塑料、橡胶、天然纤维、化学纤维、玻璃等制品和接触食品的内壁涂料。上述每一种包装材料又有不同的形式,如马口铁、铝膜、纸、纸板、聚碳酸酯(PC)、拉伸性的聚丙烯(OPP)、聚氯乙烯(PVC)、聚乙烯(PE)、聚丙烯(PP)、聚苯乙烯(PS)、对苯二甲酸二酯(PET)木料等多种形式。目前我国允许使用的食品容器、包装材料比较多,主要有以下7种:①塑料制品;②橡胶制品——天然橡胶和合成橡胶;③陶瓷器、搪瓷容器;④铝制品、不锈钢食具容器、铁质食具容器;⑤玻璃食具容器;⑥食品包装用纸等系列化产品;⑦复合包装袋——复合薄膜、复合薄膜袋等系列化产品。

食品包装是现代食品工业的最后一道工序,它起着保护商品质量和卫生,不损失原始成分和营养,方便贮运,促进销售,延长货架期和提高商品价值的重要作用,而且在一定程度上,食品包装已经成为食品不可分割的重要组成部分。中华人民共和国标准(GB/T4122—1996)将包装定义为在流通过程中保护产品,方便贮运,促进销售,按一定的技术方法而采用的容器、材料和辅助物品等的总称,也指为了达到上述目的而在采用容器、材料和辅助物的过程中施加一定技术方法等的操作活动。

由于食品是微生物的天然培养基,微生物的生长繁殖及其产生的一些代谢产物容易引起食品的腐败变质,并且其他各种环境因素如干燥、潮湿等也会造成食品的氧化、变色、变味等质量改变。作为日常消费的特殊商品,食品的营养和卫生极其重要,对食品进行妥善包装可以使食品免受或减少破坏(影响)。包装材料种类繁多、性能各异,因此,只有在了解了各种包袋材料和容器的包装性能,才能根据包装食品的防护要求选择既能保护食品的风味和质量，又能体现其商品价值，并使综合包装成本合理的包装材料。例如，需高温杀菌的食品应选用耐高温的包装材料，而低温冷藏食品则应选用耐低温的材料包装。

10.1.2 食品包装材料的性能要求

食品包装材料作为食品的一种"特殊的添加剂"和食品的一个重要组成部分，本身不应含有毒物质，应具有良好的安全性外，还应满足以下性能要求：

- 食品包装材料必须具有对气体、光线、水及水蒸气等的高阻隔性：包装油脂食品要求具有高阻氧性和阻油性；包装干燥食品要求具有高阻湿性；包装芳香食品要求具有高保香性；而果品、蔬菜类生鲜食品要求包装具有高的氧气、二氧化碳和水蒸气的透气性。
- 食品包装材料还要有高的机械适应性：抗拉伸、抗撕裂、耐冲击、耐穿刺。
- 优良的化学稳定性：不与内装食品发生任何化学反应，确保食品安全。
- 较高的耐温性：满足食品的高温消毒和低温贮藏等要求。
- 为了提高食品包装的效果和食品的商品价值，要求包装材料具有密封性、热封性和一定的透明性和光亮度，且印刷性能好。
- 对消费者的方便性：指包装食品的易开性，食品容器的兼用性等。

需要指出的是，食品包装材料的隔阻性赋予了其保护食品的功能，也是包装材料的关键性能要求，另外，食品包装材料的可回收利用性和经济性也是一个应引起关注的问题。

10.1.3 食品包装新材料

食品包装是个系统工程。在包装工业中，包装材料是基础，新材料的开发利用与包装新技术的形成和发展密不可分，例如具有高性能的多种复合材料的出现为无菌包装技术的应用奠定了基础，而热收缩包装技术的应用离不开材料拉伸工艺的研究和热收缩薄膜的开发利用。由于单一包装材料在性能和使用上的局限性，复合包装材料可以将几种优势互补的包装材料综合在一起，发挥单一包装材料所不能满足的要求，因而将作为食品包装的主流，将迎来更大的发展空间。

10.1.3.1 新型高阻隔包装材料

常用的高阻隔包装材料有铝箔、尼龙、聚酯、聚偏二氯乙烯等，使用高强度、高阻隔性塑料不仅可以提高对食品的保护，而且在包装相同量食品时可以减少塑料的用量。对于要求高阻隔性保护的食品以及真空包装、充气包装等，一般都要用优质复合包装材料，而在多层复合材料中必须有一层以上的高阻隔性材料，如纳米改性的新型高阻隔包装材料纳米复合聚酰胺、乙烯-乙烯醇共聚物、聚乙烯醇等。美国汽巴精化公司研制成功一种紫外线阻隔剂，能够保护包装内食品免受紫外线的破坏。

10.1.3.2　活性包装材料和智能包装材料

活性包装首先应用于电子和通信器械制品，而如今活性包装材料与活性包装技术的应用已经成为食品安全包装的一种发展趋势。欧盟法规（EC）No. 1935/2004 提出：活性包装材料或活性包装物是指包装材料可以吸收食品中的成分，或释放某些成分到环境中，达到延长货架期或改善保存条件的作用。由此可知，活性包装制品具有"屏蔽"功能，可保持包装内容物的特性，使之不受环境因素的影响而有所改变。

（1）除氧活性包装

虽然目前利用对氧具有高阻隔性的塑料以及应用在包装方面的技术已十分成熟，可最大限度地减小氧气含量（如真空或改性气体包装），但对包装物内减小氧气含量的要求还十分强烈。20 世纪 70 年代，除氧活性包装体系应运而生，脱氧剂开始用于食品包装并且事实证明能够有效保持食品的营养和风味。由于材料科学、生物科学和包装技术的进步，近年来活性包装技术发展很快，其中铁系脱氧剂是发展较快的一种，先后出现了亚硝酸盐系、酶催化系、有机脱氧剂、光敏脱氧剂等，使包装食品的安全性日益完善。除氧活性包装材料可与包装内部的多余气体相互作用，以防止包装内的氧气加速食品的氧化。如果使用内层涂有抑氧剂的啤酒瓶盖，就可采用 PET 瓶取代玻璃瓶灌装啤酒，并保证在装瓶后大约 9 个月时间内啤酒的原始风味和口感不变。

（2）抗菌包装

在食品中添加杀菌剂能很好地防止由微生物引起的食品变质，在塑料中添加抗菌剂而制成的抗菌塑料包装容器也可抑制微生物的繁殖，在生产配方中含有大量的生物降解型增塑剂，以使塑料表面易于流动成型并杀灭细菌。抗微生物的塑料薄膜，可以在一定期限逐渐向食品内释放防腐剂，不仅有效地保证了食品质量，还可以解决保质初期消费者摄入较多防腐剂的问题，目前 nisine 是一种普遍使用的食品杀菌剂，部分有机酸（如山梨酸、丙酸、苯甲酸衍生物）也用做食品防腐剂，延长食品保质期，但应用时不能忽略食品卫生安全标准的要求。

（3）智能包装材料

智能包装材料或智能包装物可以监控被包装食品的环境状况。智能包装包括：功能材料型智能包装、功能结构型智能包装及信息型智能包装。它具体体现为：利用新型的包装材料、结构与形式对商品的质量和流通安全性进行积极干预与保障；利用信息收集、管理、控制与处理技术完成对运输包装系统的优化管理等。用于食品安全包装的智能包装材料主要有显示材料、杀菌材料、测菌材料等。最近，加拿大推出的可测病菌包装材料别具特色，该包装材料可检测出沙门氏菌、弯曲杆菌、大肠杆菌、李斯特菌 4 种病原菌。此外，该包装材料还可以用于检测害虫或基因工程食品的蛋白含量，指出是否是转基因工程食品。研制成功的由真正高效的物质制成的智能保鲜塑料膜，不仅能够防止污染，而且还有良好的防止太阳等光线照射和防止氧化等功能。这种智能包装甚至还可以在包装破损或贮存温度过高时发出警示信号。

10.1.4 食品包装材料发展的趋势

(1) 包装材料减量化

在日趋激烈的市场竞争中，企业往往会通过控制成本来保证利润，而削减包装费用通常是企业降低成本的一个主要内容，同时也是出于减少包装垃圾，加强环境保护的需要。因此，食品等快速消费品包装材料的薄型化、轻量化已成为一种趋势。在塑料软包装材料中，已经出现了能够加工更薄的薄膜且加工难度不大的新型原材料；在纸包装行业，为了适应包装减量、环保的要求，微型瓦楞纸板的风潮已经兴起，并开始向更细微的方向探索。有的国家已开始应用 N 楞(楞高 0.46mm)和 O 楞(楞高 0.30mm)。在包装容器方面，国外还开始了刚性塑料罐的研制，希望以其质量小、易成型、价格低的优势取代金属容器。目前可蒸煮罐、饮料聚酯罐和牛奶聚丙烯罐等已见成效。

(2) 材料使用安全化

随着社会物质和精神文明的不断进步，人类对自身的健康更加重视。因此，食品企业对自身产品的安全控制力度逐步加大，对包装材料的卫生和功能安全的要求越来越严格，对包装材料的防护范围也逐步扩大。例如，目前有很多客户要求包装材料生产企业提供由权威部门出具的包装材料生物安全性和化学稳定性证明。在国外，有些企业甚至要求包装材料供应商提供材料对人体敏感性的测试等项目。

(3) 生产设备高效化

随着科学技术的不断进步，各种新型商品和新型包装设备不断出现，因此快速消费品企业的生产集中度和自动化程度得到不断提高，其包装设备正在向大型化、快速化、高效化、自动化方向发展。因此，作为包装材料生产企业必须紧跟新的发展趋势，不断地为客户提供适应性强、生产效率更高的材料。例如，在巧克力、冰淇淋等一些热敏感性产品的包装中，低温快速封合的包装材料正在逐渐代替传统的热压封合包装材料。低温快速封合的包装是用特殊胶水代替热封层局部涂布在基材表面，然后在常温下挤压封合。由于减少了热传递的时间，封合速度大大提高。通常情况下，其封合速度是热压封合材料速度的 8~10 倍，同时还消除了加热材料可能带来的异味。由于是局部涂布，还大大节省了材料。

(4) 包装材料智能化

随着物质生活的日渐丰富，人们要求食品包装同时还具有保鲜、防腐、抗菌、防伪、延长保质期等多种功能。目前，许多功能性智能化的包装材料和包装技术还面临着许多要解决的新问题和亟待攻克的科技难关，将成为包装企业的重要研发方向。

(5) 结构形式新颖化

随着竞争程度的加剧，同类产品之间的差异性在逐步减少，品牌使用价值的同质性逐步增大,产品销售对终端陈列的依赖性越来越大,直接导致企业通过包装来突出自己的产品与其他产品的差异,吸引消费者选购。于是,形式、结构新颖的包装相继涌现。

10.2 食品包装材料的安全性评价

从食品安全的定义来看,食品安全涵盖了食品相关产品。食品包装被称为是"特殊食品添加剂",是食品不可分割的重要组成部分,所以食品安全离不开食品包装及食品包装材料的安全。要关注食品的安全性,必须关注食品包装材料的安全性。

10.2.1 食品包装材料的安全与卫生

食品包装的卫生安全是指食品容器及包袋材料能否防止食品污染和有害因素对人体的危害,以保障人们身体健康,增强人们的体质。我国《食品卫生法》规定,禁止毒物及有害因素污染内装食品,因此食品容器和包装材料对于食品安全有着双重意义:一是合适的包装方式和材料可以保护食品不受外界的污染,保持食品本身的水分、成分、品质等特性不发生改变;二是包装材料本身的化学成分会向食品中发生迁移,如果迁移的量超过一定界限,会影响到食品的卫生。

10.2.1.1 塑料包装材料

塑料是一种以高分子聚合物(树脂)为基本成分,再加入一些用来改善其性能的各种添加剂制成的高分子材料。因其原料丰富、成本低廉、易于加工、性能优良、质轻美观、装饰效果好而成为近40年来世界上发展最快的包装材料,但塑料包装材料也存在着卫生安全方面的隐患。

(1)常用的塑料包装材料

①尿素树脂(VF) 该树脂由尿素和甲醛制成,树脂本身光亮透明,可随意着色。但在成型条件欠妥时,将出现甲醛溶出的现象。《食品卫生法》规定,在60℃水中30min甲醛的溶出量不得大于$4\mu g/mL$。因此,即使合格的试验品也不适宜在高温下使用。

②酚醛树脂(PF) 由酚醛和甲醛制成,因为树脂本身为深褐色,所以可用的颜色受到一定的限制,该树脂一般用来制造箱或盒,盛装用调料煮的鱼贝类。PF的溶出物主要来自甲醛和酚以及着色颜料。

③三聚氰胺树脂(MF) 由三聚氰胺和甲醛制成,在其中掺入填充料及纤维等而成型。其成型温度比尿素树脂高,甲醛的溶出也较少。一般多用来制造带盖的容器,但在食品容器方面的应用要比酚醛树脂少一些。

④氯乙烯树脂(PVC) 氯乙烯树脂与其他塑料不同,多使用重金属化合物作为稳定剂,通称为软质氯乙烯塑料,含有30%~40%的增塑剂。氯乙烯树脂的溶出物以残留的氯乙烯单体、稳定剂和增塑剂为主。PVC中的增塑剂DEHA能渗透到食物中,尤其是高脂肪食物,DEHA中含有干扰人体内分泌的物质,会扰乱人

体内的激素代谢，诱发乳腺癌、男子精子减少，甚至精神疾病等。单体氯乙烯有麻醉作用，可引起人体四肢血管收缩而产生疼痛感，同时还具有致畸、致癌作用。

⑤偏氯乙烯树脂（PVDC）　是在偏氯乙烯和氯乙烯共聚物中添加增塑剂（添加量为5%~10%）和稳定剂以及抗氧化剂等制成的。除用做折叠薄膜或套管外，还可以作为涂敷剂使用。偏氯乙烯树脂的溶出物是偏氯乙烯单体（残留量一般在 $1\mu g/mL$ 以下）和稳定剂及增塑剂等。如同氯乙烯树脂一样，其增塑剂一般多用碱基性酸酯，稳定剂一般多用环氧化大豆油，基本上不使用重金属系稳定剂。

⑥聚乙烯（PE）　聚乙烯生产过程中使用的添加剂主要有润滑剂和抗氧化剂，有时还添加抗静电剂或紫外线吸收剂。用于食品包装材料的抗氧化剂，采用酚类化合物和硫化戊酮氧化物。酚系低相对分子质量化合物，主要起着成型时防止热劣化的作用，高相对分子质量化合物是为经久耐用而添加的，通常要添加两种以上的抗氧化剂。从聚乙烯中溶出的抗氧化剂，因其种类不同而有所差异。润滑剂一般使用高级乙醇和脂肪酸高级酯。

⑦聚丙烯（PP）　同聚乙烯一样，含有抗氧化剂和润滑剂，用20%的乙醇进行的试验，其溶出量比聚乙烯少。因此，从卫生角度看，聚丙烯的安全性比聚乙烯高。

⑧聚苯乙烯（PS）　同聚乙烯和聚丙烯一样含有抗氧化剂。另外，在苯乙烯原料中还含有非聚合性甲苯、乙苯、丙苯等化合物，总称为挥发性成分，一般在材质中含有 $2\,000 \sim 3\,000 \mu g/mL$。这些物质容易从材质中挥发出来，即使是干燥的包装食品，也能将其吸收进去。经过油炸的方便面是多孔性的，被吸附的挥发性成分又被油脂吸收，所以很难逸散，因此，方便面可能被 $1 \sim 2\mu g/mL$ 的挥发性物质所污染。聚苯乙烯中的残留苯乙烯、乙苯、异丙苯、甲苯等都具有一定毒性。

⑨聚对苯二甲酸乙二醇酯（PET）　由对苯二甲酸或其甲酯和乙二醇缩聚而成的PET具有透明性好，阻气性高的特点而广泛用于液体食品的包装。在美国和西欧，把它当做碳酸饮料容器使用。PET的溶出物，可能是来自乙二醇与对苯二甲酸的三聚物聚合时的金属催化剂（锑、锗），不过其溶出量非常少。

⑩复合材料　制作复合材料有涂层和粘贴两种方法，粘贴又可分为加热粘合和黏结剂粘合。常用的黏结剂为氨基甲酸乙酯系的，其中有的是以甲苯乙异氰酸酯（TDI）作为原料，其加水分解生成2,4-甲苯二胺（2,4-TDA）。2,4-TDA被公布为致癌物质，复合膜内层对食品的污染是值得关注的问题。

（2）塑料包装材料的卫生安全问题

①塑料包装表面污染问题　由于易带电，吸附在塑料包装表面的微生物及微尘杂质可引起食品污染。

②材料内部残留的有毒有害化学污染物的迁移与溶出　材料内部残留的有毒有害物质的主要来源有以下4个方面：a. 树脂本身具有一定的毒性；b. 树脂中残留的有害单体、裂解物及老化产生的有毒物质；c. 塑料制品在制造过程中添

加的稳定剂、增塑剂、着色剂等添加剂带来的毒性；d. 塑料回收再利用时附着的一些污染物和添加的色素可造成食品污染。其中，塑料中的有害单体、低聚物和添加剂残留与迁移是影响食品安全问题的主要方面。这些物质的迁移程度取决于塑料中该物质的浓度、材料基质中该物质结合或流动的程度、包装材料的厚度、与材料接触食物的性质、该物质在食品中的溶解性、持续接触时间以及接触温度。

③油墨、印染及加工助剂方面的问题　塑料是一种高分子聚合材料，聚合物本身不能与染料结合。当油墨快速印制在复合膜、塑料袋上时，需要在油墨中添加甲苯、丁酮、醋酸乙酯、异丙醇等混合溶剂，这样有利于稀释和促进干燥。现在一些包装生产企业贪图自身利益，大量使用比较便宜的甲苯，并缺乏严格的生产操作工艺，使包装袋中残留大量的苯类物质。另外，在制作塑料包装材料时常加入多种添加剂，稳定剂和增塑剂中一些物质具有致癌、致畸性，与食品接触时会向食品中迁移。

④回收问题　塑料材料的回收有利于节约资源，国外已经开始大量使用回收的 PET 树脂作为 PET 瓶的芯层料使用，一些经过清洗切片的树脂也已达到食品包装的卫生性要求而可以直接生产食品包装材料。一般聚乙烯回收再生品不得再用来制作食品包装材料。

10.2.1.2　纸包装材料

纸质包装材料可以制成袋、盒、罐、箱等容器，因其一系列独特的优点，在食品包装中占有相当重要的地位。我国纸包装材料占总包装材料总量的 40% 左右。国家标准对食品包装原纸的卫生指标、理化指标及微生物指标有明确规定。单纯的纸是卫生、无毒、无害的，且在自然条件下能够被微生物分解，对环境无污染。

纸以纸浆为主要原料，加入施胶剂（防渗剂）、填料（使纸不透明）、漂白剂（使纸变白）、染色剂等加工而成。化学法制浆本身就会造成一定的化学物质残留，如硫酸盐法制浆过程会残留碱液及盐类。施胶剂主要采用松香皂；填料采用高岭土、碳酸钙、二氧化钛、硫化锌、硫酸钡及硅酸镁；漂白剂采用次氯酸钙、液态氯、次氯酸、过氧化钠及过氧化氢等。染色剂使用水溶性染料和着色颜料，前者有酸性染料、碱性染料、直接染料，后者有无机和有机颜料。纸的溶出物多半是来自纸浆及施胶剂等物质，漂白剂则在水洗纸浆时完全消失，染色剂如果不存在颜色的溶出，不论任何颜色均可使用，但若有颜色溶出时，只限于作为食品添加剂的染色剂方可使用。另外，无机颜料中多使用各种金属，如赤色的多用镉系金属，黄色的多用铅系金属，这些金属有时在 $\mu g/mL$ 以下也能溶出。食品包装材料禁止使用荧光染料。根据包装内食品来正确选择各种纸和纸板，避免残留物溶入到食品中而造成对食品安全的影响。

10.2.1.3　金属包装材料

金属包装材料具有优良的阻隔性能、机械性能、表面装饰性能和废弃物处理性能。作为食品包装材料其最大的缺点是化学稳定性差，不耐酸碱性，特别是包装酸性内容物时金属离子易析出而影响食品风味。因此，一般需要在金属容器的内外壁施涂涂料。内壁涂料是涂布在金属罐内壁的有机涂层，可防止内容物与金属直接接触，避免电化学腐蚀，提高食品货架期，但涂层中的化学污染物也会在罐头的加工和贮藏过程中向内容物迁移造成污染。这类物质有 BPA（双酚 A）、BADGE（双酚 A 二缩水甘油醚）、NOGE（酚醛清漆甘油醚）及其衍生物。双酚 A 环氧衍生物是一种内分泌干扰物，通过罐头食品进入体内，造成内分泌失衡及遗传基因变异。外壁涂料主要是为防止外壁腐蚀以及起到装饰和广告的作用。外壁涂料应符合罐装食品加工及安全要求，涂料及油墨不得污染食品。

铁和铝是目前使用的两种主要金属包装材料。马口铁罐头盒罐身的镀锡虽可起保护作用，但溶出的锡会形成有机酸盐，毒性很大。《食品卫生法》规定，镀锡的果汁罐头锡的溶出限度为 150μg/mL 以内，英国为 200μg/mL。在马口铁罐头盒内壁涂上涂料虽避免了焊铅和锡的迁移，但试验表明表面涂料使罐中的迁移物质变得更为复杂。

铝制包装材料主要是指铝合金薄板和铝箔。铝箔因为存在小气孔，很少单独使用，多与塑料薄膜粘合在一起使用。铝制包装材料主要的食品安全性问题在于铸铝和回收铝中的杂质。目前使用的铝原料纯度较高，有害金属较少，而回收铝中的杂质和金属难以控制，易造成食品污染。

10.2.1.4 玻璃包装材料

玻璃作为包装材料的最大特点是：高阻隔、光亮透明、易成型，其用量占包装材料总量的 10% 左右。用做食品包装的玻璃是氧化物玻璃中的钠-钙-硅系列玻璃。为了保证玻璃的包装安全，应注意以下几点：

①熔炼过程中应避免有毒物质的溶出。玻璃烧成温度为 1 000~1 500℃，高温熔炼后玻璃内部离子结合紧密，大部分都形成不溶性盐而具有极好的化学惰性，不与被包装的食品发生作用，具有良好的包装安全性。但熔炼不好的玻璃制品可能发生有毒物质的溶出，所以对玻璃制品应做水浸泡处理或加稀酸加热处理，使无机盐、离子、二氧化硅等迁移物质溶出。对包装有严格要求的食品、药品可改钠钙玻璃为硼硅玻璃，同时应注意玻璃熔炼和成型加工质量，以确保被包装食品的安全性。

②注意避免重金属（如铅）超标。

③对加色玻璃，应注意着色剂的安全性，玻璃的高透明性对某些内容食品是不利的，为了防止有害光线对内容物的损害，通常用各种着色剂使玻璃着色。玻璃的着色需要用金属盐和金属氧化物等。如酒青色（蓝色）需要用氧化钴，茶色需要用石墨，竹青色、淡白色及深绿色需要用氧化铜和重铬酸钾，无色需要用硒，所以对加色玻璃，应注意上述这些着色剂的安全性。

④玻璃瓶罐在包装含气饮料时易发生爆瓶现象。

10.2.1.5　陶瓷和搪瓷包装材料

搪瓷器皿是将瓷釉涂覆在金属坯上，经过烧烤而制成的产品。陶瓷器皿是将瓷釉涂覆在黏土、长石和石英等混合物烧结成的坯上，再经焙烧而制成的产品。烧制温度一般为800~1 000℃，温度低时就不能形成不溶性的硅酸盐（在利用4%的醋酸溶出试验中见到金属的溶出）。搪瓷、陶瓷容器在食品包装上主要用于装酒、腌制品和传统风味食品。一般认为陶瓷包装容器是无毒、卫生、安全的，不会与所包装食品发生任何不良反应。但长期研究表明，在坯体上涂覆的瓷釉、陶釉、彩釉中所含的有毒重金属易溶入到食品中去，造成对人体健康的危害。瓷釉配方复杂，主要由铅、锌、锑、钡、钛、铜、铬、钴等多种金属氧化物及其盐类组成。烧制质量不佳时，彩釉未能形成不溶性硅酸盐，在使用陶瓷容器时易使有毒有害物质溶出而污染食品，所以，应选用烧制质量合格的陶瓷容器包装食品，以确保包装食品的卫生安全。当陶瓷容器或搪瓷容器盛装酸性食品（醋、果汁）和酒时，这些物质也容易溶出而迁移入食品。

10.2.1.6　橡胶制品包装材料

橡胶广泛用于制作奶瓶、瓶盖以及食品原料、辅料、水的输送管道等。分天然橡胶和合成橡胶两大类。天然橡胶是以异戊二烯为主要成分的天然高分子化合物，本身既不分解，在人体内部也不被消化吸收，因而被认为是一种安全、无毒的包装材料。合成橡胶主要来源于石油化工原料，种类较多，是由单体经过各种工序聚合而成的高分子化合物，在加工中添加多种助剂，如硫化促进剂、交联剂、防老剂、填充料等，而给食品安全带来隐患。

由于橡胶本身具有容易吸收水分的结构，所以其溶出物比塑料多。现在的《食品卫生法》对橡胶制品还没有做出限制规定（只对哺乳用的奶嘴有一定的规格限制）。橡胶的溶出物受原料中天然物（蛋白质、含水碳素）的影响较大，而且由于硫化促进剂的溶出，使其数值加大，防老化剂对合成橡胶溶出物的量也有影响。

10.2.2　关于食品包装材料的安全性评价

目前，国际上是以模拟溶媒溶出试验来测定所用材料的溶出水平，并确定毒性试验的项目和数量，由此获得对包装材料安全性的评价。在模拟溶媒溶出试验中，溶媒的选用主要决定于包装食品的特性，由于没有国际上的统一指南，溶出试验方法及条件按各国家和国际组织（如欧盟）的有关法规或标准进行。

(1) 美国

美国对食品包装材料的安全性评价包括化学性评价和毒理学评价，化学性安全评价的主要内容涉及5个方面的内容：①物质的特性：包括化学名、普通名称和/或商业名、化学分类号、化学组成、物理和化学特点、分析方法；②使用条件：包括最高使用温度、拟接触的食品、单次使用或重复使用、接触时间等；③

拟起到的技术效应：该技术效应是指对食品包装材料的技术效应，而非针对食品的技术效应，如抗氧化剂预防某一特殊多聚体降解的效应，同时，还需数据证明起到预期效应的最小使用量；④迁移试验和分析方法；⑤暴露评估。

美国 FDA 对食品包装材料的安全毒理学评价的主要内容，应以积累的估计每日摄入量(cumulated estimated daily intake，CEDI)为基础，这与暴露风险随着暴露剂量的增加而增加的原则相同。FDA 把饮食中的暴露剂量分成≤0.5ng/mL 的情况、>0.5ng/mL 但≤50ng/mL、>50ng/mL 但≤1μg/mL 3 种，根据不同的情况开展以下评价工作：

①基因毒性试验评价包装材料潜在的致癌风险，推荐的基因毒性试验包括：用细菌进行基因突变试验；应用哺乳动物细胞进行体外细胞遗传毒性试验，检测染色体损失，或用小鼠淋巴瘤 tk± 细胞进行 TK 基因突变试验。FDA 建议用后者。

②适当情况下，应讨论潜在致癌性的其他信息（如致癌性研究，基因毒性研究，或与已知致癌物或致突变物的相似性的信息）。

③对于食品包装材料中的致癌性成分，应包括由于使用食品包装材料而导致的人类的潜在患癌风险的评估。

试验应使用两种动物，啮齿类动物和非啮齿类动物，通过亚慢性经口毒性试验，评价食品包装材料或其成分的潜在毒性，同时，亚慢性毒性试验的结果，还有助于决定是否进行长期毒性试验或其他的特殊试验（如代谢试验、致畸试验、发育毒性试验、神经毒性试验、免疫毒性试验）。

（2）欧盟

欧盟对食品包装材料的安全性评价是建立在毒理学数据和人体暴露后潜在风险的评估基础上的。由于人体暴露数据不易获得，欧盟食品科学委员会要继续使用迁移到食品或食品类似物的数据，同时，假定每人每天摄入含有此种食品包装材料的食品的最大量不超过 1kg。通常，迁移到食品中的食品包装材料越多，需要的毒理学资料越多。对于高迁移量的食品包装材料（如 5~60mg/kg 食品），需要大量的数据进行安全性评价；对于迁移量介于 0.05~5 mg/kg 食品的食品包装材料，需要的数据就相对少一些；对于迁移量低于 0.05 mg/kg 食品的食品包装材料，只需要很少的数据。

用于食品包装材料安全性评估所需资料包括：①物质的特性，包括名称及其相关的信息，纯度、降解性以及降解产物；②物质的物理和化学属性，所有相关的物理和化学信息、降解性及其降解产物；③对其将要利用的用途进行叙述；④物质的微生物属性，包括所有相关的微生物属性；⑤该物质的批准使用情况，该物质在欧盟成员国或其他国家（如美国、日本）的批准使用的信息；⑥该物质的迁移数据；⑦该物质在食品中的残留物浓度；⑧毒理学数据。

欧盟对毒理学数据的要求又分为以下几个部分：

①通用规则 并非所有的食品包装材料都会迁移到食品中。有的会形成多聚体的稳定的组分；有的只能迁移微量的成分到食品中；有的在生产过程中会消

失；有的会在生产过程中完全降解或仅形成微量的残渣。尽管大部分食品包装材料以相同的化学形式迁移到食品中去，仍有部分食品包装材料部分性的或完全以另外一种形式迁移到食品中。因此，在进行毒理学评价时，有时需评价转化物，而有时需评价反应物。

②核心实验　3种体外基因突变试验（细菌基因突变试验、哺乳动物细胞基因突变试验、哺乳动物细胞染色体畸变试验）；90d经口毒性试验，通常是2个种属；吸收、分布、代谢、排泄的研究；1个种属的繁殖试验，以及通常2个种属的发育试验；长期毒性试验或致癌性试验，通常是2个种属。

③简化的核心实验　对于迁移范围在0.05～5mg/kg食品或食品类似物的材料，评价时需要3个基因突变试验、90d经口毒性试验、证明其在人体内无蓄积性的数据；对于迁移范围低于0.05mg/kg食品或食品类似物的材料，只需要基因突变试验。

④特殊调查或额外研究　若以上提到的试验或已有的知识或结构提示食品包装材料具有其他的生物学效应，如过氧化物酶体增值物，可能会具有神经毒性、免疫毒性或影响内分泌，则要求进行额外的研究。目前，没有有效的经口动物试验能够评价食品包装材料潜在的不耐受性和/或在敏感人群中的过敏反应。因此，一些来自职业暴露的经皮或吸入毒性试验在评价食品包装材料安全时非常有用。对在某些条件下，可水解的物质、多聚体添加剂、食品原料或成分、食品添加剂等根据特点进行不同的试验。

(3) 中国

中国对食品包装材料的使用也实行审批管理，进行安全性毒理学评价的程序和具体的检验方法与其他物质没有区别，都必须符合毒理学评价的基本要求，都参照执行《食品安全性评价毒理学程序和方法》。我国于20世纪80～90年代颁布了一批食品容器、包装材料及加工助剂的国家卫生标准，并出台了一系列产品的卫生管理办法，作为对各类食品容器、包装材料进行管理的法规依据。2008年，卫生部全国食品卫生标准委员会设立了食品包装材料分委会，负责包装材料的标准和检验方法的制、修订工作。当前的主要问题是现行部分食品容器、包装材料及加工助剂的卫生标准的标龄较长，标准的部分内容已不适应行业发展的需要。对于新型食品接触材料和加工助剂缺乏有效的准入和管理机制，导致目前市场上大部分食品接触材料的监管空白。为了保障消费者的利益，保护人民的饮食健康，必须建立和完善中国的食品包装材料的安全性评价体系。

10.3　食品包装材料的安全性管理

10.3.1　美国

根据美国联邦《食品药品化妆品法》（FFDCA），食品包装材料属于食品添加剂管理的范围。食品添加剂包括通过直接或间接添加、接触食品而成为的食品成分以及影响食品性质的所有物质。借助包装、贮存或其他加工处理过程而迁移到食品的物质属于间接添加剂。美国对食品添加剂的管理都是在危险性评估的基础上进行的，如能证明一种化学物质通过食品对人体造成的危害微乎其微，则对该类物质不需要专门的审批程序，但证明工作需要由申请人来完成。对于一种安全性未知的物质，依照美国对于食品添加剂类物质的管理体系，应首先选择其适用的管理程序，美国对于包装材料的管理分为免于法规管理、食品添加剂审批、食品接触物质通报3种情况。

(1) 免于法规管理

如果某种物质作为包装材料或作为其中的一种成分，能够被证明其迁移到食品的量低于某一限值，且该物质不是已知的致癌物，不会对食品产生影响，不会影响环境，则对该类物质采用免于管理的方式。一般而言，这一限值的要求为该物质迁移到食品中的量不超过 $0.5\mu g/kg$，或人体每日通过饮食摄入该物质的量小于每日允许摄入量的1%。对免于管理物质的申请，FDA要求申请者提供的资料包括该物质的化学结构、化学特性、应用情况、迁移情况（包括最大可能迁移量，加工过程使用量或成品包装材料的残留量）、检测分析方法、膳食暴露情况、毒理学评价资料（特别是致癌试验资料）等。FDA根据申请资料进行评估，确定是否对该物质免除法规管理。如果申请获得批准，FDA会书面通知申请者，并在免于管理物质名单上增加该物质。该名单在FDA网站公布，内容包括化学名称、申请公司、用途、使用范围等，在相同条件下，任何人均可依据此名单在包装材料中使用该物质。

(2) 申请食品添加剂

如果有资料证明一定量的某种物质通过食品包装过程能迁移到食品中，且该物质不是GRAS物质或1958年前批准使用的物质（或称前批准物质），则需要对该物质按照食品添加剂的评价程序进行评价和审批。食品添加剂申请需要向FDA提交化学、工艺学、毒理学等一系列资料，经过1年或多年评价后，通过公示、审批等步骤列入联邦法规。对列入联邦法规的物质，任何人均可依据法规生产和使用。

(3) 食品接触物质通报

1997年，美国食品药品管理现代化法案对《食品药品化妆品法》进行修订，对食品接触物质的管理程序做了另行规定。食品接触物质是指在食品加工、包装、贮藏、运输等过程中与食品接触，但不会对食品产生技术影响的物质或其某种成分。对于这类物质（一般是指食品包装材料），FDA从2000年1月开始采用食品添加剂审批程序简化方式——食品接触物质通报系统进行管理。食品接触物质通报系统要求生产商向FDA提供充分的能够证明该物质在特定使用条件下不会影响食品安全的所有资料，包括化学特性、加工过程、质量规格、使用要求、迁移数据、膳食暴露、毒理学资料、环境评价等内容。FDA在接到申请资料120d内确定是否同意该物质的通报，如果120d后FDA未给出不同意申请的答复，则意味着该通报已经生效，并在FDA网站公布。与免于管理物质名单不同的是，食品接触物质通报系统通报的物质仅适用于该物质的申请者，如果其他生产商要应用同种物质,则必须再次向 FDA 申请该物质的通报。通报的物质一旦出现食品安全问题,申请通报者应承担全部责任。食品接触物质通报系统大大简化了食品包装材料类物质的审批程序,促进了包装行业的发展。

10.3.2 欧盟

欧盟建立统一的食品接触材料法规体系,旨在既要保护消费者的健康,又要消除不必要的贸易技术壁垒。欧盟食品接触材料的管理分为 3 个层次:框架法规、专项指令和单独法规。框架法规规定了对食品接触材料管理的一般原则;专项指令规定了框架法规中列举的每一类物质的特殊要求,单独法规是针对单独的某一种物质所做的特殊规定。

(1)框架法规

欧盟 2004 年颁布的新法规(EC)No. 1935/2004 是欧盟最新的食品接触材料和制品的基本框架法规,它取代了先前实施的 80/590/EEC 和 89/109/EEC 指令,框架规定的法规形式不同于过去的指令形式,指令需要各成员国进行转换,而法规不需任何转换,应直接完整地来遵守。在某种意义上,法规的法律效力更强更直接,它对包装材料管理的范围、一般要求、评估机构等做了规定。一般要求规定:进入欧盟市场的所有食品接触材料和制品,包括活性和智能材料及制品,应按欧盟委员会发布有关食品接触材料及物品的良好操作规范(发布于 2006 年 10 月 19 日,拟生效日期为 2008 年 8 月 1 日)组织生产,这些材料和制品在正常或可预见的使用条件下,其构成成分迁移到食品中的量不得危害人类健康、不得发生食品成分无法接受的变化或感官特性的劣变的情况,且材料和制品的标签、广告以及说明不应误导消费者。法规要求应充分标识与食品接触的活性和智能材料及制品。活性包装材料或活性包装物可以导致食品感官特性和组成发生变化,其变化应符合欧盟相关法规规定。

在法规的附录中列举了 17 类材料及制品,分别为活性和智能材料和制品、黏合剂、陶瓷、软木、橡胶、玻璃、离子交换树脂、金属和合金、纸和纸板、塑料、印刷油墨、再生纤维素、硅树脂、纺织品、清漆、蜡、木制材料等。法规要求对 17 类材料、制品以及复合物,生产中使用的回收材料和制品制订专门管理要求。这些要求通常包括包装材料允许使用物质名单、质量规格标准、暴露量资料、迁移量资料、检验和分析方法等。如果欧盟尚未制订统一的专门管理要求,则允许各成员国自行制订本国的管理规定。

在新材料和新物质的批准程序方面,可按规定向国家主管部门申请,经欧盟食品安全局评估后,由欧盟委员会批准,新物质便可增加到允许使用目录中。

某些欧盟成员国,如德国、法国等,除严格依循欧盟 1935/2004 指令外,还有当地的食品级法规必须遵循,德国 LFGB(LMBG),法国 French DGCCRF2004-64,英联邦 UK SI 898:2005 和意大利公报(Gazzetta Ufficiale G. U)法律 NO. 283 OF 30/40/1962 和地方法令 21/03/1973(D. M. 21/03/73)等。

(2) 特殊法规

在欧盟规定的必须制订专门管理要求的17类物质中，目前仅有陶瓷（84/500/EEC）、再生纤维素薄膜（93/10/EEC）、塑料（2002/72/EC）3类物质颁布了专项指令。84/500/EEC专项指令规定了与各类食品不同接触形式的陶瓷制品中铅、镉的限量；93/10/EEC专项指令规定了再生纤维素薄膜的范围、加工中允许使用的物质及使用要求；2002/72/EC是欧盟商品包装材料中最主要的法规。2002/72/EC主要包括：正文、关于迁移量检测的进一步规定、用于生产塑料制品的单体和原料名单、用于生产塑料制品的添加剂名单、质量规格要求。指令正文规定：一般塑料材料中的成分迁移到食品中的量不得超过$10mg/dm^3$；容量超过500mL的容器、食品接触表面积不易估算的容器、盖子、垫片、塞子等物品，迁移到食品中的物质不得超过60mg/kg。指令规定：生产塑料只允许使用指令附录中列出的单体和原料以及添加剂，而不允许使用名单之外的物质。欧盟2004年颁布的该指令的修正案2004/19/EC要求：到2006年12月31日前，各国必须把允许使用的未经欧盟食品安全局评估过的添加剂的评估资料报送到欧盟食品安全局，到2007年12月31日前，欧盟将建立所有经过欧盟食品安全局评估的添加剂的肯定列表。

(3) 单独法规

欧盟已经颁布的针对某种物质的单独法规仅有3项：78/142/EEC氯乙烯单体、93/11/EEC亚硝基胺类和EC1895/2005双酚A二缩水甘油醚（BFDGE）。欧盟指令中规定的双酚F二缩水甘油醚（BFDGE）及其衍生物包括：BFDGE、BFDGEH2O、BFDGEHCL、BFDGE2HCL、BFDGEH2OHCL。依照欧盟指令，以上物质的迁移总量应<1mg/kg；含有BFDGE物质的包装材料从2005年1月1日起禁止使用。欧盟指令中禁止使用线型酚醛清漆缩水甘油醚（NOGE）作为添加物生产食品包装材料。

10.3.3 日本

日本的食品容器、包装材料与食品添加剂分开管理。日本食品卫生法规定，禁止生产、销售、使用可能含有危害人体健康物质的食品容器、包装材料。日本劳动厚生省可以根据需要制订食品容器、包装材料的标准与卫生要求，相应标准一旦颁布，不符合标准的材料则禁止生产和销售。日本对食品包装材料的管理除遵照上述食品卫生法的要求外，更多的是通过相关行业协会的自我管理。例如，日本卫生烯烃与苯乙烯塑料协会（JHOSPA）制订了各类适合于生产食品包装材料的各类物质的规格要求；日本卫生PVC协会（JHPA）制订了适合于生产食品包装材料的物质肯定列表；日本印刷油墨行业协会则制订了不适合印刷食品包装材料物质的否定列表。行业协会组织制订的推荐性标准被业内广泛采纳，已经成为整个食品包装行业生产销售链的合格评定依据。

日本劳动厚生省颁布的标准分为3类：

(1) 一般标准

规定了所有食品容器和包装材料中重金属，特别是铅的含量要求。例如，规定马口铁中的铅含量不得超过 5%，其他金属容器不得超过 10%。该类标准还规定，包装材料使用合成色素必须经过劳动厚生省的批准。

(2) 类别标准

建立了金属罐、玻璃、陶瓷、橡胶等类物质的类别标准；此外，还制订了 13 类聚合物的标准，包括 PVC、PE、PP、PS、PVC、PET、PMMA、PC、PVOH 等。

(3) 专门用途标准

对于具有特定用途的材料制订的标准，如巴氏杀菌牛奶采用包装、街头食品用包装等。

思考题

1. 美国对于包装材料的管理分为哪 3 种情况？
2. 欧盟食品接触材料管理 3 种管理模式的区别是什么？
3. 欧盟食品接触材料申请程序是什么？
4. 基于对国内外包装材料的管理模式比对分析，可以提出哪些管理建议？

第11章 转基因食品安全性评价

重点与难点 转基因技术虽给人们带来丰富的食物和巨大的经济效益，但转基因食品因其可能存在的毒性、过敏性、抗药性等危害而引起人们对转基因食品安全性的关注。本章主要介绍转基因食品的定义、分类、优点、发展现状及转基因食品的研究目的，重点介绍转基因食品的安全性问题、转基因食品安全性评价的原则、内容及各国政府对转基因食品采取的管理措施和标识管理。

11.1 概　述
11.2 转基因食品的安全性评价
11.3 转基因食品的安全管理

20世纪70年代以来，以基因工程技术为核心的现代生物技术产业得到了飞速发展，并且日益深入到与人们生活息息相关的食品工业中。近几年，转基因食品成为人们关注的焦点，一方面，现在世界各国都把食品生物技术作为增加农作物产量、改善食品品质和优化作物品种，从而提高国民的公共营养健康和生活水准的重要技术手段；另一方面，由于食品生物技术在天然食品中引入了一些以前在人类食品链中并不存在的新基因和新营养成分，这种人为的食物基因组及营养成分的改变对人类的生理、心理及对自然环境的潜在影响，在全球引起了极大的关注和忧虑。随着我国生物技术不断发展和转基因食品品种和数量的不断增加，提高转基因食品的食用安全性，对其进行安全性评价和科学的安全管理非常重要。

11.1 概 述

11.1.1 转基因食品的定义及分类

11.1.1.1 转基因食品的定义

转基因食品（genetically modified food，GM Food），是利用分子生物学技术，将某些生物（包括动物、植物及微生物）的一种或几种外源性基因转移到其他的生物物种中去，改造生物的遗传物质，使其在性状、营养品质、消费品质等方面向人类所需要的目标转变，以转基因生物为直接食品或为原料加工生产的食品就是转基因食品。这里所指"外源性基因"，通常是指在生物体中原来不存在的基因，在某些情况下也可指在生物体中存在这种基因但不表达。因此，转移了外源基因的生物体会因产生原来不具备的多肽或蛋白质而出现新的生物学性质（表型）。一种生物体新表型的产生，除可采用转基因技术外，也可对生物体本身的基因进行修饰而获得，在效果上等同于转基因，这便是广义上的转基因生物。产量高、营养丰富和抗病能力强是转基因生物的优势。

11.1.1.2 转基因食品的分类

（1）转基因食品按生物种类不同分类

①转基因植物食品　主要培育延缓成熟、耐极端环境、抗虫害、抗病毒、抗枯萎等性能的作物，提高生存能力；培育不同脂肪酸组成的油料作物、多蛋白的粮食作物等以提高作物的营养成分。目前已有昆虫毒素基因、外源凝集素基因、抗原基因（食用疫苗）、功能蛋白基因（酶/酶抑制基因）相继被克隆和转入相应的植物，主要有小麦、玉米、大豆、水稻、土豆、番茄等。如把含铁蛋白的基因和 β-胡萝卜素（维生素A前体）基因导入稻谷，不仅提高人体对铁的吸收，且能增加维生素A的摄入量；将某些病原体的抗原基因转入香蕉或马铃薯研制可食疫苗等。

②转基因动物食品　通过转入适当的外源基因或修饰自身的基因以培育有优良性状(如生长速率快、抗病性强、营养价值更高)的转基因动物(如牛、兔、猪、鸡和鱼类)。我国科研人员将大马哈鱼的生长激素基因导入黑龙江野鲤，选育出超级鲤；英国科研人员研究成功转基因鲑鱼，其中50%的鱼比正常的生长速度快3倍。

③转基因微生物食品　现代基因工程已将许多活性蛋白和营养功能成分的编码基因或调控基因导入微生物宿主细胞中，利用微生物的快速繁殖来改造有益微生物，生产食用酶，提高酶产量，生产天然活性物质等。如将母乳中存在的微量活性蛋白——乳铁蛋白基因克隆到工程菌酵母中使之稳定表达，改善婴儿营养和生长发育。美国的 BioTechnica 公司利用酵母遗传工程技术将黑曲霉的葡萄糖淀粉酶基因克隆入啤酒酵母，生产低热量啤酒。

(2) 转基因食品按功能不同分类

①增产型　农作物增产与其生长分化、肥料、抗逆、抗虫害等因素密切相关，故可转移或修饰相关的基因达到增产效果。

②控熟型　通过转移或修饰与控制成熟期有关的基因使转基因生物的成熟期延迟或提前，以适应市场需求。最典型的例子是成熟速度慢，不易腐烂，易贮存。

③高营养型　许多粮食作物缺少人体必需的氨基酸，为了改变这种状况，可以从改造种子贮藏蛋白质基因入手，使其表达的蛋白质具有合理的氨基酸组成。现已培育成功的有转基因玉米、马铃薯和菜豆等。

④保健型　通过转移病原体抗原基因或毒素基因至粮食作物、果树及动物中，使其产生相应的抗体。人们食用此类食品，相当于在补充营养的同时服用了疫苗，起到预防疫病的作用。

⑤新品种型　通过不同品种间的基因重组形成新品种，由其获得的转基因食品可能在品质、口味、色泽、香气方面具有新的特点。

⑥加工型　由转基因产物做原料，按照食品工业各类食品的加工工艺加工制成。

从理论上讲，转基因食品的主要营养构成与非转基因食品并没有区别，都是由蛋白质、碳水化合物和脂肪等物质组成。但如果是从营养成分的基因改良角度考虑，则会使食品的氨基酸、碳水化合物、脂肪酸以及其他微量成分的种类及构成高分子物质的排列顺序有所变化。这些变化并不会影响人类的饮食结构，也不会对人体健康带来负面的影响。然而，由于转基因技术和对其安全管理制度的不完善，转基因食品确实存在对人类健康形成威胁的可能。如外源基因的插入具有随机性，其插入位置的准确性影响其性状的表达；引入外源基因是否会在受体内产生毒素，在转基因过程中用来大量复制 DNA 的微生物是否对人体有害等都有待进一步检验证明。另外，转基因技术能否对人类所处的生态环境、食物链等形成间接的影响也引起人们广泛的关注。因此，转基因食品技术的发展在带来诱人前景的同时，也带来了新的挑战。

11.1.1.3 转基因食品的优点

(1) 增加作物对特殊病虫害的生物抗性

减少农药残留,从而减少环境污染和人畜伤亡,降低耕作失败的风险,提高产量。如用 rDNA 技术处理过的非洲甜番茄能抵抗致命的花斑病毒,使产量翻倍。美国人用 Bt 基因对玉米进行基因修饰,使玉米能够抵抗顽固的玉米虫害,从而达到提高产量,减少杀虫剂用量的目的。

(2) 提高作物对恶劣生长环境的适应性

诸如干旱、高盐分、盐碱土壤,极端温度等生长环境。如通过基因修饰可使植物产生亚油酸,能更好地耐低温、抗冷害。这些高产量转基因品种能提高土地利用率,缓解我国不断增长的人口对食物需求的矛盾。

(3) 提高作物对除草剂的耐性

使除草剂能抑制杂草的生长,而对期望生长的作物无影响。除草剂的耐性提高后,利于保护水土和节约燃料。

(4) 获得期望的功能和性状

降低致敏物质和有毒物质的含量,延缓成熟,增加淀粉含量,延长货架寿命等。如采用 rDNA 技术可培植一种高淀粉含量的马铃薯,这种马铃薯在油炸时,吸油量少。又如,用于延缓番茄成熟的生物技术同样可使葡萄的保藏寿命延长,在采摘前和进入市场时具有更好的色泽和风味。

(5) 获取期望的营养性状

如改变口味,改变蛋白质和脂肪的含量,提高植物中有用物质或营养物质的含量。如采用 rDNA 技术可以增加作物中营养物质的种类和数量,解决维生素 A、铁、碘、锌等缺乏问题。又如在以稻米为主食的国家中,水稻经基因修饰后,可含有 β-胡萝卜素及更多的铁,从而解决这些元素缺乏的问题。

11.1.2 国内外转基因食品的发展

研究转基因食品的目的是改变生物体的某些特定性状,提高动物、植物某些特定部分的经济产量,改良动物、植物某些特定品质等。如将携带抗虫性状的外源基因转移到玉米上可获得表现出天然抗害虫危害特性的抗虫基因玉米;将基因技术用于控制番茄成熟的半乳糖醛酸酶,可延缓番茄的衰老,有利其运输和贮存。在转基因动物方面,转基因鱼可以加快自身生长;转基因猪可以提高瘦肉率和饲料转化率;转基因羊可以提高产毛量;转基因牛可以增加牛奶中乳铁蛋白的含量等。此外,转基因技术还可以使生物体具有特殊的性状,如日本农水省生物资源研究所开发出的含牛奶成分的基因重组番茄能生产母乳中所含的功能蛋白质——乳铁蛋白。

以增加产量为目的的转基因技术(包括抗病、抗虫、抗逆境等的基因改良),能够培育出高产、优质的农作物新品种,提高作物对除草剂或其他农药的耐受性，提高农作物产量，使人类食品的产量大幅度增加，因此，转基因食品对解决世界人口剧增带来的天然食物缺乏问题有重要意义。转基因食物的生产和利用能够带来更高的生产力或净回报率以及由于传统杀虫剂用量的减少而具有更安全的环境效益。

以改良动物、植物品质为目标的转基因技术，可以改善食品风味、增加营养成分以及增强防腐能力。为了维持身体健康，人体必须不断地从膳食中获得多种营养素。然而到目前为止，世界上还有许多人缺乏微量营养素，估计有250万儿童缺乏维生素A，20亿人铁缺乏，15亿人碘缺乏。通过转基因技术改善食品营养品质是解决膳食营养缺乏的研究热点之一。通过对主要农作物的解码，了解控制植物生长发育及对环境影响的机制，克隆营养功能基因，可以改善农作物质量。目前已用转基因技术研究芥子中维生素E合成途径。农业生产实践、农药的污染和残留等问题对生态环境都会造成严重的伤害，长期、过量施用农药化肥以及环境中重金属污染等问题所带来的后遗症日渐突出，导致土地的生产力下降、水土流失、土地盐碱化以及土质变硬等严重问题，且难以治理。以增加动物、植物抗病虫害和采后防腐性能为目标的转基因技术，以及能够清除土壤中重金属污染的抗金属作物的研究，可以减少动植物在生长期间所需要的化学农药，提高了食品的安全性，避免了环境污染。

转基因技术在食品生产和加工等相关领域的应用不仅可以增加粮食和其他食品原料、辅料的产量、培养动物的优良品系，而且还可以提高动植物的抗病性，改善食品的性状和营养品质，优化食品加工工艺。同时，对彻底解决施放农药、化肥造成的污染问题的解决具有重要的意义。自古以来，人们就从不断繁衍的动物、植物群体中有选择地获取自己所需要的食物，通过有性杂交、观察和选择具有优良性状的动物、植物品种进行扩大繁殖、改良，以满足人们摄取更高水平食物的需要。转基因技术可以定向改造作物，从而大大加速优良作物的筛选和培育过程。自1983年世界上第一例转基因植物———一种对抗生素产生抗体的烟草问世以来，转基因植物的研究得到了迅速发展。1990年第一例转基因棉花种植试验成功；1994年延熟保鲜转基因番茄在美国批准上市；1996年美国人将部分转基因食品(大豆、玉米、油菜、马铃薯和番茄)推上商业化的进程。目前，美国共有43种动物、植物转基因产品通过FDA认证，世界上众多国家（包括发达国家和发展中国家）也都紧随其后开始对转基因食品进行研究并有部分研究成果进行商业化运作。

在转基因食品中，基因作物的种植量增长最快，主要体现在以下几方面：①播种面积不断扩大，2002年全球转基因作物种植量为5 870万hm^2，其中美国就占了68%。②作物品种相对集中，转基因作物主要涉及大豆、棉花、油菜和玉米。③种类日趋分明，全球转基因农作物主要分为抗除草剂转基因、抗虫型转基因和既抗虫又抗除草剂的作物等三大类。④商业化生产步伐加快，1996~2005年的10年间，全球转基因生物产品研发迅猛发展，抗除草剂、抗虫的转基因大豆、玉米、棉花等已大规模商业化，转基因鱼等进入生产应用，并带来了巨大的经济效益。转基因作物的全球种植面积从 1996 年的 170 万 hm² 增至 2005 年的 9 000 万 hm²，连续 10 年增长了 53 倍，2005 年产值超过 850 亿美元。⑤大豆占总播种面积的 1/2，2000 年在全球转基因作物中转基因大豆面积占总播种面积的 58%，2003 年美国大豆种植面积达到 2 418 万 hm²。转基因玉米是仅次于大豆的第二大转基因作物。⑥种植转基因植物的国家增长迅速，从 1982 全球第一例转基因作物在美国研究成功，此后的 7 年中，全球的转基因作物整整增加了 40 倍。转基因生物以植物、动物和微生物为多，其中植物是最普遍的。五大洲的 18 个国家有 700 万户农户在种植转基因作物。

11.2 转基因食品的安全性评价

11.2.1 转基因食品的安全性问题

随着转基因作物商业化生产的不断发展，大量的转基因农产品已经直接或间接地被制作成为人类消费的食品，逐步走上人们的餐桌，进入人们的食物链，转基因食品的安全性受到了越来越广泛的关注。尽管转基因技术给人们带来丰富的食物和巨大的经济效益，但也可能对人类健康和生态环境安全造成一定的风险，如可能对身体产生副作用，或食品可能产生潜在的过敏反应以及是否危害农业生产、是否破坏生态平衡等。虽然迄今为止尚未发现有证据证明转基因食品对健康和环境造成了危害，但由于转基因食品的安全性评价具有累积性和潜在性特点，并与社会、文化及伦理等多方面因素互为影响，因此有必要加强对转基因食品安全性的评估和管理，并制定相应对策，规范检测手段，正确引导转基因产品的开发和利用，确保转基因食品的食用安全。

现在，关于转基因食品食用安全的问题主要集中在以下几个方面：

(1) 转基因食品的过敏性

转基因食品引起食物过敏的可能性是人们关注的焦点之一。特别是如果转基因食品转入的蛋白质是新蛋白时，这些异种蛋白有可能引起食物过敏，对儿童和体质过敏的人更是如此。人们发现对巴西坚果 2S 清蛋白过敏的人对转入巴西坚果基因后的大豆也产生了过敏。

据估计，全球有近 2% 的成年人和 4%~6% 的儿童有食物过敏史，且在发达国家表现得更为明显。其中，90% 以上的过敏反应是由 8 类食物及其制品引起的，这些食物大多是高蛋白含量的食品，包括蛋类、鱼类、贝类、奶类、花生、坚果、大豆和小麦。转基因作物插入特定的基因片断以表达特定的蛋白，而所表达的蛋白如果是已知过敏原，则有可能引起人类的不良反应，即使表达蛋白为非已知过敏原，但只要是在转基因作物的食用部分表达，则也需对其进行评估。目前已知的过敏性物质近百种，其中食物过敏的过敏原主要是蛋白质，而且大多数蛋白质过敏原在加工、加热烹调和食用后的消化过程中都非常稳定，不会轻易消失。所以，转入过敏原基因的植物不能被批准商品化。如 Nebraska 大学证明，表达巴西坚果 2S 清蛋白的大豆有过敏性，因此该转基因大豆未被批准商业化。

(2) 转基因食品的毒性

许多食品原料生物本身会产生大量的毒性物质和抗营养因子，如蛋白酶抑制剂、溶血剂和神经毒素等以抵抗病原菌和害虫的入侵。现有食品中许多毒素的含量并不一定会引起毒效应，但如果处理不当，某些食品（如生食木薯）能引起严重的生理问题甚至死亡。生物在进化过程中，生物自身的代谢途径在一定程度上会抑制毒素表现。转基因食品在加工过程中由于基因的导入使得毒素蛋白发生过量表达，产生各种毒性。例如，马铃薯的茄碱、木薯和利马豆的氰化物、豆科的蛋白酶抑制剂等天然毒素基因，都有可能受到影响而增加这些毒素的表达水平和含量，直接危及消费者的健康。从理论上讲，任何基因转入的方法都可能导致遗传工程体产生不可预知的变化，包括多向效应。

(3) 抗生素标记基因可能使人产生抗药性

抗生素标记基因是转基因食品对人类健康的另一个安全问题。抗生素标记基因是与插入的目的基因一起转入目标生物中，用来筛选和鉴定转化的细胞、组织和再生植株。标记基因是安全的，但有争议的一个问题是会有基因水平转移的可能性，如抗生素标记基因是否会水平转移到肠道被肠道微生物利用，产生抗生素抗性，从而降低抗生素在临床治疗中的有效性，比如产生耐药性的细菌或病毒，但是这种可能性极小，这主要是因为 DNA 从植物细胞中释放出来后，很快被降解，即使 DNA 完整的存在，DNA 转移并整合进入受体细胞也是一个非常复杂的过程。抗生素抗性的转移是一个复杂的过程，包括基因转移、表达和对抗生素功效的影响等，抗生素标记基因只有在适当的细菌启动子控制下才能表达，而在植物启动子控制下的抗生素标记基因将不会在微生物中表达，目前，专家认为当前在植物中使用抗生素标记基因是安全的，没有证据表明现在使用的抗生素标记基因对人体和家养动物可能产生健康方面的危害。

化学杀虫剂杀死害虫后，以它们为食的爬行类、哺乳类动物和鸟类等由于误食这些含杀虫剂的尸体而威胁到自身的生存。杀虫基因蛋白的影响也自然引起了人们的极大关注。理论上讲，如果转基因作物中应用抗生素抗性标记基因，食用后标记基因有可能在人类肠道或反刍动物胃中向微生物转移、保留或者表达，因此有科学家建议对临床上重要的抗生素，如氨苄青霉素和万古霉素，最好不用对它们具有抗性的标记基因。此外，提供标记基因的微生物必须没有致病性。

11.2.2 转基因食品的安全性评价

11.2.2.1 安全性评价的目的

转基因食品作为人类历史上的一类新型食品，在给人类带来巨大利益的同时，也给人类健康带来潜在的风险。因此，转基因食品的安全管理受到了世界各国的重视。转基因食品的安全性评价是安全管理的核心和基础之一。之所以要对转基因食品进行评价，是由于转基因食品实现了基因在动物、植物和微生物之间的转移。转基因食品的安全性评价目的是从技术上分析生物技术及其产品的潜在危险，对生物技术的研究、开发、商业化生产和应用的各个环节的安全性进行科学、公正的评价，以期在保障人类健康和生态环境安全的同时，也有助于促进生物技术的健康、有序和可持续发展。因此，对转基因食品安全性评价的目的可以归结为：①提供科学决策的依据；②保障人类健康和环境安全；③回答公众疑问；④促进国际贸易，维护国家权益；⑤促进生物技术的可持续发展。

11.2.2.2 安全性评价的原则

（1）科学原则（based on science）

科学原则是第一要遵循的原则。转基因技术是新生事物，基于科学基础的食品安全性评价会对整个技术的进步和产业的发展起到关键的推动作用。由于在长期的科学实践过程中积累起来的科学理论和技术已经为转基因食品的安全性评价打下了比较好的基础，针对生物技术本身带来的安全问题有个科学的认识，及时地完善评价的科学体系，可以有助于转基因食品的安全性评价。

（2）实质等同性原则（substantial equivalence）

实质等同性原则最早由国际经济互助开发组织于1993年提出并已被大多数国家采用，因而经常出现在国际性组织（如世界卫生组织、联合国粮农组织）的文件和有关转基因食品的安全性研究文献中。

该原则认为如果导入基因后产生的蛋白质经确认是安全的，或者是转基因作物和原作物在主要营养成分（脂肪、蛋白质、碳水化合物等）、形态和是否产生抗营养因子、毒性物质、过敏性蛋白等方面没有发生特殊的变化的话，则可以认为转基因作物在安全性上和原作物是同等的，也就是说实质等同性原则认为转基因食品与非转基因食品在对人类的影响方面是相似的。

按照实质等同性原则，转基因食品可以分为3类：

①与现有食品及食品成分具有完全实质等同性　若某一转基因食品或成分与某一现有食品具有实质等同性，那么就可认为转基因食品和现有食品是相同的。此时不用考虑转基因食品在毒理、过敏和营养等方面的安全性。

②与现有食品及成分具有实质等同性，但存在某些特定差异　这时主要分析转基因食品与现有食品之间的差异。这种差异包括：植入的基因与几种蛋白质有关，是否会产生新物质；基因操作是否改变内源成分或产生新的化合物。一般来说，基因本身是不存在安全性问题的，要关注的是植入基因的稳定性和发生基因转移的可能性。

对这类食品的安全性评价主要考虑外源基因的产物与功能，包括蛋白的结构、功能、特异性以及食用的历史等。在这种情况下，主要针对一些可能存在的差异和主要营养成分进行比较分析。一般来说，与可安全食用的蛋白质功能类似的蛋白质不会引起安全性问题，但若转基因食品蛋白与现有食品蛋白的功能不同，则要做潜在毒性和过敏性分析。除对蛋白质本身的安全性要进行研究外，对由此而产生的其他物质，如脂肪、碳水化合物和小分子化合物的安全性也应该加以注意。这时可参照其他食品中的同一成分进行对比。如含高月桂酸的转基因油菜，虽然油菜中并不含有月桂酸，但月桂酸是热带食用油（如椰子油、棕榈仁油）的主要成分，有长期安全食用的历史。因此，这类食品不需进行安全性试验，只要改变其名称以反映其成分和特性的变化。

③与现有食品无实质等同性　如果某种食品或食品成分与现有食品和成分无实质等同性，这并不意味着这种食品一定不安全。但是在这种食品供应市场之前必须对其安全性和营养性进行分析。首先应全面分析基因操作中的各有关要素和基因产物特性，如受体生物、遗传操作和插入 DNA、遗传工程体及其产物等。若转入的是功能不很清楚的基因组区段，则应同时考虑供体生物的背景资料。

根据上述分析结果以及该食品的可能摄取量等，来决定是否需要做进一步的安全分析。虽然检验食品成分的方法和程序很多，但是还没有一种完善地评价较为复杂食品安全性的方法。经常采用的动物饲喂试验还存在着测试体系灵敏度不高，测不出低浓度成分的效应，无法评价膳食成分之间平衡问题和某些特殊成分的副作用等。但目前动物试验仍是评价转基因食品安全性不可替代的手段。

从营养角度考虑，特别是这种食品有可能成为主食或摄取量很大时，可能需要对转基因食品进行人体试验。但人体试验必须在动物试验证明无毒后才能进行，同时还要考虑到过敏人群或不同地区饮食习惯不同可能带来的差异。

对这 3 类不同的转基因食品，其安全性评价的差异非常大，因此判定转基因食品的实质等同性就显得非常重要。一般来说，进行实质等同性比较时应包括以下几方面内容。

①生物学特性的比较　对植物来说，包括形态、生长情况、产量、抗病性及其他有关的农艺性状；对微生物来说，包括分类学特性（如培养方法、生物型、生理特性）、定殖能力或侵染性、寄主范围、有无质粒、抗生素抗性、毒性等；对动物来说，包括形态、生长生理特性、繁殖、健康特性及产量等。

②营养成分比较　包括主要营养素、抗营养因子、毒素、过敏原等。主要营养素包括脂肪、蛋白质、碳水化合物、矿物质、维生素等。抗营养因子主要指一些能影响人对食品中营养物质的吸收和对食物消化的物质，如豆科作物中的一些蛋白酶抑制剂、脂肪氧化酶以及植酸等。毒素指一些对人有毒害作用的物质，在植物中有马铃薯的茄碱、番茄中的番茄碱。过敏原指能造成某些人群食用后产生过敏反应的一类物质，如巴西坚果中的 2S 清蛋白。一般情况下，对食品的所有成分进行分析是没有必要的，但是，如果其他特征表明由于外源基因的插入产生了不良影响，那么就应该考虑对广谱成分予以分析。对关键营养素的毒素物质判定是通过对食品功能的了解和插入基因表达产物的了解来实现的。

基于实质等同性原则，如果能够确认转基因作物或动物与原作物或动物是同等的，则可以认为它与原作物同样安全，无需对转基因产品的安全性做进一步的分析。

但是实质等同性原则也有其局限性。实质等同性本身是一个比较模糊的概念，目前尚没有明确的标准来判别转基因作物是否与原作物符合实质等同性原则，而在一定程度上依赖于人的主观认知。这一原则重视的是化学方法而疏于生物、毒性和免疫学方面的分析,因而有一定局限性。例如,一种转基因作物与原作物即使有 99% 的性状与成分相同,也不能完全否认剩余的 1% 的部分对人类有害的可能性;即使它们只有 70% 的性状与成分相同,特别是如果这种差异主要表现在营养成分上时,也有可能只需进行有限的检验和测试,就可确认其安全性。因此,实质等同性原则和概念并不能完全解决转基因产品是否需要进行动物试验以确认其安全性的问题。

尽管世界上许多国家都非常重视基因工程技术的发展和转基因食品安全性评价方法的研究,但基因工程技术的发展历史毕竟还很短,到目前为止还没有足够证据表明转基因食品对生态环境和人类健康是否有害,实质等同性原则也不能完全解决安全性评价的所有问题。因此,包括一部分科学家在内的消费者仍对转基因技术持怀疑和不安的态度。

(3) 预先防范的原则(precaution)

自 1953 年 Watson 和 Crick 揭示了遗传物质 DNA 双螺旋结构,现代分子生物学的研究进入了一个新的时代。转基因技术作为现代分子生物学最重要的组成成分,是人类有史以来,按照人类自身的意愿实现了遗传物质在四大系统间的转移,即人、动物、植物和微生物。早在 20 世纪 60 年代末,斯坦福大学教授 Berg 尝试用来自细菌的一段 DNA 与猴病毒 SV40 的 DNA 连接起来,获得了世界第一例重组 DNA。这项研究就受到了其他科学家的质疑,因为 SV40 病毒是一种小型动物的肿瘤病毒,可以将人的细胞培养转化为类肿瘤细胞,如果研究中的一些有害物质扩散到环境中将对人类造成巨大的灾难。正是转基因技术的这种特殊性,必须对转基因食品采取预先防范(precaution)作为风险性评估的原则。必须采取以科学为依据,对公众透明,结合其他评价的原则,对转基因食品进行评估,防患于未然。

(4) 个案评估的原则(case by case)

目前已有 300 多个基因被克隆,用于转基因生物的研究,这些基因的来源和功能各不相同,受体生物和基因操作也不相同,因此,必须采取的评价方式是针对不同转基因食品逐个地进行评估,该原则也是世界许多国家采取的方式。

(5) 逐步评估的原则(step by step)

转基因生物及其产品的研发是经过了实验室研究、中间试验、环境释放、生产性试验和商业化生产等几个环节。每个环节对人类健康和环境所造成的风险是不相同的。试验规模既影响所采集的数据种类,又影响检测某一个事件的概率。一些小规模的试验有时很难评估大多数转基因生物及其产品的性状或行为特征,也很难评价其潜在的效应和对环境的影响。逐步评估的原则就是要求在每个环节上对转基因生物及其产品进行风险评估,并且以前一步的试验结果作为依据来判定是否进行下一阶段的开发研究。一般来说,有 3 种可能:①转基因生物及其产品可以进入下一阶段试验;②暂时不能进入下一阶段试验,需要在本阶段补充必要的数据和信息;③转基因生物及其产品不能进入下一阶段试验。例如,1998 年在对转入巴西坚果 2S 清蛋白的转基因大豆进行评价时,发现这种可以增加大豆甲硫氨酸含量的转基因大豆对某些人群是过敏原，因此，进一步的开发研究终止了。

(6) 风险效益平衡的原则 (balance of benefits and risks)

发展转基因技术就是因为该技术可以带来巨大的经济和社会效益。但作为一项新技术，该技术所可能带来的风险也是不容忽视的。因此，在对转基因食品进行评估时，应该采用风险和效益平衡的原则，综合进行评估，以获得最大利益的同时，将风险降到最低。

(7) 熟悉性原则 (familiarity)

所谓的熟悉是指了解转基因食品的有关性状、与其他生物或环境的相互作用、预期效果等背景知识。转基因食品的风险评估既可以在短期内完成，也可能需要长期的监控。这主要取决于人们对转基因食品有关背景的了解和熟悉程度。在风险评估时，应该掌握这样的概念：熟悉并不意味着转基因食品的安全，而仅仅意味着可以采用已知的管理程序；不熟悉也并不能表示所评估的转基因食品不安全，也仅意味着对此转基因食品熟悉之前，需要逐步地对可能存在的潜在风险进行评估。因此，"熟悉"是一个动态的过程，不是绝对的，是随着人们对转基因食品的认知和经验的积累而逐步加深。

11.2.2.3 转基因食品安全性评价的内容

(1) 过敏原

评价生物技术产品是否有过敏性，需要参照食物过敏原的一些共同特征：①基因来源，特别是供体生物是否含已知过敏原；②相对分子质量，大多数已知过敏原的相对分子质量为 10 000~40 000；③序列同源性，许多过敏原序列已知，应比较免疫作用明显的序列相似性；④热加工稳定性，熟食和加工过的食品问题较小；⑤pH 值和胃酸作用，大多数过敏原抗酸和蛋白酶消化；⑥食物部分，在植物非食用部分表达的新蛋白不是食物过敏原。

在下列情况下转基因食品可能产生过敏性：①所转基因编码已知的过敏蛋白。②基因含过敏蛋白。③转入蛋白与已知过敏原的氨基酸序列在免疫学上有明显的同源性。可从 Genebank、EMBL、Swissport、PIR 等数据库查找序列同源性，但至少要有 8 个连续的氨基酸相同。④转入蛋白属某类蛋白的成员，而这类蛋白家族的某些成员是过敏原。如肌动蛋白抑制蛋白 (profilins) 是一类小相对分子质量蛋白，在脊椎动物、无脊椎动物、植物及真菌中普遍存在，但在花粉、蔬菜、水果中的肌动蛋白抑制蛋白为交叉反应过敏原。

若此基因来源没有过敏史，就应该对其产物的氨基酸序列进行分析，并将分析结果与已建立的各种数据库中的 198 种已知过敏原进行比较。现在已有相应的分析软件可以分析序列同系物、结构相似性以及根据 8 种相连的氨基酸所引起的变态反应的抗原决定簇和最小结构单位进行抗原决定簇符合性的检验；如果这样的评价不能提供潜在过敏的证据，则进一步应用物理及化学试验确定该蛋白质对消化及加工的稳定性。

国际食品生物技术委员会与国际生命科学研究院的过敏性和免疫研究所一起制订了一套分析转基因食品过敏性的树状分析法。该法重点分析基因的来源、目标蛋白与已知过敏原的序列同源性、目标蛋白与已知过敏病人血清中的 IgE 能否发生反应，以及目标蛋白的理化特性。

在 2001 年 FAO/WHO 举行了有关转基因食品安全的专家咨询会议，在会议的报告中，对过敏原的评价提出了新的过敏原评价决定树。新的过敏原评价决定树在评价过敏原时采用了如下方法：

①与过敏原数据库的同源性分析　从蛋白数据库中获得所有过敏原的氨基酸序列，可查阅 ProtParam tool，Protscale（www.ebi.ac.uk），PeptideMass（http://expasy.hcuge.ch/sprot/peptide-mass.html），用 FASTA 的格式获得成熟蛋白质的形式来作为一组数据；将要评价的蛋白选取一段 80 个氨基酸的序列，将选取的氨基酸序列与过敏原分别进行同源性分析。

如果同源性超过 35% 则可以认为与过敏原有显著的同源性。如果氨基酸序列有 6 个连续的氨基酸相同则需要用抗体试验来证实是否是潜在的过敏原。

②特异性血清筛选试验　选择已知有过敏病史病人的血清作免疫学分析，但必须考虑抗原决定簇的糖基化问题。因为糖基化会影响蛋白质加工和蛋白酶水解的容易程度，以及糖基化可以改变抗原决定簇的结构，从而使抗原具有免疫原性而造成人的过敏。糖基化可以发生在蛋白的 N 端，也可以发生在蛋白的 O 端。一般 N 端的糖基化可以准确预测，而 O 端糖基化则不能准确预测。

③目标血清筛选试验　在许多情况下，通过比较蛋白质与过敏原并没有发现显著的同源性，但这并不能认为这种蛋白质不是过敏原，而应该考虑外源蛋白来自何种生物，用相应的有对这种生物过敏的病人血清作测试。

④消化液抗性试验　用提纯和浓缩的蛋白作消化试验，需要用食品中的非过敏蛋白（如大豆脂清蛋白和马铃薯酸性磷酸酶）和过敏性蛋白（如牛乳中的 β-乳球蛋白和大豆胰蛋白酶抑制剂）作为对照。

⑤动物模型试验　动物模型试验可以用 Brow Norway 鼠模型和腹膜内鼠模型，以及其他动物模型，结果用 Thl/Th2 抗体产生的情况来评价过敏性。一般需要用两种以上的方法或动物来评价。

(2) 毒性物质

从理论上讲，任何外源基因的转入都可能导致遗传工程体产生不可预知的或意外的变化，其中包括多向效应，这些效应需要设计复杂的多因子试验来验证。如果转基因食品的受体生物有潜在的毒性，应检测其毒素成分有无变化，插入的基因是否导致毒素含量的变化或产生了新的毒素。在毒性物质的检测方法上应考虑使用 mRNA 分析和细胞毒性分析。

模型动物的建立对评价转基因食品的安全性是非常重要的。动物试验是食品安全评价最常用的方法之一，对转基因食品的毒性检测评价涉及免疫毒性、神经毒性、致癌性与毒性等多种动物模型的建立。目前，我国的转基因食品安全性评价采用的是国家标准《食品安全性毒理学评价程序与方法》。

(3) 抗生素抗性标记基因

抗生素抗性标记基因在遗传转化技术中是必不可少的，主要应用于对已转入外源基因生物体的筛选。其原理是把选择剂（如卡那霉素、四环素等）加入到选择性培养基中，使其产生一种选择压力，致使未转化细胞不能生长发育，而转入外源基因的细胞因含有抗生素抗性基因，可以产生分解选择剂的酶来分解选择剂，因此可在选择培养基上生长。因为抗生素对人类疾病的治疗关系重大，对抗生素抗性标记基因的安全性评价，是转基因食品安全评价的主要问题之一。

美国 FDA 评价抗生素抗性标记基因时，认为在采取个案分析原则的基础上，还应考虑：①使用的抗生素是否是人类治疗疾病的重要抗生素；②是否经常使用；③是否口服；④在治疗中是否独一无二不可替代；⑤在细菌菌群中所呈现的对抗生素的抗性水平状况如何；⑥在选择压力存在时是否会发生转化。

在以上的基础上，抗生素抗性基因安全性还应具体考虑以下几个问题：

①抗生素抗性基因所编码的酶在消化时对人体产生的直接效应　包括该产物是否是毒性物质、是否是过敏原或诱导其他过敏原的产生、是否具有使口服抗生素失去疗效的潜在作用。

②抗生素抗性基因水平转入肠道上皮细胞肠道微生物的潜在可能性　目前认为人们在食用食品后，大部分 DNA 经过肠胃道的核酸酶消化后，已成为戊糖、嘌呤和碱基。即使有极少部分较大片段的 DNA，在没有选择压力的环境中，在不存在感受态的受体细胞，在没有大于 20kb 的同源区的情况下，抗生素抗性基因水平转入上皮细胞的可能性是极少的。加之上皮细胞的新陈代谢周期短，这种转移更是微乎其微了。

③抗生素抗性基因水平转入环境微生物的潜在可能性　在对这种可能性进行评价时认为，在土壤中存在许多微生物含有可转移的质粒，有些质粒含有抗生素抗性基因，这些微生物的数量远远超过了转基因植物残存的抗生素抗性基因的数量，加之这些抗生素抗性基因是整合在植物基因组中的，其移动性又远远低于微生物中的质粒。因此，水平转移到环境微生物的可能性也非常小。

④未预料的基因多效性　这是一些学者关心的问题之一。基因的多效性有的可以预测，有的则不可预测，其效应也是可以有利或不利。在多效性中包括次生效应，如插入位点和插入基因的产物引发的"下游"效应对代谢过程的影响，如新霉素磷酸转移酶标记基因可改变细胞的磷酸化状态。

目前，在转基因生物中使用的标记基因主要有：卡那霉素抗性基因（*npt* II）、潮霉素抗性基因（*hpt*）、glufosinate 抗性标记基因（*bar*、*pat*）、草甘膦抗性基因（*epsps*）、绿黄隆（chlorsulfuron）抗性基因、二氢叶酸还原酶基因（*DHFR*）、庆大霉素抗性基因（*gent*）、红霉素抗性基因（*MLS*）、四环素抗性基因（*tet*）等。此外，还有报告基因，如冠瘿碱基因（*opine*）、β-葡糖苷酸酶基因（*GUS*）、β-半乳糖苷酶（*lacZ*）、氯霉素乙酰转移酶基因（*cat*）等。

(4) 营养成分和抗营养因子

营养成分和抗营养因子是转基因食品安全性评价的重要组成部分。对转基因食品营养成分的评价主要针对蛋白质、碳水化合物、脂肪、纤维素、矿质元素、维生素等与人类健康营养密切相关的物质。根据转基因食品的种类，以及对人类营养的主要成分，还需要有重点地开展一些营养成分的分析，如转基因大豆的营养成分分析，还应重点对大豆中的大豆异黄酮、大豆皂苷等进行分析。这些成分是一些对人类健康具有特殊功能的营养成分，同时也是抗营养因子。在食用这些成分较多的情况下，这些物质会对我们吸收其他营养成分产生影响，甚至造成中毒。

几乎所有的植物性食品中都含有抗营养因子，这是植物在进化过程中形成的自我防御的物质。目前，已知的抗营养因子主要有蛋白酶抑制剂、植酸、凝集素、芥酸、棉酚、单宁、硫苷等。植酸广泛存在于豆类、谷类和油料植物的种子中，可与多价阳离子，如 Ca^{2+}、Mg^{2+}、Mn^{2+}、Fe^{2+} 等形成不溶性的复合物，降低人体对无机盐和微量元素的生物利用率，继而引起人体和动物的金属元素营养缺乏症和其他疾病。同时植酸还会影响人体和动物对蛋白质的吸收。

胰蛋白酶抑制剂主要存在于豆类植物中，可以降低蛋白质的消化率，导致胰脏肿大和生长停滞。胰蛋白酶致病是通过抑制阻碍肠道内蛋白酶的水解作用，造成对蛋白质消化率下降；刺激胰腺分泌过多胰液造成胰腺内源性氨基酸缺乏，抑制机体的生长。胰蛋白酶抑制剂可以通过加热的方式除去。

棉酚是一种萜类物质，产生于棉花多种组织（包括种子）的分泌腺体，可引起人和单胃动物中毒，产生食欲不振、体重减轻、精子活力降低和呼吸困难等症状。环丙烯脂肪酸、梧桐脂肪酸和锦葵酸是所有棉花中特有的脂肪酸，环丙烯脂肪酸能够抑制硬脂酸脱饱和成为油酸，影响细胞膜的渗透能力。

芥酸是一种二十二碳一烯脂肪酸，主要存在于菜子油、芥子油中，而一般油脂不含有。在油菜子油中，芥酸含量可高达 40% 以上。芥酸分子比普通脂肪酸分子多 4 个碳原子，难消化吸收，营养价值较低，并且对营养有副作用，抑制生长，甲状腺肥大，引起动物心肌脂肪沉积，而芥酸含量高低可以作为衡量该油脂质量好坏的一个指标。芥酸主要以甘油酯的形式存在于油菜子中。

硫代葡萄糖苷（简称硫苷）是广泛存在于十字花科等植物中的葡萄糖天然衍生物，从营养角度来看，其本身无毒，但被动物摄入后，芥子酶（即硫苷的水解酶）水解生成有毒的异硫氰酸酯和噁唑烷硫酮等。据研究报道，硫代葡萄糖苷的水解产物——噁唑烷硫酮、异硫氰酸酯和某些脂类物质会降低家禽对碘的吸收，使甲状腺肿大，肝脏受损，抑制生殖系统发育，因而使食欲降低，代谢受阻，造血功能下降，生长受阻，贫血，繁殖机能破坏，使蛋的保存品质变劣，不同程度地影响家禽的生长发育，甚至造成中毒死亡。

11.3 转基因食品的安全管理

基于转基因食品潜在安全的不确定性，世界各国政府都加强对转基因食品的管理。目前，发达国家和部分发展中国家都已建立起相应的法律、法规，对转基因食品的商业化生产进行规范和管理，负责对其安全性进行评价和监控。一般来说，农产品输出国(如美国、阿根廷和巴西)持比较积极和开放的态度，而农产品进口国(如日本、欧洲各国)则持相对慎重的态度。

11.3.1 国外对转基因食品的管理

11.3.1.1 美国

美国是转基因技术的发源地，也是转基因技术最为先进、应用最为广泛的国家。美国对转基因食品的管理较为宽松，采用以产品为基础的管理模式，其指导思想是认为转基因技术和生产普通食品技术并无本质区别，对于任何食品都只应考察其本身是否危害人类健康，而不论其是否为转基因技术产品。认为转基因食品只要通过新成分、过敏原、营养成分和毒性等常规检验，即可视为传统食品，不需要标识；只有在成分、营养价值和致敏性方面跟同类传统食品产生很大差距时才加上转基因标签。由于美国是世界最主要的农产品输出国，因此，对转基因食品及其国际贸易采取积极推动的政策。

美国生物技术食品主要由美国食品与药物管理局(FDA)、美国环境保护署(EPA)和美国农业部(USDA)负责检测、评价和监控。其中，FDA的食品安全与应用营养中心是管理绝大多数食品的法定权力机构。美国农业部的食品安全和检测部门则负责肉、禽和蛋类产品对消费者的安全与健康影响的管理。EPA负责管理食品作物杀虫剂的使用和安全。

FDA于1992年颁布了《食品安全和管理指南》，以保证和加强FDA对那些通过现代生物技术所生产的食物和食物成分进行管理的权力。这个指南的原则与FAO、WHO和美国国家科学院(NAS)对新食品管理的原则一致，即一种新食物的研制方法，并不能作为决定这种新食物安全性的因素。同样，安全性评价应根据实质等同性原则来进行。转基因食品要接受FDA的食物销售法规的管理。加入食物中的物质应按食品添加剂的要求进行上市前审批。FDA同时认为，由于重组DNA技术等的快速发展，管理方针应具有足够的灵活性，以便允许随着技术革新而做必要的修改。

在指南中，FDA要求利用转基因技术生产食物的生产商除了考虑转基因食品可能发生的预料之中及预料之外的改变，还要检查受体、DNA的供体、被转入或被修改的DNA及其产物的特性。FDA认为食品的安全性只是相对的，如许多食品包含某些成分，如果这些成分浓度超过能接受的范围，就能表现出危险性，此外，某些人对某些食品过敏或不能忍受。因此，FDA认为绝对安全的食品是不存在的。但是，生产商必须保证不能将有毒物质转入受体，食物产生的毒性物质及抗营养因子不能超过无法接受的水平。应该考虑在营养成分、毒性、过敏和抗营养方面可能发生的质量和数量上的变化。新转入的或已知功能的转基因物质，如果曾经在其他的食物中以相当的水平被食用，或与那些安全食用的食物相似，则不需要再通过FDA的批准。至今，大多数被转入的物质均来源于非食物，但是在本质上这些物质被认为与那些已知食物中的物质相似。因此，FDA不要求对其进行审批。

如果要将结构、功能或成分特性均不同的蛋白质或脂肪转入到食物中，则需要进行上市前的审批过程。对于碳水化合物，如果基因操作并未引起消化性或营养价值的改变，一般不需要进行上市前的审批。如果转入的 DNA 来源于一种已知的过敏原或可能的过敏原，生产商就应向 FDA 进行咨询。此外，根据转入的蛋白质与已知过敏原的序列结构和分子大小的异同、对消化酶的抵抗力、对热的稳定性及其他科学标准，生产商来考察转入的蛋白质的过敏性以保证其不成为过敏原。另外，FDA 也鼓励生产商在研究和生产过程中，就遇到的科学及法律上的问题向 FDA 咨询。生产商应向 FDA 提交转入物质的安全性报告，FDA 接到有关安全报告后，如果没有特殊的安全问题，则不再对该产品的安全性表示怀疑。

由于动物试验的困难，FDA 提出利用多学科的方法来评估食品的安全性和营养成分。该方法基于植物的农艺性状、引入基因的稳定性遗传分析（如 southern 分析）、新引入蛋白的安全性评估（毒性、过敏性）和重要毒素以及营养物的化学分析。如果在此评估后，安全问题仍然存在，1992 年的指南指出应该进行进一步的毒理研究以解决遗留问题。美国联邦食品、药品、化妆品管理局于 1938 年制定的《食品标签条例》要求食品（包括转基因食品）标签必须以食物通用的名称命名，必须真实并且不得误导消费者。标签上必须标明该食物在成分或营养物质含量方面的明显改变以及所含的已知过敏原，还必须告诉消费者食用该食物可能引起的后果，而且应注明可能存在未知的过敏原或食物在贮存或制作过程中的变化。因为注明生产方法并不能提供有关食物成分或营养特性以及安全性的信息，因此该条例不要求标签中注明食物生产的方法（如利用转基因技术）。

总的来说，美国的消费者对转基因食品持比较乐观和开放的态度。他们认为没有任何证据证明经过批准上市的转基因食品在安全性和品质质量上与其他现有食品存在不同。有调查显示，有 70% 以上的美国民众对转基因食品持"肯定"或"较为肯定"的态度，也有 40% 的消费者表示在购物时并不特别歧视转基因食品。

美国的管理程序和管理机构分工为：

①提交资料前的研讨　美国对生物技术的管理是从完成实验室研究到进行大田试验。首先，新植物开发商与 3 个管理部门（USDA、EPA 和 FDA）进行研讨，决定需要提交以备审查的数据资料。虽然对这一程序没有强行要求，但鼓励在提交资料前进行咨询，以避免以后出现麻烦和延迟。

②大田试验许可　美国农业部负责管理遗传工程植物的开发和大田试验。按照 USDA 提出的管理要求，大田试验必须保证遗传工程植物及其后代不在试验田以外的环境中生存繁殖，必须采取特别措施防止花粉、植株或植物的一部分从试验田扩散，试验结束后的一年必须进行监测以防"漏网者"在试验地生存，另外，一旦 USDA 批准一种新的生物工程植物进行大田试验，USDA 的检疫官员以及各州的有关检疫人员可以在大田试验前、中、后期进行检查，以保证试验措施安全有效。

③向 USDA 请求撤消管制　经过几年的实验室和大田试验，开发商在决定将

遗传工程作物品种商品化生产之前，须向 USDA 请求撤消管制。做出撤消管制决定前，必须审查新植物是否可能对环境造成影响。

USDA 须审查该遗传工程植物的生物性状，如该植物是一年生还是多年生、自然生长的环境、生活周期等；审查该植物的遗传性状，包括所使用的遗传材料的性状和来源。还须审查该植物对环境中其他生物和农作物的潜在影响，评估其产生新的危险性、有害生物(如新的病毒病)的可能性，新植物的抗虫、抗病性改变以及基因转移至有关野生植物上引起杂草难题的可能性。

USDA 必须考虑生物工程作物是否对野生生物包括以其为食的鸟类和哺乳动物的影响。还须评价对有益生物如蜜蜂、濒危物种以及其他靶标生物的影响；审查引入新基因的结果，包括新酶的产物或植物代谢过程的改变等。

④EPA 对作物抗有害生物性状的管理　假如一种转基因作物表达的是有害生物特性的蛋白质，那么 EPA 在该产品的开发、商品化及商品化后阶段都有监督的职责。例如，对于耐除草剂作物，EPA 不仅观察除草剂对环境的安全性，而且要审查使用该除草剂是否会对食品和饲料的安全产生风险，以此决定是否要求在标签中注明，并确定公众安全消费的最大残留限量。在这种情况下，开发商必须提交详尽的有关耐除草剂作物中除草剂残留的资料。

含抗有害生物物质(通常是一种蛋白质)的转基因植物(如 Bt 玉米)则按农药制品，由 EPA 管理。EPA 必须考虑所有对人类和环境有潜在危险的数据，确定不会产生不合理的负作用。此外，为防止昆虫产生抗性，从 2000 年开始，生产者在种植 Bt 玉米时必须种植相当于总面积 20% 的非 Bt 玉米。如果在棉区种植 Bt 玉米，必须同时种植不少于 50% 的非 Bt 玉米，目的是提供所谓的"避难所"，以及防止取食 Bt 玉米的昆虫产生抗性。

⑤FDA 审查食品和饲料的安全性　FDA 对食品和饲料的安全负责。FDA 与产品的开发商接触，对开展哪些适当的研究可以保证食品和饲料的安全提供指导。这个过程可以在开发商进行大田试验或与其他部门讨论的前、中、后期进行，时间由开发商或 FDA 针对需要考虑的问题种类而定。开发商需要提交给 FDA 的文件包括为证明这种生物工程食品与传统同类食品一样安全所取得的各种数据资料。文件应记述所使用的基因，说明该基因是否来源于以其为原料的食品会使部分人产生过敏反应的植物，以及基因表达的蛋白质的特性(包括生物学功能、对人类和动物的安全性以及在食品中的含量等)。开发商还应告知 FDA 新食品是否达到预知的营养水平，是否含有毒素或有关安全使用的其他信息。

为使得消费者能够得到有关产品的信息，按照现行的有关法律，FDA 将在网上发布信息和结论。当然，如果某种产品上市后引起公众疑虑，FDA 也有权立即从市场上撤出任何表明不安全的食品。

11.3.1.2　欧盟

欧盟国家对转基因食品的管理较为严格，采用以工艺过程为基础(process-based)的管理模式，其指导思想是认为重组 DNA 技术有潜在危险，凡是由此获得的转基因生物,都要接受安全性评价和监控。对转基因食品采取预防原则(precautionary principle),对包括转基因食品在内的整个重组 DNA 技术进行监督管理。有关控制转基因生物体释放的欧洲法规,要求评估该物质对人类、动物和环境的危险;其中许多信息(基因转移的可能性、基因产物的安全性以及实质等同性的问题)也与对食品的安全性评价有关。

(1) 食品安全性

欧洲所有国家都已经制定了控制食品安全的法规。转基因食品必须符合 EC 258/1997 法规《新食品和新食品成分法规》的要求。这些法规对所有新食品(包括转基因食品)的评估规定了统一的程序。

(2) 新食品与转基因食品

1997 年 5 月,欧盟通过了《欧洲议会和委员会新食品和食品成分管理条例》(EC258/1997 号规定)。该规定确立了新食品或含有新成分的食品上市前的安全评估机制,对转基因食品的标示提出了明确要求。按欧盟有关新食品的定义,它们包括含有转基因的食品和食品成分,其他分子结构被人为修饰过的食品和食品成分。该法规要求,当转基因食品中含有活的转基因生物体,或者对某些特殊消费者可能造成危害或引起伦理方面的问题时,必须对该食品进行标识。此外,如果某种食品与现有食品或食品成分"不再等同",即如果它们在组成、营养价值或用途等方面存在差异时,必须对该食品进行标识。

某些转基因玉米和转基因大豆产品受到随后出台的标签法规(EC 1139/1998)的管理。最重要的是,EC 1139/1998 提供了一种类似已经批准的新产品的标识模式,即如果在一种新(转基因)食品或食品组分中发现了转基因生物体的蛋白质或 DNA,那么这种食品或食品组分与现有的非转基因食品不再具有等同性。1999 年 10 月,欧盟食品常务委员会推荐了对 EC 1139/1998 法规的修正案,EC 49/2000 法规于 2000 年 4 月开始生效,该法规对"意外的"转基因 DNA 或蛋白质设定了最小阈值。在产品的单个组分中,转基因组分达到 1% 或以上时就需要标识(例如,某种含有玉米淀粉组分的加工食品,而其转基因玉米淀粉达到玉米淀粉总量的 1% 或以上,则必须在这种产品标签上标识)。对"意外的"理解为"非有意的和不可避免的",如果在食品或食品组分制作过程中曾努力排除转基因原料,则食品中有痕量转基因 DNA 或蛋白质是可以接受的,如果即使采取了严密措施,其中转基因或其转基因的蛋白质含量仍超过此最小阈值水平,就不能被视为是"偶然意外出现的"。在 2003 年 7 月,欧盟议会通过了在食品中含有 0.9% 转基因成分需要标识的法规。2004 年 7 月,又通过了在种子中含有 0.3% 转基因种子需要标识的规定。

(3) 添加剂和加工助剂

EC 258/1997 未要求标识食品添加剂,但是 2000 年 4 月生效的 EC50/2000 法规要求标识转基因的食品添加剂(具体见 89/107/EEC 法令)和香料(88/388/EEC 法令)。从这些添加剂和香料规格的法规要求可以明显看出,加工助剂(不管能否检出)未包括在法规之内。目前,该法规是以食物中所含的物质为依据,由于酶是加工助剂，如果在终产品中的酶无活性且不具有功能，就可以认为在终产品中不存在这些酶，就不要求进行标识。有些公司选择在产品的标签中标明使用了转基因的加工助剂，尤其在考虑到这种加工助剂对消费者有益的情况下愿意进行标识，例如，许多素食者更愿意选用转基因凝乳酶制作的奶酪。添加剂和香料有可能被转基因蛋白质或 DNA 意外污染，EC 50/2000 法令为将来可能要求规定一个标识阈值留下了余地。

（4）转基因 DNA 或转基因蛋白质的标识和检测

由于要求对含有转基因大豆和转基因玉米的产品进行标识（不含转基因 DNA 和转基因蛋白质的产品除外——EC 1139/1998 法令），所以已经建立了许多检测转基因产品的方法作为执行法规的手段。其中包括：

①基于蛋白质的方法来检测转入基因的产物　由于在加工过程中食物蛋白质会降解，使检测转基因蛋白质的方法只能用于未加工的食品原料。

②基于 DNA 的方法来检测转入基因、相关的标志基因或 DNA 调控序列　这种检测依赖于扩增非常特异和敏感的 DNA 和所谓的多聚酶链式反应（PCR）技术。大多数转基因作物和食品可以通过 PCR 来鉴定。

尽管未加工的食品原料可以被比较容易地确定是否为转基因产物，但是加工的食品却很难检测，因为经过复杂加工的食品中含有已被降解的 DNA 和能干扰 PCR 反应的物质。尽管能用 PCR 检测出相对短的 DNA 片段，但是食品加工程度越深，检测转入基因的难度就越大。

由转基因（如抗虫基因）作物所产生的高纯度油或糖中检测不出蛋白质或 DNA，在化学上与非转基因油或糖相同，因此不需要标识。

现行的新食品法规和其后的立法已强制性地要求转基因食品应对那些反映生活方式（或伦理道德）和安全性等方面的因素进行标识。但是涉及其他生活方式，如"有机的（organic）"、"素食者的（vegetarian）"、"符合犹太人戒律的（kosher）"等，则是自愿标识的。

这可能会使全球标识法规的统一和协调变得更加复杂。世界各国的标识法规各不相同，如美国现行的法规并未对转基因作物及其产品的标识和区分做强制性要求。

欧盟国家对转基因农产品和食品的安全性评价和标记有非常严格的规定。1997 年 5 月，欧盟通过了《欧洲议会和委员会新食品和食品成分管理条例》（EC258/1997 号规定）。该规定确立了新食品或含有新成分的食品上市前的安全评估机制，对转基因食品的标识提出了明确要求。按照欧盟有关新食品的定义，它们包括含有转基因的食品和食品成分，和其他分子结构被人为修饰过的食品和食品成分。

从以上评估程序可以看出，一般新食品只要各成员国无异议即可上市，而转基因食品则必须经过专门委员会的审批，要求更为严格。欧盟现已通过 30 多种转基因产品的安全性审查，但自 1993 年后没有再批准新的转基因产品。

欧盟对于转基因食品实行强制性标签制度。标签上必须标明该食物的组成、营养成分和食用方法。欧盟甚至规定，餐饮业销售的食品中如果含有转基因成分，则必须在菜单上清晰地标明"转基因食品"，而不能简单标注"GE"。这也是为了方便消费者作出判断和选择。

最近欧盟委员会通过决议，要求所有转基因食品、以转基因动植物和水产品为原料的加工食品及动物饲料等都必须标明使用了转基因技术外，还必须建立从生产者、流通业者和加工业者的相关档案，在必要时能具体追踪到哪一种食品采用了什么转基因原料、这些原料的流通情况和生产者的详细信息。过去没有列入标识范围的添加剂等也从2000年开始与转基因食品一样受到管理。欧盟对许多进口农产品都要求提供非转基因产品的证明。

尽管欧洲各国政府对转基因食品的态度比较谨慎，但并没有妨碍它们在生物工程技术领域的研究。无论是科研投入还是科研成果，欧洲都走在世界前列。欧洲市场上难以见到转基因食品主要与消费者对转基因食品的谨慎态度有关。

11.3.1.3 日本

日本政府和科研机构对生物工程技术的研究非常重视，参考欧盟和美国的管理模式，采用了介于两者之间的既不过分严格也不过于宽松的管理方式，采取了基于生产过程的管理措施。有数十所大学和科研院所在从事转基因技术的研究，还有许多大公司也在转基因技术方面投入了大量资源，并取得了很多成果。不过由于日本消费者对转基因食品非常敏感，因而所有这些成果还难以得到应用。

日本对转基因产品的研究、开发和安全性管理由文部科学部（相当于我国的教育部和科技部）、农林水产部和卫生劳动部分别管理。

所有在日本销售的转基因产品，都必须通过日本卫生劳动部的安全审查（进口产品即使通过了生产国的安全认定，在日本也必须按照上述程序重新进行安全性评价）。具体审查工作由食品卫生生物技术专门委员会完成。审查结果再由食品卫生委员会审议通过。食品卫生委员会由专家、生产厂家和消费者组成。审查的最终结果由卫生劳动部部长发表公告，告示国民，国民也可以申请查阅有关的审查资料。到现在为止，通过安全性审查的转基因植物有35种，转基因食品23种。主要是来自于美国和加拿大的大豆和油菜。

为了确保转基因食品的安全性，10年前日本卫生劳动部就成立了生物技术应用食品安全性评价的专门研究课题组。针对转基因食品的安全性评价和基因的检测方法进行了许多研究，开发出了遗传因子检出法并已应用到市场抽样检测中。

日本对转基因食品也采取强制性标签制度。对于那些以转基因生物为原料的食品，只要其含量超过5%，并且是3种主要原料之一，则生产厂家就有义务注明该产品为"转基因食品"或"使用了转基因原料"等标识。对于油菜等从成品中难以判断其是否使用了转基因原料的，暂不做规定。对转基因原料的流通过程也做了详细规定，要求它们必须与非转基因产品分别包装、运输和贮存。同时规定，有"有机食品"（相当于我国的"绿色食品"）标签的食品不得含有任何转基因成分，也不得在生产和加工过程中使用任何转基因原料、添加剂。

不过大多数日本民众认为政府的法规过于宽松。为了迎合消费者的心理，许多生产厂商在食品包装上醒目地标注"没有使用转基因原料"等，以吸引消费者购买。例如，由于美国的大豆一半以上是转基因作物，引起了日本消费者的不安，因而许多厂商在努力寻求中国的稳定可供货源，但是中国大豆生产增长缓慢，目前尚无法满足需求；2001年7月美国宝洁公司日本分公司宣布回收800万罐马铃薯片，尽管这些马铃薯片在美国已广为销售，按照标签要求，马铃薯片也属于无标签要求类别，但是在日本，人们仍然担心它对身体健康有害，因而生产厂商不得不承受巨大的经济损失而将这些产品回收。当然，消费者对转基因番茄之类的直接食用的农产品，显得更为敏感，这也迫使各大公司不断声明他们的制品中不含有转基因成分，尽管他们在这方面的研究从未停止过。

11.3.2 我国对转基因食品的管理

在我国，由于转基因技术起步较晚，在有关转基因食品安全性评价和管理上也起步较晚。我国将转基因食品归类为新资源食品，并于1990年由卫生部颁布了《新资源食品卫生管理办法》（以下简称《办法》）。《办法》规定，新资源食品的试生产和正式生产由卫生部审批，并且规定由卫生部聘请食品卫生、营养和毒理等方面的专家组成新资源食品评审委员会，委员会的评审结果作为卫生部对新资源食品试生产和生产的审批依据。不过，这个《办法》既不是专门针对转基因食品的，又显得有些简单，难以完全消除人们对转基因食品安全性的困惑和担心。

进入21世纪，我国转基因技术发展加快，进口转基因加工产品也开始进入中国市场，我国政府十分重视转基因作物和转基因食品的安全管理，制订了一系列转基因食品管理办法。1990年卫生部颁布了《新资源食品卫生管理方法》，其中明确规定了新资源食品的定义和管理范围。转基因食品作为一类新资源食品，我国卫生部转基因食品卫生管理办法规定，须经卫生部审查批准后方可生产或者进口转基因食品。1993年12月24日，科技部颁布了《基因工程安全管理办法》，对基因工程的安全等级和安全性评价、申报和审批、安全控制措施等做了相应规定。随后，1996年7月10日，农业部颁布了《农业生物基因工程安全管理实施办法》，从保护我国农业遗传资源、农业生物工程产业和农业生产安全角度对转基因生物的试验研究、中间试验、环境释放和商品化生产进行管理，以规范转基因技术的应用和管理。

国务院于2001年5月颁布了《农业转基因生物安全管理条例》。农业部2002年1月颁布了它的3个配套细则：《农业转基因生物安全评价管理办法》《农业转基因生物进口安全管理办法》《农业转基因生物标识管理办法》，并建立了由农业部、国家发展改革委、科技部、卫生部、商务部、国家质量监督检验检疫总局和国家环保总局组成的国家农业转基因生物安全管理部际联席会议制度。2002年3月，农业部公布第一批实施标识管理的农业转基因生物目录，要求列入实施标识管理目录的大豆、玉米、棉花、油菜、番茄五大类17种农业转基因生物，必须依法予以标识。属于农业转基因生物的大豆、大豆油等产品，必须标注醒目的农业转基因生物标志，未标注或不按规定标注的不得进出口或销售。

2002年4月8日，卫生部颁布的《转基因食品卫生管理办法》，就转基因食品的食用安全性和营养质量评价、申报与批准、标识、监督等进行了管理。其中，第十六条规定：食品产品中（包括原料及其加工的食品）含有转基因产物的，要标注"转基因××食品"或"以转基因××食品为原料"。2002年8月8日，我国正式核准加入联合国《卡塔赫纳生物安全议定书》，这将进一步推动我国的生物安全管理。2006年1月16日农业部发布了《农业转基因生物加工审批办法》。根据上述法规，中国农业转基因生物实行安全评价制度、标识管理制度、生产和经营许可制度和进口安全审批制度，对农业转基因生物的研究、试验、生产、加工、经营和进出口活动实施全面监管。随着食用转基因食品的增多和对其安全性关注程度的提高，我国转基因食品安全管理的制度逐步朝着国际普遍标准规范化。2007年卫生部发布的《新资源食品管理办法》废止了2002年4月8日卫生部颁布的《转基因食品卫生管理办法》，中国的转基因生物管理都统一由农业部管理。

转基因技术的应用前景是非常广泛的，对人类的未来也将有深远的影响。我们既要给予足够的重视，又要认识到其可能给人类带来的危害。在转基因食品的研究、开发、生产、贸易流通和消费利用时都应该在采取积极主动态度的同时，又要时刻保持清醒的头脑。只有这样，才有可能在避免转基因食品可能给人类带来的负面影响的同时，加快生物工程技术的发展，为我国农业生产和人民生活水平的提高作出贡献。

思考题

1. 什么是转基因食品？转基因食品有哪些种类？
2. 转基因食品与传统食品相比有哪些优点？
3. 转基因食品的主要安全性问题是什么？
4. 转基因食品安全性评价的原则有哪些？
5. 如何看待转基因食品的安全性？
6. 转基因食品安全性评价的主要内容有哪些？
7. 我国对基因工程技术的管理要求是什么？
8. 转基因食品对我国食品工业的发展将产生什么样的影响？

第12章
保健食品安全性评价

重点与难点 介绍了保健食品的发展，保健食品的定义和不同国家对保健食品的分类。主要介绍了中国的保健食品的管理现状。分析了中国保健食品中可能存在的安全性问题，中国特色的保健食品管理法规，目前在保健食品原料上的管理规定，保健食品的安全性评价程序和评价方法。

12.1 概 述
12.2 保健食品的安全性评价
12.3 保健食品的安全性管理

12.1 概述

12.1.1 保健食品的概念

保健食品是指具有调节人体生理功能，适宜特定人群食用，又不以治疗疾病为目的的一类食品。这类食品除了具有一般食品皆具备的营养功能和感官功能（色、香、味、形）外，还具备一般食品所没有或不强调的食品的第3种功能，在世界范围内，对于保健食品的称谓是不同的，欧美多数国家称"健康食品"(healthy food)或"营养食品"(nutritional food)，德国称"改善食品"(perform food)，日本称"特定保健用食品"(specific healthy food)或特殊用途(功能)食品(specific functional food)。各国对保健食品的定义及分类见表12-1。

表12-1 各国家保健食品定义及分类

国家、地区、组织	称谓	定义	类别
美国	健康食品 设计食品 功能食品 药物食品 营养药效食品 医用食品	含有生物活性物质,可有效预防和(或)治疗疾病,增进人体健康的食品	
日本	特定保健食品	以能够补充营养成分为目的,适于婴幼儿、孕妇、病人用的特殊用途食品,要作明确标识,以供人们挑选	1. 强化食品 2. 特殊用途食品 　a. 病人用食品 　b. 孕产妇、乳母用奶粉 　c. 婴儿用配方奶粉 　d. 老年人食品 　e. 特定保健食品
欧盟	特殊营养食品	含有特殊营养成分或经过特殊的生产加工工艺,使其营养价值明显区别于一般食品的一类食品	1. 断奶食品 2. 婴儿配方食品 3. 婴儿食品 4. 用于控制体重的低能量或减能量食品 5. 运动员食品 6. 用于特殊临床目的的规定膳食 7. 低钠或无钠食品 8. 无谷蛋白的食品 9. 糖尿病人食品
中国台湾	特殊营养食品	强化某一类营养素,用于特殊状况的营养需求补充的食品	1. 营养强化添加成分 2. 特定用途食品 3. 特殊疾病专用食品
中国	保健食品	声称具有特定保健功能的食品。其适宜于特定人群食用,具有调节机体功能,不以治疗疾病为目的,并且对人体不产生任何急性、亚急性或慢性危害的食品。保健食品包括具有特定保健功能的食品和营养素补充剂	1. 保健食品 2. 营养素补充剂

尽管对保健食品的定义略有不同，但是基本看法是一致的，即它是既不同于一般食品又区别于药品的一类特殊食品。保健食品应具有下列4个特征：

①保健食品首先必须是食品，必须具备食品的基本特征，即无毒无害、安全和卫生，且有相应的色、香、味、形等感官性状。

②保健食品不同于一般食品，它具有特定保健功能。这里的"特定"是指保健功能必须是明确的、具体的，而且经过科学验证是肯定的。同时，特定功能并不能取代人体正常的膳食摄入和对各类必需营养素的需求。

③保健食品通常是针对需要调整某方面机体功能的特定人群而设计的，不存在对所有人群都有同样作用的所谓"老少皆宜"的保健食品。

④保健食品以调节机体功能为主要目的，而不是以治疗为目的，不能代替药物对病人的治疗作用。

营养素补充剂必须符合下列要求：

①仅限于补充维生素和矿物质。维生素和矿物质的种类应当符合《维生素、矿物质种类和用量》的规定。

②《维生素、矿物质化合物名单》中的物品可作为营养素补充剂的原料来源；从食物的可食部分提取的维生素和矿物质，不得含有达到作用剂量的其他生物活性物质。

③辅料应当仅以满足产品工艺需要或改善产品色、香、味为目的，并且应当符合相应的国家标准。

④适宜人群为成人的，其维生素、矿物质的每日推荐摄入量应当符合《维生素、矿物质种类和用量》的规定；适宜人群为孕妇、乳母以及18岁以下人群的，其维生素、矿物质每日推荐摄入量应控制在我国该人群该种营养素推荐摄入量（RNIs或AIs）的 $1/3 \sim 2/3$ 水平。

⑤产品每日推荐摄入的总量应当较小，其主要形式为片剂、胶囊、颗粒剂或口服液。颗粒剂每日食用量不得超过20g，口服液每日食用量不得超过30mL。

12.1.2 保健食品的发展历程

中国保健食品有着十分悠久的历史，早在几千年前中国的医药文献中，就记载了与现代保健食品相类似的论述——医食同源、食疗、食补。如春秋战国时期的《山海经》中，就有"㯕木之实，食之使人多力，枥木之实食之不忘，狌服之善走，蓇服之不夭。"这里的"善走"、"不夭"、"多力"、"不忘"的含义就是食物有延年益寿、增强记忆、提高耐力和抗疲劳、强身之功效。但是，此后中国保健食品的研究和发展一直落后于世界各国。

自20世纪80年代以来，随着改革开放，我国人民的生活水平有了很大的提高，在解决了温饱问题之后对健康有了新的要求。保健食品业随之迅速发展起来。总的来说，我国的保健食品大体经历了3个阶段，也可称为三代产品。

①第一代保健食品　包括各类强化食品，仅根据食品中的营养素成分或强化

的营养素来推知该类食品的功能，而未经实践证明。它是最原始的保健食品，目前欧美各国都将这类食品列入一般食品。我国在20世纪80年代末至90年代中期生产的保健食品大多数为第一代产品，在《保健食品管理办法》实施后，已不允许这类食品以保健食品的面目出现。

②第二代保健食品　是指经过动物和人体试验证明其具有一定生理调节功能的食品，即欧美等国强调的具有科学性和真实性的食品。在我国《保健食品管理办法》实施后，第二代保健食品在市场上占绝大多数。

③第三代保健食品　是在第二代保健食品的基础上发展起来的，不仅需要经过人体及动物试验证明该产品具有某种生理功能，而且需要查清具有该项保健功能的功效成分，以及该成分的结构、含量、作用机理、在食品中的配伍性和稳定性等的食品。

第二代、第三代保健食品才是真正意义上的保健食品。目前我国市场上第三代产品数量还不多，但第三代保健食品正是我国本世纪保健食品的发展方向。

在中国保健食品快速发展的同时，国际保健食品行业也发展得红红火火。据统计，近20年来，西方保健食品总营业额增长近30倍。美国是保健食品发展较早的国家，其发展历史可追溯到20世纪20年代。1936年，美国正式成立了健康食品协会，近30年来，保健食品发展迅速。据资料统计，1970年美国保健食品销售额为1.7亿美元，1983年为34亿美元，14年增加了20倍。目前，美国健康食品企业总数已增加到600余家，经营品种在1 500种以上。根据有关人士的预测，本世纪保健食品的产值将超过医药的总产值。美国的保健食品主要有三大类：奶制品、烧烤食品和饮料。其中以预防骨质疏松和心血管疾病的保健食品为主。另外，口香糖中也添加了蜂王浆、茶叶等提取物，使之逐渐功能化。

日本自20世纪80年代就成为最先进的保健食品生产国。从1980～1989年的10年间，日本保健食品的销售额增长了10倍。日本现有保健食品生产企业3 000～4 000家，产品3 000余种。

12.1.3　保健食品的功能及分类

一些学者们习惯把人体的健康状态分为3种：健康态、病态和亚健康态。亚健康态是指健康的透支状态，即身体具有种种不适，表现为易疲劳，体力、适应力和应变力衰退，但又没有发现器质性病变的状态。当机体的亚健康态积累到一定程度时，就会产生各种疾病。保健食品作用于人体的亚健康态，促使它向健康态转化，达到增进健康的目的。所以，一般食品是为健康人所摄取，从中获取各类营养素，并满足色、形、味、香等感官需求；药物为病人所服用，以达到治疗疾病的目的；保健食品为亚健康态人群所设计，不仅满足他们对食品营养和感官的要求，更为重要的是促进机体向健康态转化，增进他们的健康。

在保健食品中真正起作用的是功效成分，也称活性成分、功能因子。现在随着科学研究的不断深入，已被确认的功效成分，主要包括以下11种：

①活性多糖　包括膳食纤维、抗肿瘤多糖和降血糖多糖。

②功能性甜味料 包括功能性单糖、功能性低聚糖、多元糖醇和强力甜味剂。

③功能性油脂 包括不饱和脂肪醇、油脂替代品、磷脂和胆固醇。

④自由基清除剂 酶类清除剂和非酶类清除剂。

⑤维生素 包括维生素A、维生素E、维生素C、维生素D等。

⑥微量活性元素 硒、铁、铜、锌等。

⑦肽和蛋白质 谷胱甘肽、降血压肽、促进钙吸收肽、易于消化肽和免疫球蛋白等。

⑧益生菌 乳酸菌、双歧杆菌等。

⑨藻类 螺旋藻、腺孢藻等。

⑩中草药类 银杏、洋参、灵芝等。

⑪其他 二十八烷醇、植物甾醇等。

2003年4月我国卫生部发布了《保健食品功能学评价程序与检验方法规范》（GB 15193—2003）这一新标准，明确了自2003年5月1日起，卫生部受理的保健功能分为27项。这27项保健功能大体可分为两种类型，见表12-2。

表12-2 保健食品的功能分类

类型	功能	适用范围	种类数量
I	减轻疾病的症状、辅助药物治疗、降低疾病风险	病因较复杂的常见病和生活方式性疾病	12
		外源性的有害因子造成的损伤	4
II	增强体质、增进健康		11

第一种类型：有减轻某些疾病的症状、辅助药物治疗及降低疾病风险的功能。这一类功能食品是有可以"预防"某些疾病，或使其"症状"减轻，并有"辅助药物治疗"的功能的，共有16项，可分为两类：

①对病因较复杂的常见病和生活方式性疾病有一定的保健作用，包括：

● 辅助降血压功能；

● 辅助降血脂功能；

● 降血糖功能；

● 缓解视疲劳功能；

● 调节胃肠道菌群功能；

● 促进消化；

● 通便功能；

● 对胃黏膜损伤有辅助保护功能；

● 改善营养性贫血功能；

● 改善睡眠功能；

● 清咽功能；

- 增加骨密度功能。

②由外源性的有害因子作用（如电离辐射、缺氧及有害元素或化合物作用）而造成的人体的损伤，而保健食品对这类损伤有一定的辅助保护作用，共有4项：
- 对辐射危害有辅助保护功能；
- 促进排铅功能；
- 提高缺氧耐受力功能；
- 对化学性肝损伤有辅助保护功能。

第二种类型：有增强体质、增进健康的保健功能。此项功能属于调节生理活动的范畴，共有11项：
- 抗氧化功能；
- 增强免疫力功能；
- 缓解体力疲劳功能；
- 减肥功能；
- 辅助改善记忆功能；
- 祛黄褐斑功能；
- 祛痤疮功能；
- 改善皮肤水分；
- 改善皮肤油分功能；
- 促进泌乳功能；
- 促进生长发育功能。

12.1.4 我国保健食品的发展方向

自古以来，中国人就讲究"医食同源"，随着人们生活水平的不断提高，饮食也由"温饱型"向"保健养生型"转变。人们注重追求食品的个性化和健身功能，从而为保健食品带来了无穷生机。我们应该从下面几个方面着手，使保健食品向着天然、安全、有效的方向发展。

(1) 利用现有资源开发和生产具有民族特色的保健产品

我国能种植世界范围内的绝大部分药材，而且天然野生的草药资源也很丰富。这些中草药是研制开发保健食品的重要原料，往往具有多种功能。在开发和生产保健食品时，利用高新技术，挖掘中国传统食品和传统医药的有关食补、食疗的丰富经验，从这些中草药中进行选择配制，有针对性地设计出由不同配方制成的具有我国特色的保健食品来。

(2) 注重对保健食品基础原料的研究

在日本、中国台湾等一些经济发达的国家和地区，他们十分重视对功能食品原料进行全面的基础研究和应用研究。因此，他们生产出来的产品科技含量较高，质量稳定，产品的品质好，其经济效益也高。如德国产的银杏抽提纯物与国内同类产品相比，其国际市场价格竟高出近百倍。在这方面，我们要向他们学习。不仅要研究保健食品的功能作用，还要研究如何去除这些原料中的一些有害、有毒成分。对我国的保健食品原料特别是一些具有中国特色的基础原料，如银杏、红景天等要加大研究力度，弄清楚原料中所含的功能成分，最大限度地保留其活性，去掉其毒性，并提高它们在保健食品中的稳定性。

(3) 注重对保健食品功能因子的研究和大力发展新一代保健食品

我国保健食品要走出国门与国际接轨，必须将发展新一代保健食品作为今后研究、开发的重点。根据发达国家的经验，首先应积极开展研究功能因子的构效和量效关系，从分子、细胞和器官水平上研究它们的作用机理和可能的毒性作用；其次要采用现代的生物技术，从各种天然产物中去寻找这类因子，然后采用外加法生产新一代保健食品。

对于功能因子的研究，我们应从下列方面着手：

① 加强对已知的功能因子的研究　如对 β-葡聚糖、免疫球蛋白、类胡萝卜素、抗氧化类维生素、类黄酮、膳食纤维、多价不饱和脂肪酸、低聚糖、生物活性短肽、生物多糖、活性菌类及微量元素这些功能因子（或活性成分）进行深入研究；搞清楚它们的构效、量效关系和作用机理，并在分子、细胞和器官水平上对其有所认识。

② 研究开发新的功能因子　利用丰富的生物资源，不断寻找、确认和开发新的功能因子，并对其结构、性质有所认识，对分离、提取和纯化它们的技术进行研究。

③ 加强对功能因子的作用机制及其安全性的研究　利用体外干预试验、动物试验以及双盲人体观察试验，对各种功能因子的抗氧化、增强免疫、辅助降低血脂和血糖等功能的作用机理及毒理、安全性进行综合研究。

④ 加强对功能因子的有效性和稳定性的研究　结合现代加工工艺技术和生物工程技术，最大限度地保持和延长功能因子的活性，提高它们在保健食品中的稳定性。

⑤ 加强在功能因子研究中高新技术的应用　包括对功能因子的高效提取分离技术（如超临界流体萃取技术、膜分离技术、短程分子蒸馏技术）、功能评价技术（如生物工程和基因工程技术）、稳定及制造技术（微胶囊技术、超细微粉碎技术、新型杀菌与包装技术等）的研究。

(4) 注重建立保健食品指标评价体系

保健食品的发展趋势是天然、安全和有效。本着这个原则，保健食品的评价检测指标主要是其安全性和功能有效性。首先是安全性，保健食品是一种食品，长期服用应无毒无害，确保安全，因此，保健食品在进入市场前应首先完成安全性评价。其次是保健食品的功能有效性，它是评价一个保健食品质量的关键。今后将建立更多、更新的指标评价体系来满足保健食品发展的需要。

12.2 保健食品的安全性评价

现在市场上的保健品种类繁多,功能不一,数量庞杂,因此也带来了许多安全性上面的问题。随着人们健康意识的提高,对保健食品的食用安全愈加关注。近年来,国内外保健食品安全事故屡有发生,如为增加减肥效果,减肥药中加入利尿剂;在缓解体力疲劳保健食品中加入西地那非(伟哥)等。在追求健康的同时,保健食品食用的安全性决不可忽视。

12.2.1 保健食品安全性

保健食品的评价检测指标主要是其安全性和功能有效性。保健食品的功能有效性,各国根据各自的法规和标准,或由政府认可的研究单位出具科学资料,政府审批,或由生产者根据自己的试验研究自我声称。对于保健食品安全性的评价和检测,还存在许多的问题,有待于进一步的完善。

12.2.1.1 保健食品原料存在的安全隐患

保健食品的安全性主要是依赖于原料组成的安全性,从某种意义上说,如果原料的安全性得到了切实保障,保健食品产品的安全性就可以基本得到保证。但是,保健食品的原料十分广泛,既有来源于陆生动植物的,也有来源于海洋生物以及矿物质的,而且原料的品质也缺乏严格的质量标准,因此,原料来源的不可控制,给保健食品的安全增添了诸多危险因素。

(1)中草药作为保健食品原料本身的安全性问题

在保健食品中,有很大一部分是以中药提取物作为原料的。据统计,目前有灵芝、银杏、五味子、刺五加、葛根、人参、红景天、松花粉、虫草等200多种中药提取物正用于保健食品的生产。正因为如此,多种中草药粗提取物的毒性将成为保健食品质量安全的问题之一。

五味子、芦荟和决明子都是广泛用于保健食品原料的物质。五味子是双子叶植物药,属于五味子科五味子属藤本植物,是传统的滋补强壮类药材,它可以起到益气生津、补肾养心、收敛固涩、涩精止血、宁心安神的作用。现代药理研究发现,五味子具有调节中枢神经系统、心血管系统及改善血液循环的功能,还具有抗氧化、抗衰老和增强免疫作用等多种作用。但是通过对五味子的乙醇粗提物进行动物试验,发现大量、长期服用五味子会对实验动物肾脏、肝脏产生一定的损伤。决明子是卫生部认定的药食同源名单内的物质,为豆科植物决明或小决明的成熟种子,有清热明目、润肠通便、降压、降血脂、抑菌、免疫调节等作用。其主要成分为蒽醌类物质。但经动物试验发现,决明子对动物有明显的泻下和利尿作用,对动物肾脏功能有一定的损伤。芦荟有3 000余年药用历史,是保健食品原料中使用频次较高的中药,具有清肝热、通便的功效。但现代毒理学研究发现,芦荟主要活性成分蒽醌化合物芦荟大黄素含有1,8-二羟基结构,为潜在致突变物，且其活性代表成分在食用安全方面具有争议。1998年美国FDA特殊营养品不良反应事件监控系统报道了诸多不良反应事件，其中有很多与芦荟有关。此外，甜瓜蒂、牵牛、苦楝子、苍耳子、鱼腥草、肉豆蔻、白芷、蝮蛇、白果等均被目前的医药界证明具有毒性，其毒性、毒理及毒性成分的研究均已较为明确、深入。随着医药等相关学科的发展以及人们对毒副作用的进一步了解和重视，还将有更多的植物成分被发现具有毒性。即便是补益类药性平和的中药，如人参，人体需求也有一定限度，长期服用也会出现高血压、失眠、皮疹、水肿、腹泻等症状，所以在保健食品原料采用时应该慎重。

(2) 原料外源性污染引起的安全问题

由于我国保健食品大量使用中药提取物为原料，而我国在中药材种植中大量使用农药、化肥等农业投入品，所以农药残留量高、有害元素超标等质量安全问题直接影响到了我国保健食品的质量安全。

我国保健食品中还有相当一部分来源于动物源性食品，包括畜产品(肉，蛋，奶，牛、猪及一些特种野生动物)；水海产品，如贝类(牡蛎等)、虾类(甲壳素、透明质酸)、鱼类(鲨鱼、鲭鱼等)、龟、鳖、海洋动物(如海豹)；蜂产品(蜂蜜、蜂王浆、蜂胶、蜂蜡等)。从目前动物源食品安全监测报告可以看到安全性问题也很多。如蜂蜜、蜂王浆中抗生素(四环素、金霉素、链霉素等)残留；水产品中有害元素(汞、砷、铅等)超标和杀菌消毒药物（恩诺沙星、呋喃唑酮、恶喹酸等）残留；以动物骨骼为原料生产的生物钙强化剂、钙强化食品中重金属污染等问题都很严重。

从目前食品安全监测报告中可以发现：蔬菜中有机磷农药（甲胺磷等）超标；食用菌中DDVP、甲醛含量超标；茶叶中铅含量超标和除虫菊酯类农药污染；粮食中真菌毒素污染等问题仍是影响我国消费者健康的主要质量安全问题。以它们为原料加工成为保健食品，那么保健食品的安全性就值得怀疑。虽然在加工成保健食品时，污染物会有所降解和破坏，但安全隐患依然存在，所以我们要加大对植物源性农产品原料的安全性检查。

与一些植物源保健食品不同，动物源保健食品一般以浓缩物干燥粉形式出现，因此往往更容易产生质量安全问题。使用海洋动物骨骼、贝壳、珍珠原料生产的补钙保健品，一方面，汞、铅、镉、砷易生物富集并沉积在贝壳、珍珠及水生动物骨骼中，造成污染并导致重金属超标，另外也有可能产生生物毒素(贝类毒素、藻类毒素、组胺等)污染。一般而言，养殖的动物源原料制作的保健食品质量安全更需要加以控制。

此外，藻类作为保健食品原料被广泛应用，但由于环境污染进而造成淡水湖泊中藻类的微囊藻毒素(致肝癌作用)污染问题也引起了广泛关注，对保健食品的安全性提出了挑战。辐照消毒过程产生的分解产物的安全性问题（特别是辐照食品最低有效剂量与分解产物关系）也是我们应该探讨的问题。

12.2.1.2 由配伍作用引起的安全性问题

(1) 植物原料之间的配伍

在中医学中，"配伍"是指根据病情的需要和药物的不同性能，将两种或两种以上的药物配合使用，以达到有效治疗疾病的目的。中药配伍的理论有药性"七情之说"，即单行、相须、相使、相畏、相杀、相恶、相反，就是说两种或两种以上的药配合使用，性能功效相似者的配合应用，有协同作用；性能功效相反者可能会产生拮抗作用；毒性相近者可能会导致中毒反应；毒性相反者可能有解毒作用；中医"禁忌"理论包括十八反、十九畏、妊娠禁忌，是指部分药物绝对不能配合使用，否则可能会增强毒性或功效全无。在保健食品的安全性中，我们要特别注意增毒作用和降效作用两种情况。两种植物合用能增强或产生毒副作用，称为增毒作用；一种植物能降低或消除另一种植物的效应，称为降效作用。造成这种情况有不同的作用机制。在将中药材作为保健食品的原料时，一定要对此特别注意，否则不但达不到保健的目的，反而会危害生命。

(2) 保健食品原料与西药之间的配伍

现在，保健食品、药品种类繁多，购买方便。许多人为了追求效果，既吃保健食品又大量服用各种西药，这样产生配伍禁忌的机会也随之增多。对此我们必须加以重视。例如：①多数保健食品均含有甘草成分。含甘草的保健食品不宜与水杨酸盐合用，否则可使消化道溃疡的发生率增加；不宜与洋地黄等强心苷合用，否则会导致心脏对强心苷的敏感性增高而产生中毒。②黄芩、槐米、陈皮等中药材含黄酮类成分，不宜与氢氧化铝、三硅酸镁、碳酸钙等含有铝、钙、镁的药物同时服用，否则会生成金属络合物而改变药性，降低药效。③五味子、乌梅等中药材含有有机酸类成分，不宜与四环素、红霉素等碱性抗生素配伍。④杏仁、桃仁、枇杷叶等中药材含氰苷物，不宜与中枢性镇咳药（如枸橼酸喷托维林等）长期配用。⑤人参含有类似洋地黄糖苷的分子结构，不宜与类固醇类药合用，否则会出现高血压；不宜与自力霉素合用，否则会使病人肺水肿加剧；不宜与激素、降压药、解热镇痛药合用，否则可致肾脏受损而使浮肿加剧。⑥鹿茸含有糖皮质激素样成分，不宜长期与噻嗪类利尿抗水肿药合用，否则会产生低血钾、低钾麻痹甚至瘫痪；不宜与多元环碱性较强的药物同服，否则会产生沉淀，降低疗效；糖尿病患者在服用磺酰脲类、降血糖药时不宜同服鹿茸制剂，否则会使血糖升高。⑦补酒类保健食品不宜与苯巴比妥、苯妥英钠、氯丙嗪同服，否则会抑制中枢、扩张血管而使西药抑制作用加强，引起昏睡等副作用；不宜与洋地黄同服，否则会增加心肌对强心苷的敏感性，诱发中毒；不宜与降压药胍乙啶同服，否则会降低血管张力，发生直立位性低血压、昏厥。

(3) 食品与保健食品之间的禁忌

某些食品与保健食品的原料之间也具有禁忌作用。例如，猪肉反乌梅、桔梗、黄连、胡黄连、苍术、百合，猪血禁地黄、何首乌等。我们有必要对这些作用的机理及症状进行进一步的研究从而指导人们尤其是亚健康人群正确服用，使保健食品真正起到保健的作用。

12.2.1.3 摄入限量问题

许多保健食品原料都在摄入量上具有一定的限制，超过限量就会出现不同程度的中毒症状或累积性中毒。所以，保健食品并不代表着吃的越多，功效就越好。目前保健品市场上比较常见的原料杏仁、桃仁、肉豆蔻、决明子等均具有一定的限量标准，食用过多均能引起中毒甚至死亡。当以中药材作为保健食品的原料时，按照中医"辨证施治"理论，其用量是有限制的。随意加大用量，反而会适得其反。

对于营养素补充剂的食用安全性也应特别引起注意。长期过量补充微量营养素易造成蓄积，产生毒性，尤其是同时长期服用多种营养素产品时，过量的危险性就会明显增大。如大量补钙会产生便秘、诱发或加重肾结石，并可能对其他二价金属离子（如铁、锌）产生拮抗作用；过量摄入铁可促进体内的过氧化作用；过量摄入维生素 A、维生素 D 可在体内蓄积，对多种器官产生毒副作用等。

12.2.1.4 新资源食品在用于保健食品原料的安全性问题

新资源食品的种类非常多，如国际上最近几年新开发的用于保健食品的原料有：从甘蔗叶中提取的甘蔗糖醇具有降血酯、降胆固醇的作用；从珊瑚中提取的珊瑚钙可以补钙；来自加拿大桦树汁和糖槭树汁中的木糖醇具有减肥、防蛀牙、防中耳炎的功能；来自绿茶中的 L-茶氨酸可以抗疲劳，是一种天然安定剂；从玉米中提取的麦芽糖糊精可以防止血糖升高，减少脂肪吸收，增加有益菌的数量。

新资源食品安全性应严格按照《新资源食品卫生管理办法》有关规定审核。一些食品新资源，有的过去就是药用植物，如苦丁茶，现作为保健食品资源开发，应进行安全性评价；又如葛根，它可以降血压、醒酒、改善冠状动脉循环，有着 2 000 多年的药用历史，但作为醒酒保健饮料来开发仍应进行安全性评价。

12.2.1.5 保健食品新技术带来的安全性问题

（1）纳米技术

由纳米技术制成的纳米材料是一种人工制造的新的物质形态，对它的认识才刚刚开始，尚未注意到其特殊性可能对机体产生的潜在性危害。据科学家们分析，纳米技术生产的原料在人体内的传统代谢途径可能会发生变化，由此可能会带来一些安全性上的问题：①纳米级的药物制剂，由于粒径变小，可能造成按常规一般剂量服用时，由于吸收明显增加而导致中毒；②宏观物体被制成纳米材料后，由于粒径变的极小，较容易通过血脑屏障和血睾屏障，对中枢神经系统、精子生成过程和精子形态以及精子活力产生不良影响，也可通过胎盘屏障对胚胎早期的组织分化和发育产生不良影响，导致胎儿畸形。对纳米技术的应用还缺乏足够的科学资料，需要加强研究。

（2）螯合技术

螯合技术的安全性也应引起关注。如甘氨酸钙（螯合钙）和 EDTA 铁（络合铁）与传统的钙、铁的吸收利用率明显不同，螯合钙仅为推荐摄入量的 1/5 时就可能造成中毒，EDTA 铁可能影响人体其他必需金属离子的络合作用。

尤其需要强调的是某些含有功能性物质的保健食品，一旦改变了传统的剂型、制备方法和服用剂量后，其具有的扩张血管、改善心血管的作用将大大超过安全剂量，有可能对消费者造成不良影响。因此，需要对这些新技术带来的产品进行有针对性的安全性评价。

12.2.2　有关保健食品的安全性评价

12.2.2.1　对受试物的要求

①以单一已知化学成分为原料的受试物，应提供受试物（必要时包括杂质）的物理、化学性质（包括化学结构、纯度、稳定性等）。配方产品，应提供受试物的配方，必要时应提供受试物各组成成分特别是功效成分或代表性成分的物理、化学性质（包括化学名称、结构、纯度、稳定性、溶解度等）及检测报告等有关资料。

②提供原料来源、生产工艺和方法、推荐人体摄入量、使用说明书等有关资料。

③受试物应是符合既定生产工艺和配方的规格化产品，其组成成分、比例及纯度应与实际产品相同。

12.2.2.2　对受试物处理的要求

①对某些受试物进行不同的试验时应针对试验的特点进行特殊处理，选择适合于受试物的溶剂、乳化剂或助悬剂。所选溶剂、乳化剂或助悬剂本身应不产生毒性作用，与受试物各成分之间不发生化学反应，且保持其稳定性。一般可选用蒸馏水、食用油、淀粉、明胶、羧甲基纤维素等。

②如受试物推荐量较大，在按其推荐量 100 倍设计试验剂量时，往往超过动物的最大灌胃容量或超过掺入饲料中的规定限量（30d 喂养不超过 10%，90d 喂养不超过 8%），此时可允许去除无功效作用的辅料部分（糊精、羧甲基纤维素等）后进行试验。

③袋泡茶类受试物的处理：可用该受试物的水提取物进行试验，提取方法应与产品推荐饮用的方法相同。如产品无特殊推荐饮用方法，可采用以下提取条件进行：常压、温度 80~90℃，浸泡时间 30min，水量为受试物质量的 10 倍或以上，提取 2 次，将其合并浓缩至所需浓度，并标明提取液、浓缩液与原料的比例关系。

④膨胀系数较高的受试物处理：应考虑受试物的膨胀系数对受试物给予剂量的影响，依此来选择合适的受试物给予方法（灌胃或掺入饲料）。

⑤液状保健食品需要进行浓缩处理时，应采用不破坏其中有效成分的方法。

可使用温度 60~70℃，减压或常压蒸发浓缩、冷冻干燥等方法。

⑥含乙醇的保健食品的处理：推荐量较大的含乙醇的受试物，在按其推荐量 100 倍设计剂量时，如超过动物最大灌胃容量时，可以进行浓缩，乙醇体积分数低于 15% 的受试物，浓缩后的乙醇应恢复至受试物定型产品原来的体积分数；乙醇体积分数高于 15% 的受试物，浓缩后应将乙醇恢复到 15%，并将各剂量组的乙醇体积分数调整一致。不需要浓缩的受试物乙醇体积分数大于 15% 时，应将各剂量组的乙醇体积分数调整至 15%。当进行 Ames 试验和果蝇试验时，应将乙醇去除。调整或稀释受试物乙醇体积分数时，原则上应使用该保健食品的酒基。

⑦产品配方中含有某一已获批准用于食品的物质，在按其推荐量 100 倍设计试验剂量时，如该物质的剂量达到已知的毒作用剂量，在原有剂量设计的基础上，则应考虑增加一个去除该物质或降低该物质剂量（如降至最大未观察到有害作用剂量，NOAEL）的受试物高剂量组，以便对保健食品中其他成分的毒性作用及该物质与其他成分的联合毒性作用做出评价。

⑧以鸡蛋等食品为载体的特殊保健食品，允许将其加入饲料，并按动物营养素需要量调整饲料配方后进行试验。

12.2.2.3　保健食品安全性毒理学评价试验的 4 个阶段和内容

（1）第一阶段：急性毒性试验

经口急性毒性：LD_{50}，联合急性毒性，一次最大耐受量试验。

（2）第二阶段：遗传毒性试验，传统致畸试验，30d 喂养试验

①基因突变试验　鼠伤寒沙门氏菌/哺乳动物微粒体酶试验（Ames 试验）和 V79/HGPRT 基因突变试验任选一项，必要时可另选和加选其他试验。

②骨髓细胞微核试验或哺乳动物骨髓细胞染色体畸变试验。

③TK 基因突变试验。

④小鼠精子畸形分析或睾丸染色体畸变分析。

⑤其他备选遗传毒性试验　显性致死试验、果蝇伴性隐性致死试验、非程序性 DNA 合成试验。

⑥30d 喂养试验。

⑦传统致畸试验。

（3）第三阶段：亚慢性毒性试验——90d 喂养试验、繁殖试验、代谢试验

（4）第四阶段：慢性毒性试验（包括致癌试验）

12.2.2.4　不同保健食品选择安全性评价试验的原则要求

随着保健食品原料应用的不断创新，食品工业技术的进步，对保健食品安全性评价试验的选择提出了不同的要求，在确保消费者安全的前提下，也考虑经济和便利，原则上按以下几种情况确定试验内容。

①以普通食品、卫生部规定的药食同源物质以及允许用做保健食品的物质名单以外的动植物或动植物提取物和微生物制品为原料生产的保健食品，应对该原料和用该原料生产的保健食品分别进行安全性评价。该原料原则上按以下4种情况确定试验内容。用该原料生产的保健食品原则上须进行第一、二阶段的毒性试验，必要时进行下一阶段的毒性试验。

  a. 国内外均无食用历史的原料或成分作为保健食品原料时，应对该原料或成分进行4个阶段的安全性试验。

  b. 仅在国外少数国家或国内局部地区有食用历史的原料或成分，原则上应对该原料或成分进行第一、二、三阶段的毒性试验，必要时进行第四阶段，具体又分以下3种情况：

  • 若根据有关文献资料及成分分析，未发现有毒或毒性甚微、不至构成对健康有害的物质，以及较大数量人群有长期食用历史而未发现有害作用的动植物及微生物等，可以先对该物质进行第一、二阶段的毒性试验，经初步评价后，决定是否需要进行下一阶段的毒性试验。

  • 凡以已知的化学物质为原料，国际组织已对其进行过系统的毒理学安全性评价，同时申请单位又有资料证明我国产品的质量规格与国外产品一致，则可将该化学物质先进行第一、二阶段毒性试验，若试验结果与国外产品的结果一致，一般不要求进行进一步的毒性试验，否则应进行第三阶段毒性试验。

  • 在国外多个国家广泛食用的原料，在提供安全性评价资料的基础上，进行第一、二阶段毒性试验，根据试验结果决定是否进行下一阶段毒性试验。

②卫生部规定允许用于保健食品的动植物或动植物提取物和微生物制品（普通食品和卫生部规定的药食同源物品名单除外）为原料生产的保健食品，进行急性毒性试验、三项致突变试验和30d喂养试验，必要时进行传统致畸试验和下一阶段试验。

③以普通食品和卫生部规定的药食同源物品名单为原料生产的保健食品，分以下情况确定试验内容：

  a. 列入营养强化剂和营养补充剂名单的已知化合物生产的保健食品，原料来源、生产工艺和产品均符合国家规定的有关要求，一般不要求进行毒性试验。

  b. 以普通食品和卫生部规定的药食同源物品名单为原料并用传统工艺生产的保健食品，且食用方式与传统食用方式相同，一般不要求进行毒性实验。

  c. 用水提物配制生产的保健食品，如服用量为原料的常规用量，且有关资料未提示其具有不安全性的，一般不要求进行毒性试验。如服用量大于常规用量时，需进行急性毒性试验、3项致突变试验和30d喂养试验，必要时进行传统致畸试验。

  d. 用水提以外的其他常用工艺生产的保健食品，如服用量为原料的常规用量时，应进行急性毒性试验、三项致突变试验。如服用量大于原料的常规用量时，需增加30d喂养试验，必要时进行传统致畸试验和下一阶段毒性试验。

④益生菌类或其他微生物类等保健食品在进行Ames试验或体外细胞试验时，

应将微生物灭活后进行。

⑤ 针对不同食用人群和(或)不同功能的保健食品，必要时应针对性地增加敏感指标及敏感试验。

12.2.2.5 保健食品安全性毒理学评价试验的目的和结果判定

(1) 毒理学试验的目的

①急性毒性试验　测定 LD_{50}，了解受试物的毒性强度、性质和可能的靶器官，为进一步进行毒性试验的剂量和毒性观察指标的选择提供依据，并根据 LD_{50} 进行毒性分级。

②遗传毒性试验　对受试物的遗传毒性以及是否具有潜在致癌作用进行筛选。

③30d 喂养试验　对只需进行第一、二阶段毒性试验的受试物，在急性毒性试验的基础上，通过 30d 喂养试验，进一步了解其毒性作用，观察对生长发育的影响，并可初步估计最大未观察到有害作用剂量。

④致畸试验　了解受试物是否具有致畸作用。

⑤亚慢性毒性试验——90d 喂养试验，繁殖试验　观察受试物以不同剂量水平经较长期喂养后对动物的毒作用性质和靶器官，了解受试物对动物繁殖及对子代的发育毒性，观察对生长发育的影响，并初步确定最大未观察到有害作用剂量；为慢性毒性和致癌试验的剂量选择提供依据。

⑥代谢试验　了解受试物在体内的吸收、分布和排泄速度以及蓄积性，寻找可能的靶器官；为选择慢性毒性试验的合适动物种(species)、系(strain)提供依据；了解代谢产物的形成情况。

⑦慢性毒性试验和致癌试验　了解经长期接触受试物后出现的毒性作用以及致癌作用；最后确定最大未观察到有害作用剂量，为受试物能否应用于食品的最终评价提供依据。

(2) 各项毒理学试验结果的判定

①急性毒性试验　如 LD_{50} 小于人的可能摄入量的 10 倍，则放弃该受试物用于食品，不再继续其他毒理学试验；如大于 10 倍者，可进入下一阶段毒理学试验。

②遗传毒性试验　如三项试验(Ames 试验或 V79/HGPRT 基因突变试验，骨髓细胞微核试验或哺乳动物骨髓细胞染色体畸变试验，及 TK 基因突变试验或小鼠精子畸形分析/睾丸染色体畸变分析中的任一项中，体外或体内有一项或以上试验阳性，则表示该受试物很可能具有遗传毒性和致癌作用，一般应放弃该受试物用于保健食品；如三项试验均为阴性，则可继续进行下一步的毒性试验。

③30d 喂养试验　仅进行第一、二阶段毒理学试验时，若 30d 喂养试验的最大未观察到有害作用剂量大于或等于人体推荐摄入量的 100 倍，综合其他各项试验结果可初步做出安全性评价；对于人体推荐量较大的保健食品，在最大灌胃容

量或在饲料中的最大掺入量剂量组未发现有明显毒性作用,综合其他各项试验结果和受试物配方、接触人群范围及功能等有关资料可初步做出安全性评价;若出现毒性反应的剂量小于人体推荐摄入量的 100 倍,或发生毒性反应的剂量组受试物在饲料中的比例小于或等于 10%,且剂量又小于人体推荐摄入量的 100 倍,原则上放弃该受试物用于保健食品,但对某些特殊原料和功能的保健食品,如果个别指标实验组与对照组出现差异,要对其各项试验结果和配方、接触人群范围及功能等因素综合分析后,决定该受试物是否可用于保健食品或进入下一阶段毒性试验。

④传统致畸试验　在以 LD_{50} 或 30d 喂养实验的最大未观察到有害作用剂量设计的各个受试物剂量组,如果在任何一个剂量组观察到受试物的致畸作用,则应放弃该受试物用于保健食品,如果观察到有胚胎毒性作用,则应进行进一步的繁殖试验。

⑤90d 喂养试验、繁殖试验

a. 保健食品进行第三阶段试验时,最大未观察到有害作用剂量大于或等于人体推荐摄入量的 100 倍,可进行安全性评价;若出现毒性反应的剂量小于人体摄入量的 100 倍,或发生毒性反应的剂量组受试物在饲料中的比例小于 8%,且剂量又小于人体摄入量的 100 倍者表示毒性较强,应放弃该受试物用于保健食品。

b. 属于我国创新的保健食品的原料或成分进行第三阶段试验时,根据这两项试验中的最敏感指标所得最大未观察到有害作用剂量进行评价,其原则是:最大未观察到有害作用剂量小于或等于人体推荐摄入量的 100 倍者表示毒性较强,应放弃该受试物用于保健食品;最大未观察到有害作用剂量大于 100 倍而小于 300 倍者,应进行慢性毒性试验;大于或等于 300 倍者则不必进行慢性毒性试验,可进行安全性评价。

⑥慢性毒性和致癌试验　根据慢性毒性试验所得的最大未观察到有害作用剂量进行评价,其原则是:

a. 最大未观察到有害作用剂量小于或等于人体推荐摄入量的 50 倍者,表示毒性较强,应放弃该受试物用于保健食品。

b. 最大未观察到有害作用剂量大于人体推荐摄入量的 50 倍而小于 100 倍者,经安全性评价后,决定该受试物是否可用于保健食品。

c. 最大未观察到有害作用剂量大于或等于人体推荐摄入量的 100 倍者,则可考虑允许使用于保健食品。

⑦若受试物掺入饲料的最大加入量(超过 5% 时应补充蛋白质到与对照组相当的含量,添加的受试物原则上 30d 喂养最高不超过饲料的 10%,90d 喂养不超过 8%)或液体受试物经浓缩后仍达不到最大未观察到有害作用剂量为人的可能摄入量的规定倍数时,综合其他的毒性试验结果和实际食用或饮用量进行安全性评价。

12.2.2.6　保健食品毒理学安全性评价时应考虑的问题

①试验指标的统计学意义和生物学意义　在分析试验组与对照组指标统计学

上差异的显著性时，应根据其有无剂量-反应关系、同类指标横向比较及与本实验室的历史性对照范围比较的原则等来综合考虑指标差异有无生物学意义。此外，如在受试物组发现某种罕见的肿瘤增多，尽管在统计学上与对照组比较差异无显著性，仍要给以关注。

②生理性作用与毒性作用　对试验中某些毒理学表现，在结果分析评价时要注意区分是生理现象还是受试物的毒性作用。

③时间-效应关系　对由受试物引起的毒性效应，要考虑在同一剂量水平下毒性效应随时间的变化情况。

④特殊人群和敏感人群　对孕妇、乳母、儿童食用的保健食品，应特别注意其胚胎毒性或生殖发育毒性、神经毒性和免疫毒性。

⑤推荐摄入量较大的保健食品　应考虑给予受试物量过大时，可能影响营养素摄入量及其生物利用率，从而导致某些毒理学表现，而非受试物的毒性作用。

⑥含乙醇的保健食品　在结果分析评价时应考虑乙醇本身可能的毒性作用而非其他成分的作用。

⑦动物年龄对试验结果的影响　对某些功能的保健食品进行安全性评价时，要考虑动物年龄对试验结果的影响。幼年动物和老年动物可能对受试物更为敏感。

⑧安全系数　由动物毒性试验结果推论到人时，鉴于动物、人的种属和个体之间的生物学差异，安全系数通常为100，但可根据受试物的原料来源、理化性质、毒性大小、代谢特点、蓄积性、接触的人群范围、食品中的使用量和人体摄入量、使用范围及功能等因素来综合考虑其安全系数的大小。

⑨人体资料　由于存在着动物与人之间的种属差异，在将动物试验结果推论到人时，应尽可能收集人群食用受试物后反应的资料，必要时，在确保安全的前提下，遵照有关规定进行必要的人体试食试验。

⑩综合评价　在对保健食品进行最后评价时，必须综合考虑受试物的原料来源、理化性质、毒性大小、代谢特点、蓄积性、接触的人群范围、食品中的使用量与人体摄入量、使用范围及保健功能等因素，确保其对人体健康的安全性。对于已在食品中应用了相当长时间的物质，对接触人群进行流行病学调查具有重大意义，但往往难以获得剂量-反应关系方面的可靠资料；对于新的受试物质，则只能依靠动物试验和其他试验研究资料。然而，即使有了完整和详尽的动物试验资料和一部分人类接触者的流行病学研究资料，由于人类的种族和个体差异，也很难做出保证每个人都安全的评价。即绝对的安全实际上是不存在的。根据试验资料，进行最终评价时，应全面权衡做出结论。

⑪保健食品安全性的重新评价　安全性评价的依据来源于科学试验资料，与当时的科学水平、技术条件以及社会因素有关。随着情况的不断改变，科学技术的进步和研究的不断进展，对已通过评价的受试物需进行重新评价，做出新的科学结论。

12.3 保健食品的安全性管理

保健食品的安全性涉及生产原料、产品研发、生产加工、流通运输和贮存以及消费者的使用等多个环节。我国的保健食品是依据《中华人民共和国食品卫生法》《保健食品注册管理办法》《保健食品管理办法》及其有关法律、法规进行管理的。保健食品要获得国家有关部门的批准才能进入市场，是卫生行政许可的产品。在涉及安全性的多个环节中，生产原料的安全性是保证最终产品安全性的前提。由于保健食品种类繁多、功能不一，且其中某些成分对人类健康的危害尚不清楚，可能存在食用的安全隐患，所以国际上一些发达国家（如美国、日本）对此管理限制很严格，我国对保健食品的原料管理有一系列的技术法规和标准。

中国的保健食品管理是从1996年开始的。1996年卫生部颁布了《保健食品管理办法》，在申报材料中明确提出要提供产品的安全性毒理学资料，根据不同产品所用原料的不同进行安全性毒理学评价，所遵循的标准是国家标准《食品安全性毒理学评价程序和方法》（GB 15193—2003）。随着保健食品种类的增多和原料种类的丰富，卫生部又印发了《真菌类保健食品审评规定》《益生菌类保健食品审评规定》《核酸类保健食品审评规定》《野生动植物类保健食品审评规定》《氨基酸螯合物等保健食品审评规定》《应用大孔吸附树脂分离纯化工艺生产的保健食品审评规定》《酶制剂为原料的保健食品审评规定》、限制使用野生动植物及其产品为原料、不再审批熊胆粉和肌酸为原料的保健食品等一系列的规定，目的是要保证资源和消费者的食用安全。

在保健食品的原料管理上，卫生部2002年发布的51号文件《卫生部关于进一步规范保健食品原料管理的通知》，是非常重要的原料使用的技术法规。通知中明确规定：①申报保健食品中涉及的物品是属于新资源食品管理的，按照《新资源食品卫生管理办法》的有关规定执行；②涉及食品添加剂的，按照《食品添加剂卫生管理办法》有关规定执行；③涉及真菌、益生菌等物品（或原料）的，按照《真菌类保健食品审评规定》和《益生菌类保健食品审评规定》的有关规定操作；④涉及动植物为原料的，必须符合相应的有关标准。51号文件中，公布了《既是食品又是药品的物品名单》《可用于保健食品的物品名单》和《保健食品禁用物品名单》，特别强调了申报保健食品中含有动植物物品（或原料）的，动植物物品（或原料）总个数不得超过14个。如使用《既是食品又是药品的物品名单》之外的动植物物品（或原料），个数不得超过4个；使用《既是食品又是药品的物品名单》和《可用于保健的物品名单》之外的动植物物品（或原料），个数不得超过1个，且该物品（或原料）应参照《食品安全性毒理学评价程序》中对食品新资源和新资源食品的有关要求进行安全性毒理学评价。虽然51号文件明确规定了保健食品的原料的使用，出发点是保障消费者的饮食安全，但在某种意义上又限制了保健食品原料的研究和发展。在2005年国家食品与药品监督管理局（SFDA）出台的《保健食品注册管理办法》（试行）中，提出了开发保健食品新原料的条款，前提还是要按照新资源食品的管理进行安全性毒理学评价。

2005年7月1日，国家食品与药品监督管理局颁布新的《保健食品注册管理办法》(试行)，相对于1996年颁布的《保健食品管理办法》有相当大的改动，充分体现了注册管理的公平、公正、公开、高效和便民的原则。从条款内容上看，新的法规在公民申请注册保健食品、样品抽检"复查"产品和检测机构、新功能开放、变更方法、新原料的使用、制定产品5年有效期、法律责任等有比较大的更改。增加了原料与辅料、试验与检验、再注册、复审等章节内容，在保障食品安全性方面，使得《保健食品注册管理办法》更加科学、细致。

(1) 可用于保健食品的原料

中国的饮食文化中自古就有"药食同源"的说法，普通食品原料进入保健食品是非常普遍的做法，在判定什么样的物品是普通食品，国家没有明确的法规鉴定，一般而言，列入食物成分表的食物(品)及列入《食品添加剂使用卫生标准》和《营养强化剂卫生标准》的食品添加剂和营养强化剂的品种可以认为是普通食品。

《既是食品又是药品的物品名单》是卫生部发布的，从来源上讲，包括动植物，广泛用于民间。目前有87种，它们是：丁香、八角茴香、刀豆、小茴香、小蓟、山药、山楂、马齿苋、乌梢蛇、乌梅、木瓜、火麻仁、代代花、玉竹、甘草、白芷、白果、白扁豆、白扁豆花、龙眼肉(桂圆)、决明子、百合、肉豆蔻、肉桂、余甘子、佛手、杏仁(甜、苦)、沙棘、牡蛎、芡实、花椒、赤小豆、阿胶、鸡内金、麦芽、昆布、枣(大枣、酸枣、黑枣)、罗汉果、郁李仁、金银花、青果、鱼腥草、姜(生姜、干姜)、枳子、枸杞子、栀子、砂仁、胖大海、茯苓、香橼、香薷、桃仁、桑叶、桑椹、橘红、桔梗、益智仁、荷叶、莱菔子、莲子、高良姜、淡竹叶、淡豆豉、菊花、菊苣、黄芥子、黄精、紫苏、紫苏籽、葛根、黑芝麻、黑胡椒、槐米、槐花、蒲公英、蜂蜜、榧子、酸枣仁、鲜白茅根、鲜芦根、蝮蛇、橘皮、薄荷、薏苡仁、薤白、覆盆子、广藿香。

《可用于保健食品的物品名单》是经过中医药学家慎重研究和讨论的，很多来源于传统的补药，在中药药典中都有使用方法和使用量的记录。目前列出的有111种。它们是：人参、人参果、三七、土茯苓、大蓟、女贞子、山茱萸、川牛膝、川贝母、川芎、马鹿胎、马鹿茸、马鹿骨、丹参、五加皮、五味子、升麻、天冬、天麻、太子参、巴戟天、木香、木贼、牛蒡子、牛蒡根、车前子、车前草、北沙参、平贝母、玄参、生地黄、生何首乌、白术、白及、白芍、白豆蔻、石决明、石斛(需提供可使用证明)、地骨皮、当归、竹茹、红花、红景天、西洋参、吴茱萸、牛膝、杜仲、杜仲叶、沙苑子、牡丹皮、芦荟、苍术、补骨脂、诃子、赤芍、远志、麦冬、龟甲、佩兰、侧柏叶、制大黄、制何首乌、刺五加、刺玫果、泽兰、泽泻、玫瑰花、玫瑰茄、知母、罗布麻、苦丁茶、金荞麦、金樱子、青皮、厚朴、厚朴花、枳壳、柏子仁、珍珠、绞股蓝、胡罗巴、茜草、荜茇、韭菜子、首乌藤、香附、骨碎补、党参、桑白皮、桑枝、浙贝母、益母草、积雪草、淫羊藿、菟丝子、野菊花、银杏叶、黄芪、湖北贝母、番泻叶、蛤蚧、越橘、槐实、蒲黄、蒺藜、蜂胶、酸角、墨旱莲、熟大黄、熟地黄、鳖甲。

被批准的食品新资源或新资源食品可以作为保健食品的原料，实际上，很多新资源食品是较保健食品之前进入市场的，由于法规上新资源食品不能宣传功效，审评保健食品后，新资源食品的申报就急剧下降，但是原料方面还是可以使用的，如批准螺旋藻为新资源食品，同样，螺旋藻可作为保健食品原料。

真菌和益生菌是目前经常出现在保健食品原料中的物品，目前可用于保健食品的真菌菌种为11种，可用于保健食品的益生菌菌种为9种。列入《可用于保健食品的真菌菌种名单》的真菌、益生菌有酿酒酵母、产朊假丝酵母、乳酸克鲁维酵母、卡氏酵母、蝙蝠蛾拟青霉、蝙蝠蛾被毛孢、灵芝紫芝、松杉灵芝、红曲霉、紫红曲霉。可用于保健食品的益生菌菌种名单有：两歧双歧杆菌、婴儿双歧杆菌、长双歧杆菌、短双歧杆菌、青春双歧杆菌、保加利亚乳杆菌、嗜酸乳杆菌、干酪乳杆菌干酪亚种、嗜热链球菌。一些列入药典的物品，并可用于药品，但不具有疗效的辅料，如赋形剂、填充剂可作为生产保健食品的辅料。其他一些物品经过批准也可作为保健食品的原料，如褪黑素、核酸、辅酶 Q_{10} 等。

凡是不属于上述各类的原料，都须按申报新资源食品的要求提供报告，经批准后才能作为保健食品原料。

(2) 不可用于保健食品的原料

制定《保健食品禁用物品名单》的目的是为了确保在产品的研发阶段就从原料上避免和减少有毒有害物品的应用。中国是生物多样性的大国，在长期的饮食文化发展中形成了独有的药食同源的学说，中医药的原料来源非常复杂，中（草）药多对心血管系统、脑神经系统等作用力强，有些则有剧毒（如砒石、河豚等），有很多原料必须在严格的剂量和较短的服用期间内使用，服用保健食品的人群多为中老年人和特殊人群，服用的期间比较长，更应该筛选原料的使用。卫生部的51号文件共59个物品禁止作为原料生产保健食品，具体名单是：八角莲、八里麻、千金子、土青木香、山莨菪、川乌、广防己、马桑叶、马钱子、六角莲、天仙子、巴豆、水银、长春花、甘遂、生天南星、生半夏、生白附子、生狼毒、白降丹、石蒜、关木通、农吉痢、夹竹桃、朱砂、米壳（罂粟壳）、红升丹、红豆杉、红茴香、红粉、羊角拗、羊踯躅、丽江山慈姑、京大戟、昆明山海棠、河豚、闹羊花、青娘虫、鱼藤、洋地黄、洋金花、牵牛子、砒石（白砒、红砒、砒霜）、草乌、香加皮（杠柳皮）、骆驼蓬、鬼臼、莽草、铁棒槌、铃兰、雪上一枝蒿、黄花夹竹桃、斑蝥、硫黄、雄黄、雷公藤、颠茄、藜芦、蟾酥。

有些原料虽然安全性方面不存在问题，但是从保护野生动植物角度出发，也是禁止使用的，51号文件规定，禁止使用人工驯养、繁殖或人工栽培的国家一级保护野生动植物及其产品作为保健食品原料。如果使用人工繁殖及栽培受国家保护的二级野生动植物及其产品，应有省级以上有关部门的证明。受环境保护等规定，限制使用甘草、苁蓉、雪莲等作为保健食品原料，甘草应提供甘草供应方的省级经贸部门颁发的甘草经营许可证，以及与甘草供应方签订的甘草供应合同。

目前的法规规定，肌酸、熊胆粉、金属硫蛋白不能作为保健食品的原料。对未列入《食品添加剂使用卫生标准》的物质，不能作为食品添加剂使用。如果在保健食品及原料在生产过程中使用加工助剂和酶制剂，必须满足国家有关食品用加工助剂和酶制剂等技术要求。

一种原料是否可用于生产保健食品，有两点需要注意：一是该原料是否属于《可用于保健食品的物品名单》内的物品，或从上述原料中提取的；二是其提取、加工工艺是否符合食品生产要求，如在提取过程中是否使用了未列入食品加工溶剂或助剂名单内的物品。

(3) 其他管理要求

若在保健食品中使用了中草药，一般要求不超过药典用量的 $1/3 \sim 1/2$。为了确保产品的安全性，根据国内外的研究报道，对于一些原料的服用量也做了一些规定与限制，如芦荟，使用量低于 $2g/d$（以干品计）、褪黑素推荐量 $1 \sim 3mg/d$、辅酶 Q_{10} 小于 $50\mu g/d$、酒精推荐量少于 $100mL/d$（38度以下）、硒小于 $100\mu g/d$（以硒计）、铬小于 $250\mu g/d$、肉碱小于 $2g/d$、大豆异黄酮 $50 \sim 100mg/d$、核酸 $0.6 \sim 1.2g/d$、不饱和食用油脂不超过 $20mL/d$。

为了确保保健食品的安全性，对用于保健食品的原料质量（纯度）也做了规定。如核酸除了不能用单一的 DNA 或 RNA 做原料外，还规定其纯度要大于 80%；褪黑素纯度大于 99.5%；辅酶 Q_{10} 纯度大于 99%；几丁质脱乙酰度大于 85%。

对一些保健食品原料规定申报功能范围，如褪黑素仅限申报改善睡眠功能；核酸仅能申报增强免疫功能；SOD 申报功能范围限定为抗氧化；辅酶 Q_{10} 允许申报缓解体力疲劳、抗氧化、增强免疫力和辅助降血脂等 4 项功能。

思考题

1. 什么是保健食品？它具有哪些特征？
2. 我国在不同时期保健食品有哪些特点？
3. 保健食品和食品、保健食品和药品的区别？
4. 我国保健食品原料使用方面的主要法规是什么？
5. 保健食品毒理学安全性评价的 4 个阶段和主要内容包括哪些？

参 考 文 献

操继跃，卢笑丛 . 2005. 兽医药物动力学[M]. 北京：中国农业出版社 .
柴秋儿 . 2006. 国外食品添加剂的管理法规及安全标准现状[J]. 中外食品(2)：67-69.
常元勋 . 2004. 环境中有害因素与人体健康[M]. 北京：化学工业出版社 .
陈宁庆 . 2001. 实用生物毒素学[M]. 北京：中国科学技术出版社 .
陈杖榴 . 2002. 兽医药理学[M]. 2版 . 北京：中国农业出版社 .
党毅，等 . 2002. 中药保健食品研制和开发[M]. 1版 . 北京：人民卫生出版社 .
董士华 . 1998. 食品包装材料的种类及安全卫生性[J]. 中国商检(3)：24.
冯斌，谢先芝 . 2000. 基因工程技术[M]. 北京：化学工业出版社 .
付立杰 . 2001. 现代毒理学及其应用[M]. 上海：上海科学技术出版社 .
高德 . 2004. 实用食品包装技术(下)[M]. 北京：化学工业出版社 .
高福成 . 2002. 食品新资源[M]. 北京：中国轻工业出版社 .
高宏 . 2005. 中西药临床配伍禁忌点滴[J]. 医药卫生论坛，14：246.
顾向荣 . 2004. 动物毒素与有害植物[M]. 北京：化学工业出版社 .
顾祖维 . 2005. 现代毒理学概念[M]. 北京：化学工业出版社 .
哈益明 . 2006. 辐照食品及安全性[M]. 北京：化学工业出版社 .
郝光荣 . 2002. 实验动物学[M]. 上海：第二军医大学出版社 .
郝利平，夏延斌，陈永泉，等 . 2003. 食品添加剂[M]. 北京：中国农业大学出版社 .
何诚 . 2006. 实验动物学[M]. 北京：中国农业大学出版社 .
侯占群，康明丽 . 2004. 酶制剂在食品加工中的应用[J]. 山西食品工业(2)：11-14.
侯振建 . 2004. 食品添加剂及其应用技术[M]. 北京：化学工业出版社 .
胡国华 . 2005. 食品添加剂应用基础[M]. 北京：化学工业出版社 .
宦萍 . 2005. 加强我国保健食品监督管理的探讨[J]. 食品科学(9)：619-621.
惠秀娟 . 2003. 环境毒理学[M]. 北京：化学工业出版社 .
江建军 . 2004. 食品添加剂应用技术[M]. 北京：科学出版社 .
姜锡瑞 . 1999. 酶制剂应用手册[M]. 北京：中国轻工业出版社 .
金泰廙 . 2003. 毒理学基础[M]. 上海：复旦大学出版社 .
金征宇 . 2005. 食品安全导论[M]. 北京：化学工业出版社 .
金宗濂 . 2005. 功能食品教程[M]. 1版 . 北京：中国轻工业出版社 .
孔志明 . 2004. 环境毒理学[M]. 南京：南京大学出版社 .
李凤奎，王纯耀 . 2007. 实验动物与动物试验方法学[M]. 郑州：郑州大学出版社 .
李海龙，王静，曹维强，等 . 2006. 保健食品的发展及原料安全隐患[J]. 食品科学(3)：263-266.
李厚达 . 2003. 实验动物学[M]. 北京：中国农业出版社 .
李建喜，杨志强，王学智，等 . 2006. 兽用中药安全性评价(二)[J]. 动物保健食品，10：28-30.
李寿祺 . 2003. 毒理学原理和方法[M]. 2版 . 成都：四川大学出版社 .

梁琪. 2005. 绿色食品用添加剂与禁用添加剂[M]. 北京：化学工业出版社.

凌关庭. 2003. 食品添加剂手册[M]. 北京：化学工业出版社.

刘恺，张占吉，牛树启. 2006. 转基因食品安全性评价综述[J]. 保定师范专科学校学报，19(4)：18-20.

刘宁，沈明浩. 2005. 食品毒理学[M]. 北京：中国轻工业出版社.

刘宁，杨建华，张永建. 2005. 建立和完善我国食品安全保障体系研究[J]. 中国工业经济(2)：14-20.

刘谦，朱鑫泉. 2001. 生物安全[M]. 北京：科学出版社.

刘秀丽. 2002. 常用卫生法规汇编[M]. 北京：法律出版社.

刘宇，沈明浩. 2005. 食品毒理学[M]. 北京：中国轻工业出版社.

刘毓谷. 1994. 卫生毒理学基础[M]. 2版. 北京：人民卫生出版社.

罗雪云. 2003. 部分国家及国际组织食品用酶制剂管理现状[J]. 中国食品卫生杂志，15(3)：194-201.

罗云波. 2000. 关于转基因食品的安全性[J]. 食品工业科技，21(5)：5-7.

彭珊珊，钟瑞敏，李琳. 2004. 食品添加剂[M]. 北京：中国轻工业出版社.

彭志英. 2000. 食品生物技术[M]. 北京：中国轻工业出版社.

彭志英. 2002. 食品酶学导论[M]. 北京：中国轻工业出版社.

秦品章. 2005. 浅谈保健食品失实广告负面效应及其管理对策[J]. 中国预防医学杂志，10：471.

沈桂芳，丁仁瑞. 2000. 现代生物技术与21世纪农业[M]. 杭州：浙江科学技术出版社.

宋思扬，楼士林. 2000. 生物技术概论[M]. 北京：科学出版社.

孙敬方. 2001. 动物试验方法学[M]. 北京：人民卫生出版社.

孙平. 2004. 食品添加剂使用手册[M]. 北京：化学工业出版社.

唐英章. 2004. 保健食品中功效成分及危害物质的分析[M]. 1版. 北京：中国标准出版社.

唐志祥. 1997. 包装材料与实用包装技术[M]. 北京：化学工业出版社.

天津轻工业学院食品工业教学研究室. 1985. 食品添加剂[M]. 北京：中国轻工业出版社.

田惠光，等. 2002. 保健食品实用指南[M]. 1版. 北京：化学工业出版社.

汪勋清，哈益明，高美须. 2004. 食品辐照加工技术[M]. 北京：化学工业出版社.

王洪新. 2002. 食品新资源[M]. 北京：中国轻工业出版社.

王若敏，罗永华. 2006. 转基因食品的安全性分析[J]. 河北北方学院学报（自然科学版），22(5)：55-57.

王晓华，黄启超，葛长荣. 2006. 浅析食品包装容器、材料存在的安全隐患问题及其控制措施[J]. 食品科技(8)：14-15.

王心如. 2003. 基础毒理学[M]. 4版. 北京：人民卫生出版社.

王心如. 2006. 毒理学基础[M]. 4版. 北京：人民卫生出版社.

王璋. 1991. 食品酶学[M]. 北京：中国轻工业出版社.

吴谋成. 2004. 功能食品研究与应用[M]. 1版. 北京：化学工业出版社.

吴永宁. 2003. 现代食品安全科学[M]. 北京：化学工业出版社.

夏世钧，吴中亮. 2001. 分子毒理学基础[M]. 武汉：湖北科学技术出版社.

肖培根，李连达，刘勇. 2005. 中药保健食品安全性评估系统的初步研究[J]. 中国中药杂志(1)：9-11.

徐得忠. 1998. 分子流行病学[M]. 北京：人民卫生出版社.

徐海滨，严卫星．2004．保健食品原料安全性评价技术与标准的研究简介[J]．中国食品卫生杂志，16：481-484．

颜亦斌．2004．食品包装与食品安全[J]．包装与食品机械，22(2)：50-52．

杨晓泉．1999．食品毒理学[M]．北京：中国轻工业出版社．

姚焕章．2001．食品添加剂[M]．北京：中国物资出版社．

叶永茂．2004．中国保健食品及其安全问题[J]．药品评价，1：161-172．

叶永茂．2005．食品添加剂及其安全问题[J]．药品评价，2(2)：81-90．

荫士安，王茵．2006．试论保健食品的安全性[J]．中华预防医学杂志，3：141-143．

殷丽君，孔瑾，李再贵．2002．转基因食品[M]．北京：化学工业出版社．

曾光．2002．现代流行病学[M]．北京：人民卫生出版社．

曾名湧，董士远．2005．天然食品用添加剂[M]．北京：化学工业出版社．

张铣，刘毓谷．1998．毒理学[M]．北京：北京医科大学，中国协和医科大学联合出版社．

章建浩．2000．食品包装实用新材料新技术[M]．北京：中国轻工业出版社．

赵文．2006．食品安全性评价[M]．北京：化学工业出版社．

赵玉清，郑兆艳，王冰，等．2003．壳聚糖/壳寡糖系列功能食品的安全性评价[J]．食品科学，8：248-250．

郑建仙．1999．功能性食品(第三卷)[M]．1版．北京：中国轻工业出版社．

郑建仙．2006．功能性食品学[M]．2版．北京：中国轻工业出版社．

郑元平，袁康培，等．2003．微生物酶制剂在食品工业中的应用与安全[J]．食品科学，24(8)：256-260．

钟耀广．2005．食品安全学[M]．北京：化学工业出版社．

周宗灿．2006．毒理学教程[M]．北京：北京大学医学出版社．

ANDERSON D, CONNING D M. 1993. Experimental toxicology[M]. 2nd ed. Cambridge：Society of Chemistry.

ANONYMOUS. 1995. Application of risk analysis to food standards issue. Report of Joint FAO/WHO Expert Consultation. FAO/WHO Geneva, Switzerland.

CLAYTON. 2000. Patty's industrial hygiene and toxicology[M]. 5th ed. New York：Wiley-Interscience.

COMMISSION STAFF. 2007. Fifth report on the statistics on the number of animals used for experimental and other scientific purposes in the member states of the european union[M]. Brussels：Commission of the European Communities.

CURTIS D K. 2005. 卡萨瑞特·道尔毒理学[M]．黄吉武，周宗灿，等译．北京：人民卫生出版社．

DEREKANKO M J and HOLLINGER M A. 1997. Handbook of toxicology[M]. 2nd ed. NewYork：CRC Press.

ECOBICHON D J. 1997. The basis of toxicity testing[M]. 2nd ed. New York：CRC Press.

FAO/WHO. 1991. Report of the FAO/WHO Conference on Food Standards[R]. Rome：FAO/WHO.

GAD S C. 1995. Safety assessment for pharmaceuticals[M]. New York：Van Nostrand Reinhold.

GLEIM, MATUSCHEKA M, STEINERA C, et al. 2003. Pool-Zobel. Initialin vitrotoxicity testing of functional foods rich in catechins and anthocyanins inhuman cells[J]. Toxicology in vitro, 17：723-729.

HATHAWAY S C. 1997. Application of food safety risk management by the Codex Alimenturius Commission // Joint FAO/ WHO expert consultation on the application of risk management to food safety matters[R]. Rome: FAO.

HAYES A W. 2001. Principles and methods of toxicology[M]. 4 th ed. New York: Raven press.

KLAASSEN C D. 2001. Casarett and Doull's toxicology[M]. 6 th ed. New York: McGraw-Hill Publishes.

KRUGER C L, MANN S W. 2003. Safety evaluation of functional ingredients[J]. Food and Chemical Toxicology, 41: 793–805.

Lu F C. 2001. Basic toxicology[M]. 4th ed. Washington: Hemisphere Publishing Corporation.

NATIONAL FOOD AUTHORITY. 1996. Food standards code[M]. Canberra: Common wealth of Australia.

NIESINK R J M, de VIRES J, HOLLINGER M A. 1996. Toxicology[M]. Boca Raton: CRC Press.

PARIZA M W, JOHNSON E A. 2001. Evaluating the safety of microbial enzyme preparations used in food Processing : Update for a new century[J]. Regulatory Toxicology and Pharmacology, 33: 173–186.

SCIENTIFIC COMMITTEE FOR FOOD. 1992. Guidelines for the presentation of data on food enzymes 27th report series [R]. EUR 14181 EN, 13–22.

STEVEN L T, RICHARD A S. 1989. Food toxicology[M]. New York: Marcel Dekker, Inc.

VOSW D. 1996. Quantitative risk analysis : A guide to Monte Carlo simulation modelling. Chichester: John Wiley and Sons.

WEXLER P, et al. 2000. Information resources in toxicology[M]. 3rd ed. New York: Elsevier.